普通高等教育电子信息科学与工程类专业"十四五"创新教材

传感器原理及其应用

Principles and
Applications of Sensors

主　编 ◎ 黎燕
副主编 ◎ 黄琼

中南大学出版社
www.csupress.com.cn
·长沙·

内容简介
Introduction

本书共 13 章，涵盖了电阻传感器、电容传感器、电感传感器、压电传感器、磁电传感器、电涡流传感器、霍尔传感器、热电传感器、光电传感器、光纤传感器、化学传感器及互感器等常用传感器，介绍了各类传感器的概念、分类、工作原理、基本特性、测量电路和工程应用等，注重对传感器应用和工程实践能力的培养。

本书可作为高等院校自动化、测控、电气、土木等专业的教材，也可作为相关工程技术人员学习的参考书。

前言
Foreword

在当今世界，传感器技术、通信技术、计算机技术是构成现代信息技术的三大支柱，它们在信息系统中分别起到"感官""神经"和"大脑"的作用。传感器是获取信息的主要途径和手段，传感器技术是综合了测量技术、半导体技术、计算机技术、自动化技术、材料科学等的交叉性和综合性高新技术。

本书从高等教育教学实践要求出发，以传感器的应用为目的，突出了知识的应用性。对实用的传感器的工作原理、测量电路、工程实践中典型应用进行了介绍和分析，避免过深的理论分析和公式推导，通俗易懂。本书可作为高等院校电气、自动化、测控、土木等专业的教材，也可作为相关工程技术人员学习的参考书。

本书共有13章，第1章为传感器概述，主要介绍传感器的基础知识和基本特性；第2章为电阻传感器，主要介绍了金属应变片和半导体应变片的工作原理、测量电路和应用；第3章为电容传感器，主要介绍了各类电容传感器的工作原理、测量电路和应用；第4章为电感传感器，主要介绍了自感式和互感式电感传感器的工作原理、测量电路和应用；第5章为压电传感器，主要介绍了压电传感器的工作原理、测量电路和应用；第6章为磁电传感器，主要介绍了磁电传感器的工作原理、测量电路和应用；第7章为电涡流传感器，主要介绍了电涡流传感器的工作原理、测量电路和应用；第8章为霍尔传感器，主要介绍了霍尔传感器的工作原理、测量电路和应用；第9章为热电温度传感器，主要介绍了热电偶、热电阻的工作原理、温度补偿、测量电路和应用；第10章为光电传感器，主要介绍了光敏电阻、光敏二极管、光敏三极管、光电池等的工作原理、测量电路和应用；第11章为光纤传感器，主要介绍了光纤传感器的工作原理、测量电路和应用；第12章为化学传感器，主要介绍了气敏传感器、湿敏传感器等的工作原理、测量电路和应用；第13章为互感器，主要介绍了电压传感器、电流互感器等的工作原理、接线电路和运行等。每章附有习题。

本书由中南大学黎燕担任主编，深圳高速公路集团股份有限公司黄琼担任副主编，由黎燕统稿。研究生邓静、柯铭俊在本书的编写过程中参与部分内容的修改、整理工作。

传感器技术涉及的学科众多，且技术发展日新月异，如本书有错误和遗漏，恳请广大读者批评指正。

作 者

2023 年 4 月

目录
Contents

第1章 传感器概述 ··· 1

 1.1 传感器的定义 ··· 1

 1.2 传感器的分类 ··· 2

 1.3 传感器的基本特性 ·· 3

 1.4 传感器的选型原则 ·· 11

 1.5 传感器的发展现状与趋势 ·· 12

 习 题 ·· 15

第2章 电阻传感器 ·· 16

 2.1 金属应变片 ··· 16

 2.2 半导体应变片 ·· 18

 2.3 电阻应变片的测量电路 ··· 19

 2.4 电阻传感器的应用 ·· 23

 习 题 ·· 28

第3章 电容传感器 ·· 30

 3.1 电容传感器的工作原理 ··· 30

 3.2 变极距型电容传感器 ·· 31

 3.3 变极板面积型电容传感器 ·· 32

 3.4 变介质型电容传感器 ·· 34

 3.5 电容传感器的测量电路 ··· 34

 3.6 电容传感器的应用 ·· 37

 习 题 ·· 42

第4章 电感传感器 ………………………………………………………………… 44
4.1 自感式电感传感器 …………………………………………………………… 44
4.2 互感式电感传感器 …………………………………………………………… 47
4.3 电感传感器的测量电路 ……………………………………………………… 49
4.4 电感传感器的应用 …………………………………………………………… 52
习　题 ………………………………………………………………………………… 55

第5章 压电传感器 ………………………………………………………………… 57
5.1 压电效应与压电材料 ………………………………………………………… 57
5.2 压电传感器的等效电路 ……………………………………………………… 61
5.3 压电传感器的测量电路 ……………………………………………………… 62
5.4 压电传感器的应用 …………………………………………………………… 65
习　题 ………………………………………………………………………………… 69

第6章 磁电传感器 ………………………………………………………………… 70
6.1 动圈式磁电传感器 …………………………………………………………… 70
6.2 磁阻式磁电传感器 …………………………………………………………… 71
6.3 磁电传感器的测量电路 ……………………………………………………… 72
6.4 磁电传感器的应用 …………………………………………………………… 72
习　题 ………………………………………………………………………………… 74

第7章 电涡流传感器 ……………………………………………………………… 75
7.1 高频反射电涡流传感器 ……………………………………………………… 75
7.2 低频透射电涡流传感器 ……………………………………………………… 77
7.3 电涡流传感器的测量电路 …………………………………………………… 77
7.4 电涡流传感器的应用 ………………………………………………………… 79
习　题 ………………………………………………………………………………… 82

第8章 霍尔传感器 ………………………………………………………………… 83
8.1 霍尔效应与霍尔传感器工作原理 …………………………………………… 83
8.2 霍尔传感器性能分析 ………………………………………………………… 84
8.3 霍尔传感器的测量电路 ……………………………………………………… 89
8.4 霍尔元件的应用 ……………………………………………………………… 90

习　题 ………………………………………………………………………… 93

第9章　热电温度传感器 ………………………………………………… 94

9.1　热电偶温度传感器 …………………………………………………… 94
9.2　热电阻传感器 ………………………………………………………… 105
9.3　半导体热敏电阻 ……………………………………………………… 109
9.4　热电传感器的应用 …………………………………………………… 110
习　题 ………………………………………………………………………… 112

第10章　光电传感器 ……………………………………………………… 113

10.1　光电效应 …………………………………………………………… 113
10.2　光电器件 …………………………………………………………… 115
10.3　光电器件的基本应用电路 ………………………………………… 121
10.4　光电传感器的应用 ………………………………………………… 125
习　题 ………………………………………………………………………… 128

第11章　光纤传感器 ……………………………………………………… 129

11.1　光纤 ………………………………………………………………… 129
11.2　光纤传感器 ………………………………………………………… 132
11.3　光纤传感器的工作原理 …………………………………………… 133
11.4　光纤传感器的应用 ………………………………………………… 135
习　题 ………………………………………………………………………… 142

第12章　化学传感器 ……………………………………………………… 143

12.1　气敏传感器 ………………………………………………………… 143
12.2　湿度传感器 ………………………………………………………… 148
习　题 ………………………………………………………………………… 155

第13章　互感器 …………………………………………………………… 156

13.1　电压互感器 ………………………………………………………… 156
13.2　电流互感器 ………………………………………………………… 162
习　题 ………………………………………………………………………… 170

参考文献 …………………………………………………………………… 171

第 1 章

传感器概述

1.1 传感器的定义

《传感器通用术语》(GB/T 7665—2005)对传感器的定义：能感受被测量并按照一定的规律转换成可用输出信号的器件或装置。它获取的信息可以是各种物理量、化学量和生物量等，而转换后的信息也可以有多种形式。目前传感器转换后的信号大多为电信号，因而从狭义上讲，传感器是把外界输入的非电信号转换成电信号的装置。传感器的输出电信号被传送到后续配套的测量电路及终端装置，以便进行电信号的调理、分析、记录或显示等，因此一般也将传感器称为变换器、换能器和探测器。

根据这个定义可知，传感器是将外界输入进来的信号进行处理，处理后输出的信号一般为电信号，传感器一般由敏感元件和转换元件组成，如图1-1所示。

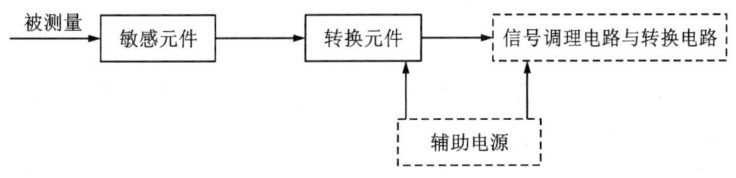

图1-1 传感器的组成

以电位器式压力传感器为例说明传感器各组成部分的作用，电位器式压力传感器原理示意图如图1-2(a)所示，其外形图如图1-2(b)所示。敏感元件是传感器中直接感受被测量，并转换成与被测量有确定关系、更易于转换的非电量。图1-2(a)中的弹簧管就属于敏感元件。当被测压力 p 增大时，弹簧管拉直，通过齿条带动齿轮转动，从而带动电位器的电刷产生角位移。

被测量通过敏感元件转换后，再经转换元件转换成电参量。图1-2(a)中的电位器就属于转换元件，它通过机械传动结构将角位移转换成电阻的变化。

转换电路的作用是将转换元件输出的电参量转换成易于处理的电压、电流或频率。在

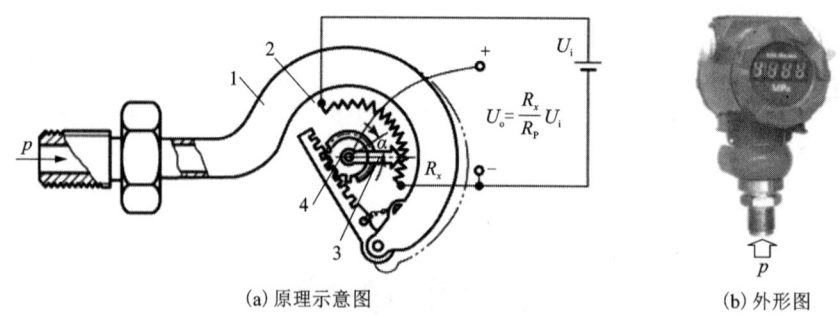

(a) 原理示意图　　　　　　(b) 外形图

1—弹簧管（敏感元件）；2—电位器（转换元件、转换电路）；3—电刷；4—传动机构（齿轮-齿条）。

图 1-2　电位器式压力传感器

图 1-2（a）中，当电位器的两端加上辅助电源 U_i 后，电位器就组成分压比电路，它的输出量是与压力成一定关系的电压 U_o。

各种传感器的变换原理、结构、使用目的、环境条件虽各不相同，但对它们的主要性能要求都是一致的。这些主要性能要求如下：

①足够的容量。传感器的工作范围或量程足够大，具有一定的过载能力。

②灵敏度高，精度适当。要求输出信号与被测信号成确定的关系（通常为线性），且比值要大；传感器的静态响应和动态响应的准确度能满足要求。

③响应速度快，工作稳定，可靠性好。

④实用性和适应性强。体积小，质量轻，动作能量小，对被测对象的状态影响小；内部噪声小而又不易受外界干扰的影响；其输出信号力求为通用或标准形式，以便于系统对接。

⑤使用经济。成本低，寿命长，便于使用、维修和校准。

1.2　传感器的分类

从量值变换这个观点出发，每一种物理效应都可在理论上或原理上构成一类传感器，因此，传感器的种类繁多。在对非电量的测试中，有的传感器可以同时测量多种参量，而有时对一种物理量又可用多种不同类型的传感器进行测量。目前，采用较多的传感器分类方法主要有以下几种。

1. 按被测量分类

这种分类方法是根据被测量的性质进行分类，把种类繁多的被测量分为基本被测量和派生被测量两类，如温度传感器、湿度传感器、压力传感器、位移传感器、流量传感器、液位传感器、力传感器、加速度传感器、转矩传感器等。这种分类方法的优点为：比较明确地表达了传感器的用途，便于使用者根据其用途选用。这种分类方法的缺点为：没有区分每种传感器在转换机理上有何共性和差异，不便使用者掌握其基本原理及分析方法。

2. 按传感器的工作原理分类

这种分类方法是以工作原理进行划分，即将物理、化学、生物等学科的原理、规律和效应作为分类的依据。这种分类方法的优点为：对传感器的工作原理比较清楚，类别少，有利于工作人员对传感器进行深入的研究和分析。这种分类方法的缺点为，不便于使用者根据用途选用。传感器按工作原理可分为以下几类。

(1) 电学传感器

电学传感器是应用范围较广的一种传感器，常用的有电阻传感器、电容传感器、电感传感器、磁电传感器及电涡流传感器等。

(2) 磁学传感器

磁学传感器是利用铁磁物质的一些物理效应制成的，主要用于位移、转矩等参数的测量。

(3) 光电传感器

光电传感器是利用光电器件的光电效应和光学原理制成的，主要用于光强、光通量、位移、浓度等参数的测量。

(4) 电势传感器

电势传感器是利用热电效应、光电效应、霍尔效应等原理制成的，主要用于温度、磁通、电流、速度、光强、热辐射等参数的测量。

(5) 电荷传感器

电荷传感器是利用压电效应原理制成的，主要用于力及加速度的测量。

(6) 半导体传感器

半导体传感器是利用半导体的压阻效应、内光电效应、磁电效应、半导体与气体接触产生物质变化等原理制成的，主要用于温度、湿度、压力、加速度、磁场和有害气体的测量。

(7) 谐振传感器

谐振传感器是利用改变电或机械的固有参数来改变谐振频率的原理制成的，主要用于压力的测量。

(8) 电化学传感器

电化学传感器是以离子导电原理为基础制成的，可分为电位传感器、电导传感器、电量传感器、电解传感器等，主要用于气体成分、液体成分、溶于液体的固体成分、液体的酸碱度等参数的测量。

1.3 传感器的基本特性

在生产过程和科学实验中，要对各种各样的参数进行检测和控制，就要求传感器能感受被测非电量的变化，并将其不失真地变换成相应的电量，这取决于传感器的基本特性，即输出/输入特性。如果把传感器看作二端口网络，即有两个输入端和两个输出端，那么传感器的输出/输入特性是与其内部结构参数有关的外部特性。传感器的基本特性可用静态特性和动态特性来描述。

1.3.1 静态特性

1. 线性度

传感器的线性度是指传感器的输出与输入之间数量关系的线性程度。输出与输入关系可分为线性特性和非线性特性。从传感器的性能看,希望具有线性关系,但实际遇到的传感器大多为非线性关系,如果不考虑迟滞和蠕变等因素,传感器的输出/输入关系可用一个多项式表示:

$$y = a_0 + a_1 x_1 + a_2 x_2 + \cdots + a_n x_n \tag{1-1}$$

式中: a_0 为输入量 $x=0$ 时的输出量; $a_1, \cdots, a_n$ 为非线性项系数; y 是传感器的输出量; $x_1, x_2, \cdots, x_n$ 是传感器的输入量。各非线性项系数不同,决定了特性曲线的具体形式各不相同。

静态特性曲线可通过实际测试获得。在实际使用中,为了标定和数据处理的方便,希望得到线性关系,因此引入各种非线性补偿环节。例如,采用非线性补偿电路或计算机软件进行线性化处理,从而使传感器的输出/输入关系为线性或接近线性。但如果传感器非线性的幂次不高,且输入量变化范围较小,则可用一条直线(切线或割线)近似地代表实际曲线的一段,所采用的直线称为拟合直线,如图 1-3 所示。实际曲线与拟合直线之间的偏差称为传感器的非线性误差(或线性度),通常用相对误差 r_L 表示,即

$$r_L = \pm \frac{\Delta L_{\max}}{Y_{FS}} \times 100\% \tag{1-2}$$

式中: $\Delta L_{\max}$ 为最大非线性绝对误差; Y_{FS} 为满量程输出。

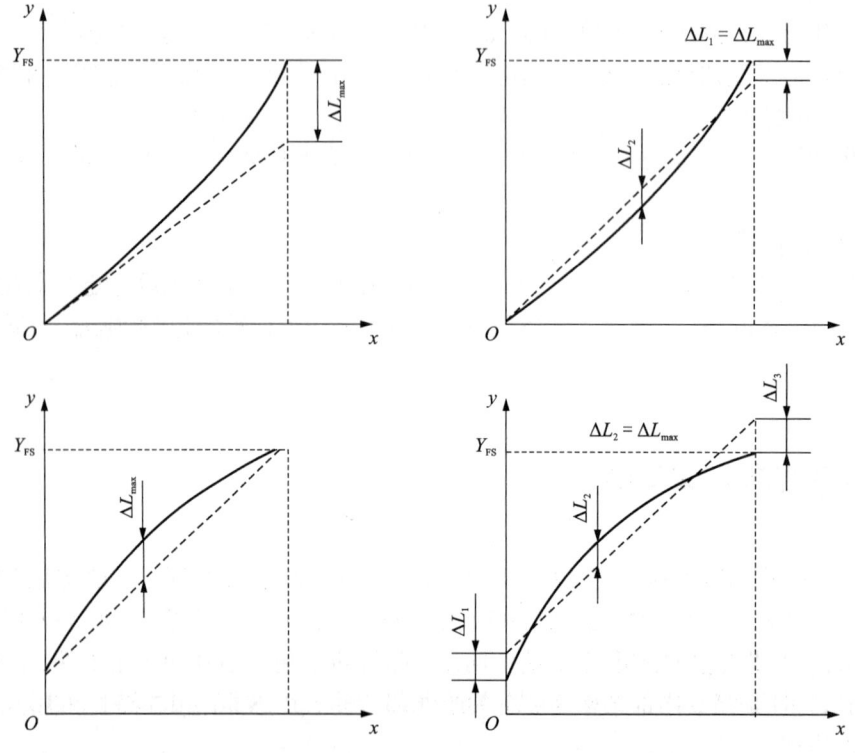

图 1-3 几种直线拟合法

从图1-3中可见,即使是同类传感器,拟合直线不同,其线性度也是不同的。选取拟合直线的方法很多,用最小二乘法求取的拟合直线的拟合精度最高。

2. 灵敏度

灵敏度(sensitivity)是指传感器在稳态下输出量的变化值与相应的被测量的变化值之比,用 K 表示,即

$$K = \frac{\Delta y}{\Delta x} \tag{1-3}$$

式中:Δx 为传感器输入量的变化值;Δy 为传感器输出量的变化值。

对线性传感器而言,灵敏度为一常数;对非线性传感器而言,灵敏度随输入量的变化而变化。从传感器输出曲线看,曲线越陡,灵敏度越高。可以通过作该曲线切线的方法(作图法)求得曲线上任一点的灵敏度。用作图法求取传感器的灵敏度如图1-4所示。从切线的斜率可以看出,x_2 点的灵敏度比 x_1 点高。

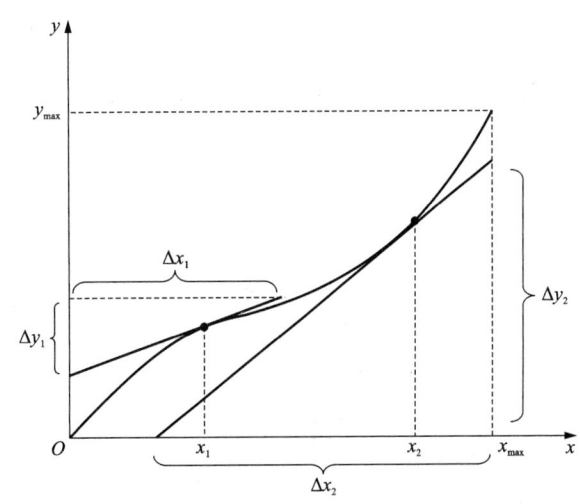

图1-4 用作图法求取传感器的灵敏度

3. 分辨力

分辨力(resolution)是指传感器能检出被测信号的最小变化量,是有量纲的数。当被测量的变化小于分辨力时,传感器对输入量的变化无任何反应。对数字仪表而言,如果没有其他附加说明,一般可以认为该表的最后一位所表示的数值就是它的分辨力。一般情况下,不能把仪表的分辨力当作仪表的最大绝对误差。例如,数字式温度计的分辨力为0.1 ℃,若该仪表的准确度为1.0级,则最大绝对误差为±2.0 ℃,比分辨力大得多。

仪表或传感器中还经常用到"分辨率"的概念。将分辨力除以仪表的满量程就是仪表的分辨率,分辨率常以百分数或分数表示,是量纲为1的数。

4. 迟滞

把传感器在正(输入量增大)、反(输入量减小)行程中输出与输入曲线不重合时的特性称为迟滞,如图1-5所示。迟滞的大小一般由实验方法测得。

迟滞误差一般以满量程输出的百分数表示,其表达式为:

$$\gamma_H = \pm \frac{1}{2} \frac{\Delta H_{max}}{Y_{FS}} \times 100\% \tag{1-4}$$

式中:ΔH_{max} 为正、反行程曲线的最大偏差;Y_{FS} 为满量程输出。

迟滞会引起重复性和分辨力变差,导致测量盲区,故一般希望迟滞越小越好。传感器敏感元件材料的弹性滞后、运动部件摩擦、传动机构的间隙、紧固件松动等原因,都会引起迟

滞现象。

5. 重复性

重复性是指传感器在输入量按同一方向作全量程连续多次变化时,所得特性曲线不一致的程度,如图 1-6 所示。重复性误差 r_R 属于随机误差,常用标准偏差 σ 表示,即

$$r_R = \pm \frac{(2 \sim 3)\sigma}{Y_{FS}} \times 100\% \tag{1-5}$$

式中:σ 为标准偏差;(2~3)表示置信度。

重复性误差 r_R 也可用正、反行程中的最大重复偏差 ΔR_{max} 表示,即

$$r_R = \pm \frac{\Delta R_{max}}{Y_{FS}} \times 100\% \tag{1-6}$$

式中:ΔR_{max} 为正、反行程中的最大重复偏差。

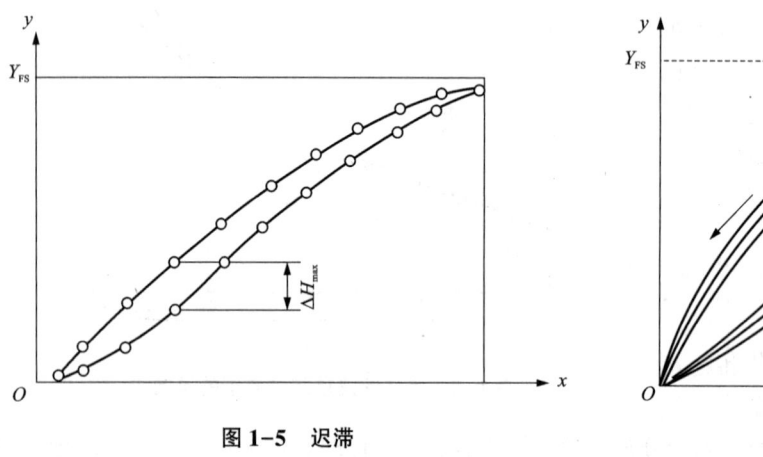

图 1-5 迟滞

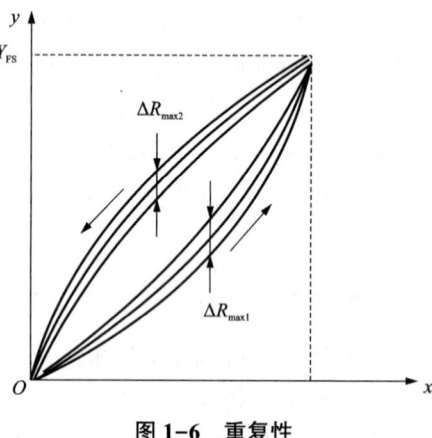

图 1-6 重复性

6. 稳定性

稳定性包含稳定度(stability)和环境影响量(influence quantity)两个方面。稳定度指的是仪表在所有条件都恒定不变的情况下,在规定的时间内能维持其示值不变的能力。稳定度一般以仪表的示值变化量和时间的长短之比来表示。例如,某仪表输出电压值在 8 h 内的最大变化量为 1.2 mV,则其稳定度可表示为 1.2/8 mV/h。

在实际应用中的稳定度调整中,在测量前,可以使输入端短路,通过重新调零来克服。灵敏度漂移将使仪表的输入-输出曲线的斜率产生变化。

1.3.2 动态特性

传感器的动态特性是指其输出量对随时间变化的输入量的响应特性。当被测量随时间的变化是时间的函数时,则传感器的输出量也是时间的函数,其间的关系要用动态特性来表示。一个动态特性好的传感器,其输出量将再现输入量的变化规律,即具有相同的时间函数。实际上,除了具有理想的比例特性外,输出信号将不会与输入信号具有相同的时间函

数,这种输出与输入间的差异就是所谓的动态误差。

为了说明传感器的动态特性,下面简要介绍动态测温的问题。在被测温度随时间变化或传感器突然插入被测介质中,以及传感器以扫描方式测量某温度场的温度分布等情况下,都存在动态测温问题。例如,把一支热电偶从温度为 t_0℃ 环境中迅速插入一个温度为 t_1℃ 的恒温水槽中(插入时间忽略不计),这时热电偶测量的介质温度从 t_0℃ 突然上升到 t_1℃,而热电偶反映出来的温度从 t_0℃ 变化到 t_1℃ 有一个过渡过程,其间反映出来的温度与介质温度的差值就称为动态误差,如图 1-7 所示。

热电偶的输出波形失真和产生动态误差的原因,是温度传感器有热惯性(由传感器的比热容和质量大小决定)和传热热阻,使得在动态测温时传感器输出总是滞后于被测介质的温度变化。如带有套管的热电偶的热惯性要比裸热电偶大得多。这种热惯性是热电偶固有的,它决定了热电偶测量快速温度变化时会产生动态误差。动态特性除了与传感器的固有因素有关之外,还与传感器输入量的变化形式有关。也就是说,在研究传感器的动态特性时,通常是根据不同输入变化规律来考察传感器的响应的。

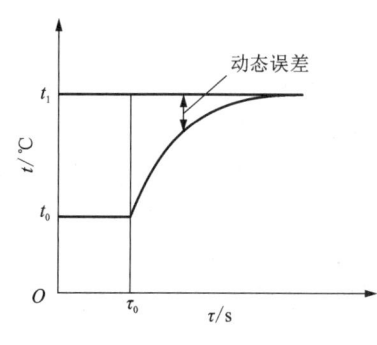

图 1-7 动态测温

虽然传感器的种类和形式很多,但它们一般可以简化为一阶或二阶系统(高阶可以分解成若干个低阶环节),因此一阶和二阶传感器是最基本的。传感器的输入量随时间变化的规律是各种各样的,下面在对传感器动态特性进行分析时,采用最典型、最简单、易实现的正弦信号和阶跃信号作为标准输入信号。对于正弦输入信号,将传感器的响应称为频率响应或稳态响应;对于阶跃输入信号,则将传感器的响应称为传感器的阶跃响应或瞬态响应。

1. 瞬态响应特性

传感器的瞬态响应即时间响应。在研究传感器的动态特性时,有时需要在时域中对传感器的响应和过渡过程进行分析。这种分析方法是时域分析法,传感器对所加激励信号的响应称为瞬态响应。常用激励信号有阶跃函数、斜坡函数、脉冲函数等形式。下面以传感器的单位阶跃响应来评价传感器的动态性能指标。

(1) 一阶传感器的单位阶跃响应

一阶传感器的单位阶跃响应的通式为:

$$\tau \frac{dy(t)}{dt} + y(t) = x(t) \tag{1-7}$$

式中:$x(t)$ 和 $y(t)$ 分别为一阶传感器 t 时刻的输入量和输出量,它们都是时间的函数,即表征传感器的时间常数,具有时间"秒"的量纲;τ 是一阶传感器的时间常数。

根据式(1-7),一阶传感器单位阶跃响应的传递函数 $H(s)$ 为:

$$H(s) = \frac{Y(s)}{X(s)} = \frac{1}{\tau s + 1} \tag{1-8}$$

式中:s 是拉普拉斯算子;$X(s)$ 和 $Y(s)$ 分别为与 $x(t)$ 和 $y(t)$ 对应的拉氏变换式。对初始状态为零的传感器,当输入一个单位阶跃信号时,由于

$$x(t) = \begin{cases} 0 & t \leq 0 \\ 1 & t > 0 \end{cases} \tag{1-9}$$

则 $X(s) = \dfrac{1}{s}$，传感器输出的拉氏变换为：

$$Y(s) = H(s)X(s) = \frac{1}{\tau s + 1} \cdot \frac{1}{s} \tag{1-10}$$

对应的一阶传感器的单位阶跃响应为：

$$y(t) = 1 - e^{-\frac{t}{\tau}} \tag{1-11}$$

一阶传感器单位阶跃响应曲线如图 1-8 所示。由图 1-8 可见，传感器存在惯性，它的输出信号不能立即复现输入信号，而是从零开始，按指数规律上升，最终达到稳态值。理论上传感器的响应只在 $t \to \infty$ 时才达到稳态值，但实际上当 $t = 4\tau$ 时其输出达到稳态值的 98.2%，可以认为已达到稳态。τ 越小，响应曲线越接近输入阶跃曲线，因此，τ 值是一阶传感器的重要性能参数。

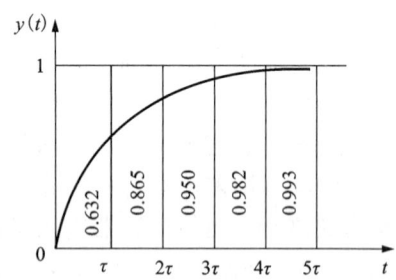

图 1-8　一阶传感器单位阶跃响应曲线

（2）二阶传感器的单位阶跃响应

二阶传感器的单位阶跃响应的通式为：

$$\frac{d^2 y(t)}{dt^2} + 2\varepsilon \omega_n \frac{dy(t)}{dt} + \omega_n^2 y(t) = \omega_n^2 x(t) \tag{1-12}$$

式中：ω_n 为传感器的固有频率；ε 为传感器的阻尼比；$x(t)$ 和 $y(t)$ 分别为二阶传感器 t 时刻的输入量和输出量。

则对应的二阶传感器传递函数为：

$$H(s) = \frac{\omega_n^2}{s^2 + 2\varepsilon \omega_n s + \omega_n^2} \tag{1-13}$$

从而获得传感器输出的拉氏变换为：

$$Y(s) = H(s)X(s) = \frac{\omega_n^2}{s(s^2 + 2\varepsilon \omega_n s + \omega_n^2)} \tag{1-14}$$

从式（1-14）可以看出，二阶传感器对阶跃信号的响应在很大程度上取决于阻尼比 ε 和固有频率 ω_n。固有频率 ω_n 由传感器的主要结构参数决定，ω_n 越高，传感器的响应越快。当 ω_n 为常数时，传感器的响应取决于 ε。图 1-9 为二阶传感器单位阶跃响应曲线。阻尼比 ε 直接影响超调量和振荡次数，当 $\varepsilon = 0$ 时，为临界阻尼，超调量为 100%，产生等幅振荡，达不到稳态；当 $\varepsilon > 1$ 时，为过阻尼，无超调也无振荡，但达到稳态所需时间较长；

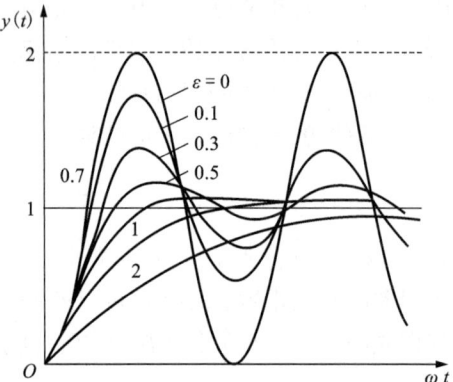

图 1-9　二阶传感器单位阶跃响应曲线

当 $\varepsilon<1$ 时，为欠阻尼，衰减振荡，达到稳态值所需时间随 ε 的减小而增长；当 $\varepsilon=1$ 时，响应时间最短。但实际使用中常按欠阻尼调整，ε 取 0.7~0.8 为最好。

（3）瞬态响应特性指标

传感器的单位阶跃响应的瞬态响应特性指标主要包括以下四个：

①时间常数 τ。一阶传感器的时间常数 τ 越小，响应速度越快。

②延时时间。传感器输出达到稳态值的 50% 所需时间。

③上升时间。传感器输出达到稳态值的 90% 所需时间。

④超调量。传感器输出超过稳态值的最大值。

2. 频率响应特性

传感器对正弦输入信号的响应特性，称为频率响应特性。频率响应法是从传感器的频率特性出发研究传感器的动态特性。

（1）一阶传感器的频率响应

将一阶传感器的传递函数中的 s 用 $j\omega$ 代替，即 $s=j\omega$，ω 是角频率；可得频率响应特性的表达式，即

$$H(j\omega) = \frac{1}{\tau(j\omega) + 1} \qquad (1-15)$$

根据式（1-15），可得对应的幅频特性为：

$$A(\omega) = \frac{1}{\sqrt{1 + (\omega\tau)^2}} \qquad (1-16)$$

对应的相频特性为：

$$\Phi(\omega) = -\arctan(\omega\tau) \qquad (1-17)$$

图 1-10 是一阶传感器的频率响应特性曲线。从式（1-16）、式（1-17）和图 1-10 可看出，时间常数 τ 越小，频率响应特性越好。当 $\omega\tau\ll1$ 时，$A(\omega)\approx1$，$\Phi(\omega)\approx0$，表明传感器的输出与输入为线性关系，且相位差也很小，输出 $y(t)$ 比较真实地反映了输入 $x(t)$ 的变化规律。因此，减小 τ 可改善传感器的频率特性。

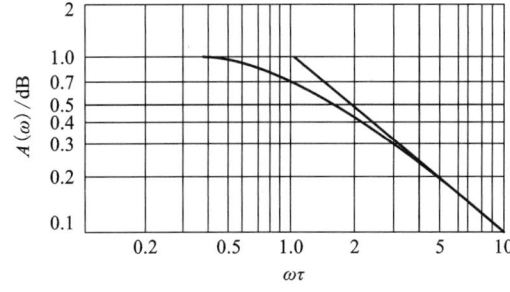
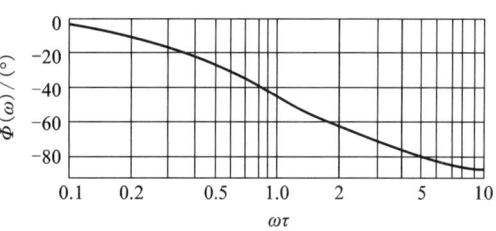

图 1-10 一阶传感器的频率响应特性曲线

（2）二阶传感器的频率响应特性

二阶传感器的频率响应特性表达式为：

$$H(j\omega) = \frac{1}{1 - \left(\frac{\omega}{\omega_n}\right)^2 + 2j\varepsilon\frac{\omega}{\omega_n}} \tag{1-18}$$

式中：ω_n 为传感器的固有频率；ε 为传感器的阻尼比。对应的幅频特性为：

$$A(\omega) = |H(j\omega)| = \frac{1}{\sqrt{\left[1 - \left(\frac{\omega}{\omega_n}\right)^2\right]^2 + \left(2\varepsilon\frac{\omega}{\omega_n}\right)^2}} \tag{1-19}$$

对应的相频特性为：

$$\Phi(\omega) = -\arctan\frac{2\varepsilon\frac{\omega}{\omega_n}}{1 - \left(\frac{\omega}{\omega_n}\right)^2} \tag{1-20}$$

图 1-11 为二阶传感器的频率响应特性曲线。从式(1-19)、式(1-20)和图 1-11 可见，二阶传感器的频率响应特性的好坏主要取决于传感器的固有频率 ω_n 和阻尼比 ε。当 $\varepsilon<1$，$\omega_n \gg \omega$ 时，$A(\omega) \approx 1$，$\Phi(\omega)$ 很小，此时，传感器的输出 $y(t)$ 再现了输入 $x(t)$ 的波形。通常固有频率 ω_n 至少应大于被测信号频率 ω 的 3 倍，即 $\omega_n > 3\omega$。

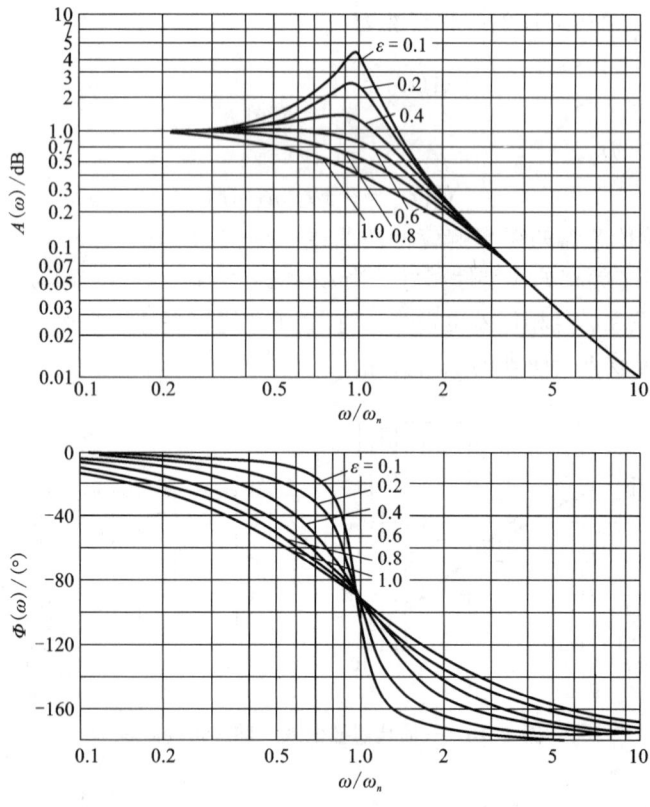

图 1-11 二阶传感器的频率响应特性曲线

为了减小动态误差和扩大频率响应范围，一般应提高传感器固有频率 ω_n。而 ω_n 与传感器运动部件质量 m、弹性敏感元件的刚度 k 有关，即

$$\omega_n = \left(\frac{k}{m}\right)^{\frac{1}{2}} \tag{1-21}$$

增大刚度 k 和减小质量 m 可提高固有频率，但刚度 k 增加，会使传感器的灵敏度降低。所以在实际中，应综合各种因素来确定传感器的各个特征参数。

（3）频率响应特性指标

传感器的频率响应特性指标主要包括以下三个：

①频带。传感器增益保持在一定范围内的频率称为传感器频带或通频带，对应有上、下截止频率。

②时间常数 τ。用时间常数 τ 来表征一阶传感器的动态特性。τ 越小，频带越宽。

③固有频率 ω_n。二阶传感器的固有频率 ω_n 表征了其动态特性。

1.4　传感器的选型原则

要进行一项具体的测量工作，首先要考虑采用何种原理的传感器，这需要分析多方面的因素之后才能确定。即使是测量同一物理量，也有多种原理的传感器可供选用，哪一种原理的传感器更为合适，则需要根据被测量的特点和传感器的使用条件并考虑以下具体问题：量程的大小；被测位置对传感器体积的要求；测量方式为接触式还是非接触式；信号的引出方法是有线还是非接触测量；传感器是国产还是进口，价格能否承受，是购买成品还是自行研制等。在考虑上述问题之后，就能确定选用何种类型的传感器，再考虑传感器的具体性能指标。

1. 传感器灵敏度的选择

通常，在传感器的线性范围内，希望传感器的灵敏度越高越好。因为只有灵敏度高时，与被测量变化对应的输出信号的值才比较大，有利于信号处理。但要注意的是，传感器的灵敏度高，与被测量无关的外界噪声容易混入，也会被放大系统放大，影响测量精度。因此，要求传感器本身应具有较高的信噪比，尽量减少从外界引入的干扰信号。传感器的灵敏度是有方向性的。当被测量是单向量，而且对其方向性要求较高时，则应选择其他方向灵敏度小的传感器；如果被测量是多维向量，则要求传感器的交叉灵敏度越小越好。

2. 传感器频率响应特性

传感器的频率响应特性决定了被测量的频率范围，必须在允许频率范围内保持不失真。实际上传感器的响应总有一定延迟，希望延迟时间越短越好。传感器的频率响应越高，可测的信号频率范围就越宽。

3. 传感器线性范围

从理论上讲，在传感器的线性范围内，灵敏度保持定值。传感器的线性范围越宽，则其

量程越大，并且能保证一定的测量精度。在选择传感器时，当传感器的种类确定以后，首先要看其量程是否满足要求。但实际上，任何传感器都不能保证绝对的线性，其线性度也是相对的。当要求的测量精度比较低时，在一定的范围内，可将非线性误差较小的传感器近似看作线性的，这会给测量带来极大的方便。

4. 传感器稳定性

传感器使用一段时间后，其性能保持不变的能力称为稳定性。影响传感器长期稳定性的因素除传感器本身结构外，主要是传感器的使用环境。因此，要使传感器具有良好的稳定性，传感器必须要有较强的环境适应能力。在选择传感器之前，应对其使用环境进行调查，并根据具体的使用环境选择合适的传感器，或采取适当的措施，减小环境的影响。传感器的稳定性有定量指标，在超过使用期后，在使用前应重新进行标定，以确定传感器的性能是否发生变化。在某些要求传感器能长期使用而又不能轻易更换或标定的场合，所选用的传感器稳定性要求更严格，要能够经受长时间的考验。

5. 传感器精度

精度是传感器的一个重要的性能指标，它是一个关系整个测量系统测量精度的重要环节。传感器的精度越高，其价格越昂贵，因此，传感器的精度只要满足整个测量系统的精度要求就可以，不必选得过高。如果测量目的是定性分析的，选用重复精度高的传感器即可，不宜选用绝对量值精度高的传感器；如果是为了定量分析，必须获得精确的测量值，就需选用精度等级能满足要求的传感器。对某些特殊使用场合，无法选到合适的传感器，则需自行设计制造传感器。自制传感器的性能应满足使用要求。

1.5 传感器的发展现状与趋势

传感器技术作为信息技术的三大基础之一，是当前各发达国家竞相发展的高新技术，是进入21世纪以来优先发展的十大顶尖技术之一。传感器技术所涉及的知识领域非常广阔，其研究和发展也越来越和其他学科技术的发展紧密联系。下面介绍传感器技术的发展现状，综述近年世界高端前沿的传感器技术的主要研究状况，并通过简述当前我国传感器的发展状况，展望现代传感器技术的发展和应用前景。

1.5.1 国际传感器发展现状

美国早在20世纪80年代就认为世界已进入了传感器时代，成立了国家技术小组（BTG），帮助政府组织和领导各大公司与国家企事业部门进行传感器技术开发工作，美国国家长期安全和经济繁荣至关重要的22项技术中有6项与传感器信息处理技术直接相关。日本把开发和利用传感器技术作为国家重点发展六大核心技术之一。日本科学技术厅制定的20世纪90年代重点科研项目中有70个重点课题，其中有18个与传感器技术密切相关。传感器与通信、计算机被称为现代信息系统的三大支柱。因其技术含量高、渗透能力强及市场前景广阔等特点，引起了世界各国的广泛重视。

传感器在资源探测、海洋、环境监测、安全保卫、医疗诊断、家用电器、农业现代化等领域都有广泛应用。在军事方面，美国已为 F-22 战机装备了新型的多谱传感器，实现了全被动式搜索与跟踪，可在诸如雾、烟或雨等各种恶劣天气情况下使用，不仅可以全天候作战，还提高了隐身能力。英国在航天飞机上使用的传感器有 100 多种，总数超 4000 多，用于监测航天器的信息，验证设计的正确性，并可以在遇到问题时作出诊断。日本则在"雷达 4 号"卫星上安装了传感器，可全天候对地面目标进行拍摄。

在世界范围内，传感器应用发展速度最快的是汽车市场，其次是通信市场。汽车电子控制系统水平的高低关键在于采用传感器数量的多少，目前一台普通家用轿车安装几十个到上百个传感器，而豪华轿车传感器数量则超过 200 个。我国是汽车生产大国，年产汽车一千多万辆，但是汽车用的传感器几乎被国外垄断。

1.5.2 我国传感器发展现状

我国早在 20 世纪 60 年代开始涉足传感器制造业，"八五"期间，我国将传感器技术列为国家重点科技攻关项目，建成了"传感技术联合国家重点实验室""传感器国家工程研究中心"等研究开发基地；而且 MEMS 等研究项目被列入了国家高新技术发展重点。目前，传感器产业已被国内外公认为具有发展前途的高技术产业，它以技术含量高、经济效益好、渗透力强、市场前景广等特点为世人所瞩目。我国工业现代化进程和电子信息产业以每年 20% 以上的速度高速增长，带动传感器市场快速发展。我国手机产量突破 7.5 亿台，手机市场增长给传感器市场带来新机遇，该领域占传感器市场的 25%。我国是家电生产大国，2009 年总产量 3 亿多台，占传感器市场的 20%。传感器在医疗环保专业设备中的应用高速增长，占市场份额的 15% 左右。

与此同时，我国在传感器发展方面的问题也日益突出。我国虽然传感器企业众多，但大都面向中低端领域，技术基础薄弱，研究水平不高。许多企业都是引用国外的芯片加工，自主研发的产品较少，自主创新能力薄弱，在高端领域几乎没有市场份额。此外，科研院所在传感器技术的研究方面已与国际接轨，但产业化瓶颈迟迟未能突破。目前我国从事传感器技术研发的主要是高校、中国科学院和相关部委的研究机构，企业的技术实力较弱，很多企业是与国外合作，或是进行二次封装。而在发达国家，传感器的研发和产业化更多由企业主导。那么，我国的传感器产业该如何突破当前的发展瓶颈？

近年来，我国也不断提高对传感器产业的重视，并出台了一系列政策推进其发展。2011 年 7 月电子元件协会发布的《中国电子元件"十二五"规划》指出，"十二五"期间将投资 5000 亿元，主要集中在新型电子元件的研发和产业化领域。而在 2012 年 2 月由工业和信息化部等四部委联合印发的《加快推进传感器及智能化仪器仪表产业发展行动计划》中，还制定了具体的产业发展目标，并给出了 2013—2025 年的发展路线图。

根据国家规划，未来将在传感器领域建立超百亿元的创新产业集群，以及产值超过 10 亿元的行业龙头和产值超过 5000 万元的小而精的企业。

上述目标的实现应该从两方面入手：一是要走产业化的道路；二是要采取整体解决方案的模式。

在传感器技术的产业化方面，除了需要成熟的市场和产品及充足的资本和人才外，长远的经营理念也是传感器产业化成功的基础。传感器研发和推广的周期比较长，想短期见到效果往往比较难。比如汉威，从创业到上市共走过了10年的历程，整体解决方案的模式，是经汉威实践后的一条行之有效的路径。传感器虽然是关键器件，技术含量很高，但需要依存于其他系统和具体应用，其本身很难形成很大的产值和规模。因此，建议从核心元器件入手，向下游产业链进行延伸，并为客户提供整体的解决方案。通过这种整体解决方案的模式，能够得到第一手的用户体验信息，并根据这些信息对传感器进行完善和改进。同时，由于末端应用的利润比较高，企业可以把在末端应用赚来的钱投入前端的核心技术研发中，这样研发也有了后续的力量。

1.5.3 传感器发展趋势

随着我们对事物的进一步认识及科技的不断发展，传感器技术大体上也经历了三代。

第一代是结构型传感器，它利用结构参量变化来感受和转换信号。例如，电阻应变传感器，它是利用金属材料发生弹性形变时电阻的变化来转换成电信号的。

第二代传感器是20世纪70年代开始发展起来的固体传感器，这种传感器由半导体、电介质、磁性材料等固体元件构成，是利用材料的某些特性制成的，如利用热电效应、霍尔效应、光敏效应分别制成热电偶传感器、霍尔传感器、光敏传感器等。20世纪70年代后期，随着集成技术、分子合成技术、微电子技术及计算机技术的发展，出现了集成传感器。集成传感器包括两种类型，即传感器本身的集成化和传感器与后续电路的集成化，如电荷耦合器件（CCD）、集成温度传感器（AD590）、集成霍尔传感器（UG3501）等。这类传感器主要具有成本低、可靠性高、性能好、接口灵活等特点。集成传感器发展非常迅速，现已占传感器市场的2/3左右，它正向着低价格、多功能和系列化方向发展。

第三代传感器是20世纪80年代发展起来的智能传感器。智能传感器是指其对外界信息具有一定检测、自诊断、数据处理及自适应能力，是微型计算机技术与检测技术相结合的产物。20世纪80年代智能化测量主要以微处理器为核心，把传感器信号调节电路、微计算机、存储器及接口集成到一块芯片上，使传感器具有一定的人工智能的功能。20世纪90年代智能化测量技术有了进一步的提高，在传感器一级水平实现了智能化，使其具有自诊断功能、记忆功能、多参量测量功能及联网通信功能等。

新技术的层出不穷，让传感器的发展呈现出新的特点。传感器与微机电系统的结合，已成为当前传感器领域关注的新趋势。

目前，美国相关机构已经开发出名为"智能灰尘"的微机电系统传感器。这种传感器的体积只有1.5 mm^3，质量只有5 mg，但是却装有激光通信、CPU、电池等组件，以及速度传感器、加速度传感器、温度传感器等多个传感器。以往做这样一个系统，尺寸会非常大，智能灰尘尺寸如此之小，却可以自带电源、通信，并可以进行信号处理，可见传感器技术进步速度之快。微机电系统传感器目前已在多个领域有所应用。比如，苹果公司的iPhone手机中就装有陀螺仪、麦克风、电子快门等多个微机电系统传感器；耐克公司推出的一款"智能鞋垫"也内置了微机电系统传感器，可以记录用户运动的数据，并与手机连接将数据上传。此外，微机电系统传感器在医疗领域也发挥着重要的作用。比如患者在测量眼压时可能因过于紧张，导致眼压很难测准的情况。而利用微机电系统传感器技术，将眼压计内嵌到隐形眼镜中，这样就可以更方便地对患者进行监测，测量出来的数据也更为准确。

除了与微机电系统结合外，传感器还与仿生信息学结合，并产生了诸多新的应用。法国已研制出模仿人类眼睛的视觉晶片,该视觉晶片可以模仿人类眼睛的能力,分辨不同颜色,并观测动作。奔腾处理器每秒能处理数百万项指令,这种视觉晶片每秒能处理约两百亿项指令。这种视觉晶片将会引起感测与成像的革命,并在国防领域得到广泛的应用。

传感器技术已经渗透到各个领域,随着工业化水平的不断提高,传感与测试水平也在不断提高,归纳起来,传感器技术将会有以下几个方向的变化。

(1)新型材料的开发与应用

材料是传感器技术的重要基础,由于材料科学的进步,将会出现具有新功能、新效应的材料,如光导纤维及超导材料、精密陶瓷材料、传感型复合材料等。

(2)智能化

智能化传感器是一种带有微处理器的传感器,它兼有检测判断、信息处理和故障检测功能,利用计算机可以编程的特点,使传感器或仪表内的各个环节自动组合、分工、协作,使检测技术智能化。

(3)多功能传感器和仿生传感器

传感器一般来说只检测一种物理量,以后将研制出同时检测多种信号的传感器,如同时检测各类离子的传感器,这将成为传感器发展的一个重要方面。仿生传感器主要应用于生物领域和食品工业上,如利用仿生传感器检测肉内的病原体、大肠杆菌等,或利用传感器色条的颜色变化来判断食品是否还可食用等,这也将成为传感器发展的一个方向。

习　题

1. 什么是传感器?它由哪几个部分组成?它们分别起到什么作用?
2. 传感器的静态特性指标有哪些?各种指标都代表什么意义?
3. 什么是传感器的动态特性?
4. 传感器技术的发展动向表现在哪几个方面?
5. 在日常生活中,哪些传感器的设计使我们节约了能源?

第 2 章

电阻传感器

1856年，人们在铺设海底电缆时发现，当电缆被拉伸时，电缆的电阻值增加。此后学者对铜丝和铁丝进行拉伸实验，得出结论：金属丝的电阻值与其应变成函数关系。由此制作了应变片，并利用应变片制作了各种电阻式传感器。

目前，电阻传感器是应用较为广泛的传感器之一。其可应用在各工业领域中进行力、力矩、位移、加速度等参数的测量，也可对温度、液位等参数进行测量，因此电阻传感器具有重要的地位。

电阻传感器的基本原理是将被测物理量的变化转换成电阻值的变化，再使用相应的测量电路将电阻值的变化转换为电压或电流的变化，经信号调理后再用仪器显示和记录被测量值的变化。其主要优点是结构简单、使用方便、灵敏度高、性能稳定可靠等。

应变式电阻传感器是一种利用电阻应变效应，由电阻应变片和弹性敏感元件组合起来的传感器。将应变片粘贴在各种弹性敏感元件上，当弹性敏感元件感受到外力、位移、加速度等参数的作用时，弹性敏感元件产生应变，再通过粘贴在上面的应变片将其转换成电阻的变化。通常，它主要是由敏感元件、基底、引线和覆盖层等组成。其核心元件是电阻应变片（敏感元件），它主要作用是敏感元件实现应变至电阻的变换。根据敏感元件材料与结构的不同，应变片可分为金属应变片和半导体应变片。

2.1 金属应变片

金属应变式传感器是把位移、力、加速度、扭矩等非电物理量转换为电阻值变化的传感器。首先在弹性元件上粘贴应变敏感元件，当被测物理量作用在弹性元件上时，弹性元件的形变引起了应变敏感件的变形，从而使应变材料的阻值发生变化，再通过测量转换电路将阻值变化转换为电压信号输出，电压信号的大小也就反映了被测量的大小。金属应变式传感器结构简单、性能稳定、使用方便、灵敏度高、响应速度快，被广泛应用在航空、机械、电力、化工、建筑、医学等领域。

2.1.1 金属应变片的基本结构

金属应变片的基本结构如图 2-1 所示。它由引出线、覆盖层、基底及电阻丝四部分组成。电阻丝是敏感栅,它是转换元件,阻值一般为 50～1000 Ω,常取 120 Ω。用黏合剂粘贴在传感器弹性元件或试件上的应变片通过基底把应变传递到敏感栅上,基底起绝缘作用。覆盖层起绝缘保护作用。焊接在电阻丝两端的引出线用于连接外部测量导线。

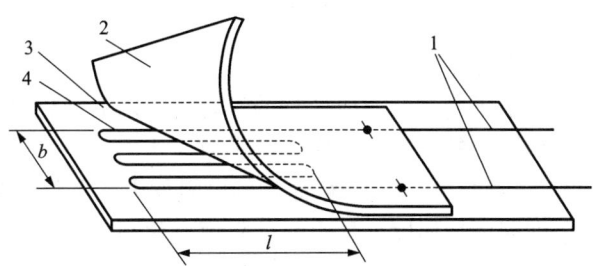

1—引出线;2—覆盖层;3—基底;4—电阻丝;l—应变片的工作基长;b—应变片的工作基宽。

图 2-1 金属应变片的基本结构

2.1.2 金属应变片的工作原理

当应变片在外力作用下,产生机械变形而使其结构尺寸发生变化时,其电阻值也随之发生相应的变化,这种现象称为电阻形变效应。金属应变片的工作原理正是基于这种电阻形变效应。

设金属电阻丝的长度为 $l(m)$,金属电阻丝横截面的面积为 $S(m^2)$,电阻率为 $\rho(\Omega \cdot m)$,它的电阻值 $R(\Omega)$ 可以表示为

$$R = \rho \frac{l}{S} \tag{2-1}$$

当金属电阻丝的长度方向受到拉伸力或压缩力的时候,式(2-1)的三个参数都会发生变化从而使阻值发生变化,即

$$\frac{dR}{R} = \frac{d\rho}{\rho} + \frac{dl}{l} - \frac{dS}{S} \tag{2-2}$$

式中:$\frac{dl}{l}$ 是金属电阻丝的轴向应变,$\frac{dl}{l}=\varepsilon_y$。令 $\frac{dr}{r}=\varepsilon_x$ 为金属电阻丝径向应变,r 为金属电阻丝的半径(m),则根据材料力学的知识,在弹性范围内,金属电阻丝受拉力,沿轴向伸长时,沿径向缩短,轴向应变 ε_y 和径向应变 ε_x 的关系为:

$$\varepsilon_x = -\mu \varepsilon_y \tag{2-3}$$

式中:μ 为金属材料的泊松系数。因为面积 S 与半径 r 的关系为 $S=\pi r^2$,因此有

$$\frac{dS}{S} = 2\frac{dr}{r} = -2\mu \varepsilon_y \tag{2-4}$$

所以

$$\frac{dR}{R} = (1+2\mu)\varepsilon_y + \frac{d\rho}{\rho} \quad (2-5)$$

式中：$(1+2\mu)\varepsilon_y$ 为形变效应部分，由金属电阻丝几何尺寸改变引起；$d\rho/\rho$ 为压阻效应部分，由金属电阻丝的电阻率随应变的改变引起。从式(2-5)可以看出，金属应变片的变化是应力引起形状的变化和电阻率变化的综合结果。对大多数金属应变片丝而言，其值为常数，通常很小，可以忽略，即

$$\frac{dR}{R} \approx (1+2\mu)\varepsilon_y = K_j\varepsilon_y \quad (2-6)$$

式中：K_j 为金属应变片灵敏系数。

从以上分析可知，通常用于制作金属应变片的材料具有以下特点：
①灵敏系数大，且在相当大的应变范围内保持常数。
②电阻率 ρ 值大，即在同样长度、同样截面积的电阻丝中具有较大的电阻值。
③电阻温度系数小，即因环境温度变化引起的阻值变化小。
④与铜线的焊接性能好，与其他金属的接触电势低。
⑤机械强度高，具有优良的机械加工性能。

2.2 半导体应变片

2.2.1 半导体应变片的基本结构

半导体应变片是用半导体材料作敏感栅，采用与金属电阻应变片相同方法制成的半导体应变片。半导体应变片的结构如图 2-2 所示。

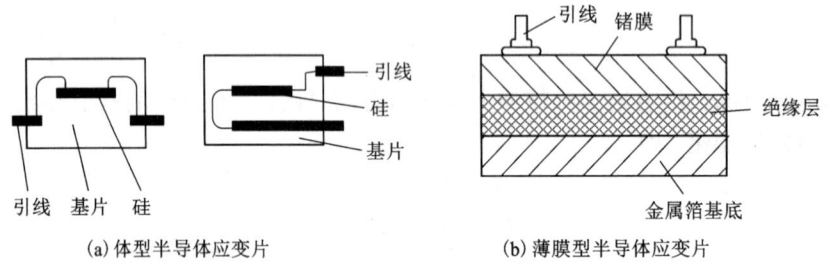

(a) 体型半导体应变片 (b) 薄膜型半导体应变片

图 2-2 半导体应变片的结构

图 2-2 中的体型半导体应变片由引线、基片和硅组成，其半导体材料是硅。薄膜型半导体应变片由引线、锗膜、绝缘层和金属箔基底组成，其中锗是半导体敏感元件。

2.2.2 半导体应变片的工作原理

当半导体应变片受外力作用时，表现为压阻效应，即电阻率随应力的变化而变化，其电阻值也随之发生相应的变化。半导体应变片受轴向力作用时，其电阻相对变化为

$$\frac{\Delta R}{R} = (1 + 2\mu)\varepsilon_y + \frac{\Delta \rho}{\rho} \tag{2-7}$$

式中：$\frac{\Delta \rho}{\rho}$ 为半导体应变片的电阻率相对变化。其值与半导体敏感栅在轴向所受的应变力之比为一常数，即

$$\frac{\Delta \rho}{\rho} = K_\pi E \varepsilon_x \tag{2-8}$$

式中：K_π 为半导体材料的压阻系数；E 为弹性模量，也是杨氏模量。在式（2-7）中，$(1+2\mu)\varepsilon_y$ 项随几何形状而变化；而在式（2-8）中，$K_\pi E \varepsilon_x$ 项为压阻效应，随电阻率而变化。实验证明：$K_\pi E \varepsilon_x$ 比 $(1+2\mu)\varepsilon_y$ 大近百倍，所以 $(1+2\mu)\varepsilon_y$ 可忽略，因而半导体应变片的灵敏系数 K_b 为

$$K_b = \frac{\frac{\Delta R}{R}}{\varepsilon_x} = K_\pi E \tag{2-9}$$

半导体应变片突出的优点是体积小，灵敏度高，频率响应范围很宽，输出幅值大，不需要放大器，使测量系统简单。但它具有温度系数大，应变时非线性比较严重的缺点；使用半导体应变片时，需要采用温度补偿及非线性补偿等措施。

在实际应用中，由于电阻应变片的工作环境温度经常会发生变化，使粘贴在试件表面的应变片敏感栅材料的电阻值发生变化；同时应变片敏感栅材料和被测试件材料两者的线膨胀系数不同，引起应变片的附加应变。因此，电阻应变片因环境温度变化而引起的电阻值变化由两部分组成，这种单纯由温度变化引起的应变片电阻值变化的现象，称为温度效应。敏感栅电阻值的变化与试件应变造成的电阻变化几乎有相同的数量级，当工作温度变化较大时，这种温度效应必须补偿。

2.3 电阻应变片的测量电路

用电阻应变片测试应变时，将应变片粘贴在试件表面。当试件受力变形，电阻应变片把应变信号转换为电阻的变化后，由于应变量及相应电阻变化一般都很微小，如果直接用欧姆表测量其电阻值的变化将十分困难，且误差很大，因此，该值难以直接精确测量，要采用转换电路把电阻应变片的电阻变化转成电压或电流变化。其转换电路常用测量电桥表示，有直流电桥和交流电桥之分，通过测量转换电路将之转换成电压或电流的变化。

2.3.1 平衡电桥

平衡电桥的结构如图 2-3 所示。R_1、R_2、R_3、R_4 称为电桥的桥臂，U 是工作电源。

当 $R_L \to \infty$ 时，可将输出端看作开路，即只有电压输出。设电桥的供电电压源为 U，则电桥输出电压 U_o 为：

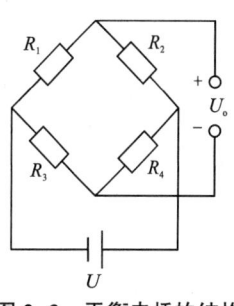

图 2-3　平衡电桥的结构

$$U_o = \left(\frac{R_1}{R_1+R_2} - \frac{R_3}{R_3+R_4}\right)U = \frac{R_1R_4 - R_2R_3}{(R_1+R_2)(R_3+R_4)}U \quad (2\text{-}10)$$

从式(2-10)可以看出,要使电桥平衡,其相邻两臂电阻的比值应相等,或者相对两臂电阻的乘积应相等,即当 $R_1R_4=R_2R_3$ 或 $\frac{R_1}{R_2}=\frac{R_3}{R_4}$ 时,电桥平衡,电桥输出电压 $U_o = 0$ V。

应变电桥是通过初始平衡的电桥的不平衡输出电压来反映应变电阻的变化的。电阻应变片工作时,其电阻值变化很小,电桥输出电压也很小,一般需放大。当放大器的输入阻抗比桥路输出阻抗高很多时,电桥可视为开路输出。

三种常用的不平衡电桥为单臂电桥、双臂差动电桥和四臂差动电桥。

2.3.2 单臂电桥

1. 单臂电桥的工作原理

单臂电桥的结构如图 2-4 所示。R_2、R_3、R_4 是固定电阻,使第一桥臂 R_1 由应变片来替代,微小应变引起微小电阻的变化,电桥则输出不平衡电压的微小变化。若应变片 R_1 受应变时电阻变化为 ΔR_1,则电桥输出电压 $U_o \neq 0$ V。

根据图 2-4,可得电桥的不平衡输出电压

$$U_o = \left(\frac{R_1+\Delta R_1}{R_1+\Delta R_1+R_2} - \frac{R_3}{R_3+R_4}\right)U$$

$$= \frac{(R_4/R_3)(\Delta R_1/R_1)}{(1+\Delta R_1/R_1+R_2/R_1)(1+R_4/R_3)}U \quad (2\text{-}11)$$

设桥臂电阻比为 $n = R_2/R_1$,由于 $\Delta R_1 \ll R_1$,考虑到 $R_2/R_1 = R_4/R_3$,则式(2-11)可近似表示为

$$U'_o = \frac{n}{(1+n)^2}\frac{\Delta R_1}{R_1}U = \frac{n}{(1+n)^2}K\varepsilon U \quad (2\text{-}12)$$

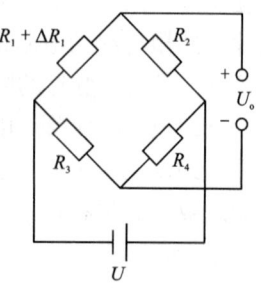

图 2-4 单臂电桥的结构

式中:K 为电阻应变片的灵敏度;ε 为电阻应变片承受的应变;U 为供电电源电压。单臂电桥的电压灵敏度 K_u 为

$$K_u = \frac{U'_o}{\frac{\Delta R_1}{R_1}} = \frac{n}{(1+n)^2}U \quad (2\text{-}13)$$

由式(2-12)、式(2-13)可以分析得到:一方面,K_u 正比于电桥供电电压 U,U 越高,K_u 越高;但 U 的提高受应变片允许功耗的限制,U 越高功耗越大,并且 U 的稳定性影响 K_u,因此需适当选择;另一方面,K_u 是关于桥臂电阻比 n 的函数,恰当选择桥臂电阻比 n 的值,可保证电桥有较高的电压灵敏度。

由 $\mathrm{d}K_u/\mathrm{d}n=0$,可求得 $n=1$ 时,K_u 最大,即 $R_1=R_2=R_3=R_4$ 时,电桥的电压灵敏度最高值,即

$$K_u = \frac{U}{4} \quad (2\text{-}14)$$

此时电桥输出电压可以表示为

$$U'_o = \frac{U}{4}\frac{\Delta R_1}{R_1} \tag{2-15}$$

电桥供电电压 U 和电阻相对变化 $\Delta R_1/R_1$ 一定时，电桥的输出电压及灵敏度也是定值，电桥输出电压与应变片电阻相对变化呈线性关系，且与各桥臂电阻值大小无关。

2. 单臂电桥的非线性误差

上面讨论电桥工作状态时，是假设应变片参数变化很小，在求取电桥输出电压时忽略了 $\Delta R_1/R_1$ 项，从而得到线性关系式的近似值。然而，如果应变片承受较大应变，$\Delta R_1/R_1$ 项就不能忽略，即电桥实际输出值为

$$U_o = \frac{n\dfrac{\Delta R_1}{R_1}}{\left(1 + n + \dfrac{\Delta R_1}{R_1}\right)(1+n)} U \tag{2-16}$$

可见，U_o 与 $\Delta R_1/R_1$ 的关系是非线性的。非线性误差为

$$\delta = \frac{U_o - U'_o}{U'_o} = \frac{U_o}{U'_o} - 1 = \frac{\dfrac{n\dfrac{\Delta R_1}{R_1}U}{\left(1+\dfrac{\Delta R_1}{R_1}+n\right)(1+n)}}{\dfrac{n\dfrac{\Delta R_1}{R_1}U}{(1+n)^2}} - 1 = \frac{-\dfrac{\Delta R_1}{R_1}}{1+\dfrac{\Delta R_1}{R_1}+n} \tag{2-17}$$

由式(2-17)可知，提高桥臂电阻比 n，可以减少非线性误差。如果是全等臂电桥，$R_1 = R_2 = R_3 = R_4$，即 $n=1$，则非线性误差为

$$\delta \approx -\frac{1}{2}\frac{\Delta R_1}{R_1} = -\frac{1}{2}K\varepsilon \tag{2-18}$$

由式(2-18)可以看出，非线性误差的大小与应变 ε 和灵敏度 K 有关。对于单臂电桥，应变越大，非线性误差越大。对于半导体应变片，它的灵敏度比金属丝大得多，因此对应的非线性误差就会比较大。

【例2-1】 设金属应变片的灵敏度 $K=2$，要求非线性误差 $\delta<1\%$，求该金属应变片允许测量的最大应变值 ε_{max}。

解：因为 $\dfrac{1}{2}K\varepsilon_{max} < 0.01$，

所以 $\varepsilon_{max} < \dfrac{2 \times 0.01}{K} = \dfrac{2 \times 0.01}{2} = 0.01 = 10000(\mu\varepsilon)$

因此如果被测应变大于 $10000\,\mu\varepsilon$，采用等臂电桥时的非线性误差大于 1%。

【例2-2】 设金属应变片的灵敏度 $K_1=2$，半导体应变片的灵敏度 $K_2=130$，它们受到的应变都是 $\varepsilon = 1000\,\mu\varepsilon$，试计算并比较非线性误差。

解：金属应变片的非线性误差为

$$\delta_1 = -\frac{1}{2}K_1\varepsilon = \frac{1}{2} \times 2 \times 1000 \times 10^{-6} \times 100\% = 0.1\%$$

半导体应变片的非线性误差为

$$\delta_2 = -\frac{1}{2}K_2\varepsilon = \frac{1}{2} \times 130 \times 1000 \times 10^{-6} \times 100\% = 6.5\%$$

由此可见，在承受相同应变下，半导体应变片的非线性误差远大于金属应变片的非线性误差。

提高桥臂电阻比 n 可以减小非线性误差，但是从电压灵敏度角度考虑，电桥电压灵敏度会降低。因此必须适当选择桥臂电阻比，也可以考虑用其他方式来减小或消除非线性误差。

2.3.3 差动电桥

1. 半桥差动电桥

半桥差动电桥的结构如图 2-5 所示。R_1、R_2 是应变片，R_3、R_4 是固定电阻。当 R_1、R_2 微小应变（ΔR_1, ΔR_2）引起微小电阻的变化时，电桥则输出不平衡电压的变化。

由图 2-5 可得电桥输出电压为

$$U_o = \left(\frac{\Delta R_1 + R_1}{\Delta R_1 + R_1 + R_2 + \Delta R_2} - \frac{R_3}{R_3 + R_4}\right)U \quad (2-19)$$

如果 $R_1 = R_2$，$R_3 = R_4$，$\Delta R_1 = -\Delta R_2$，则式（2-19）可转换为

$$U_o = \frac{U}{2}\frac{\Delta R_1}{R_1} \quad (2-20)$$

半桥差动电桥的电压灵敏度 K_h 为

$$K_h = \frac{U}{2} \quad (2-21)$$

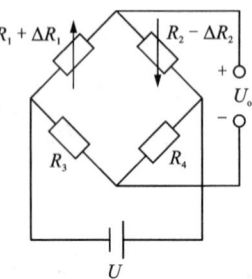

图 2-5 半桥差动电桥的结构

因此，半桥差动电桥有以下优点：

①U_o 与 $\Delta R_1/R_1$ 呈线性关系，半差动电桥无非线性误差。

②其输出电压是单臂电桥的两倍，其电压灵敏度是单臂电桥的两倍。

③具有温度补偿作用。当半桥差动电桥受温度影响时，应变片 R_1 和 R_2 上产生的电阻变化 ΔR_{1t} 和 ΔR_{2t} 大小相等、方向相同，因此，由式（2-19）可得温度变化下电桥的输出电压为：

$$U_{ot} = \left(\frac{\Delta R_{1t} + R_1}{\Delta R_{1t} + R_1 + R_2 + \Delta R_{2t}} - \frac{R_3}{R_3 + R_4}\right)U = \left(\frac{1}{2} - \frac{1}{2}\right)U = 0 \quad (2-22)$$

2. 全桥差动电桥

全桥差动电桥的结构如图 2-6 所示。电桥四臂接入阻值与性能相同的应变片 R_1, R_2, R_3, R_4，使应变片两个受拉、两个受压，应变极性相同的两个应变片接入相对的桥臂，构成全桥差动电路。当微小应变引起应变片微小电阻的变化，且满足 $R_1 = R_2 = R_3 = R_4$，$\Delta R_1 = -\Delta R_2 = -\Delta R_3 = \Delta R_4$ 时，供电电源电压为 E，电桥则输出不平衡电压为

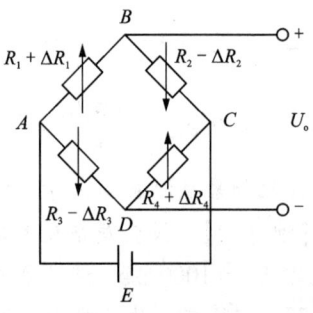

图 2-6 全桥差动电桥的结构

$$U_\text{o} = E \frac{\Delta R_1}{R_1} \qquad (2-23)$$

全桥差动电桥的电压灵敏度 K_w 为

$$K_\text{w} = E \qquad (2-24)$$

因此，全桥差动电桥有以下优点：
① U_o 与 $\Delta R_1/R_1$ 呈线性关系，全桥差动电桥无非线性误差。
② 其输出电压是单臂电桥的四倍，其电压灵敏度是单臂电桥的四倍。
③ 具有温度补偿作用。

以上介绍的电桥电路都是直流型的，电阻应变片的电桥电路还可以采用交流电桥的形式。交流电桥采用交流电源供电，桥臂由复阻抗构成。由于交流电桥的拓扑结构和分析方法和直流电桥类似，这里不再赘述。

2.4 电阻传感器的应用

电阻应变片主要有两方面的应用，一是作为敏感元件，直接用于被测试件的应变测量；二是作为转换元件，通过弹性元件构成传感器，用以对任何能转变为弹性元件应变的其他物理量做间接测量。

1. 基于电阻应变称重传感器的电力电缆拉力测量仪设计

电力电缆具有供电安全、可靠、美化城市布局等优点，在城市配电系统中获得越来越广泛的应用。在实际生产和安装过程中，电力电缆可能会在被牵拉时变形甚至拉断。因此，准确监测该牵引力强度十分重要。

为防止电力电缆在生产及安装时机械牵引力过大而导致电缆变形，设计了一套电力电缆拉力测量仪。该测量仪由力转换装置把牵引力转换成压力，然后由电阻应变传感器将该压力转换成电信号。力转换装置的主要功能是将电力电缆在被牵引的过程中所受的牵引力转化成压力，这样传感器才能感知牵引力。力转换装置由固定装置、滚动轴和传感器组成，如图 2-7 所示。

电力电缆绕过滚动轴和传感器，在牵引力的作用下向右前进，会给传感器一个向上的压力，传感器将该力转换成电信号后交由检测电路处理。电阻应变称重传感器包括弹性体（敏感梁）和电阻应变片（转换元件）。电阻应变片粘贴在弹性体表面上，在外力作用下，电阻应变片与弹性体一起产生弹性变形。电阻应变片变形后，它的阻值将发生变化，再经相应的测量电路把这一电阻变化转换为电信号，从而完成了将外力变换为电信号的过程。电阻应变称重传感器的工作原理示意图如图 2-8 所示。R_4 相当于电阻应变片，它紧贴在传感器的弹性体内表层，当外力 F 挤压传感器时，电阻应变片与弹性体一起发生形变，R_4 的阻值发生变化。检测电路是一个惠斯通电桥，$R_1 = R_2 = R_3$，且它们的阻值与 R_4 的初始值相等，外部压电加在 EXC$^+$ 与 EXC$^-$ 两端，当 R_4 阻值有所变化，会引起 SIG$^+$ 与 SIG$^-$ 两端的电压变化，从而完成了压力信号到可测量电信号的转换。

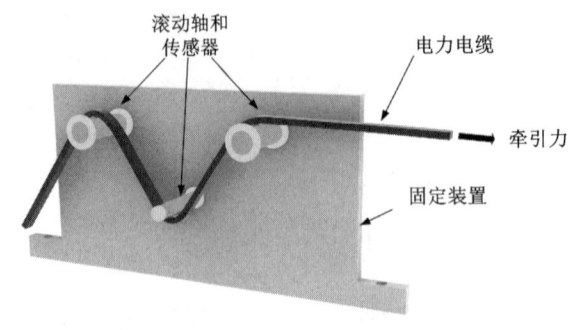

图 2-7 力转换装置

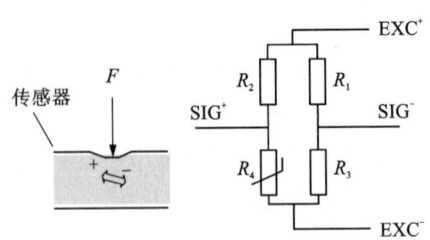

图 2-8 电阻应变传感器的工作原理示意图

2. 应变加速度传感器

应变加速度传感器主要用于物体加速度的测量。其基本工作原理为：物体运动的加速度与作用在它上面的力成正比，与物体的质量成反比，即 $a=F/m$。

图 2-9 为应变加速度传感器的结构示意图，在等强度梁 1 的自由端安装质量块 2，另一端固定在壳体 3 上；并在等强度梁 1 上粘贴 4 个电阻应变敏感元件 4。为了调节振动系统的阻尼系数，在壳体内充满硅油。

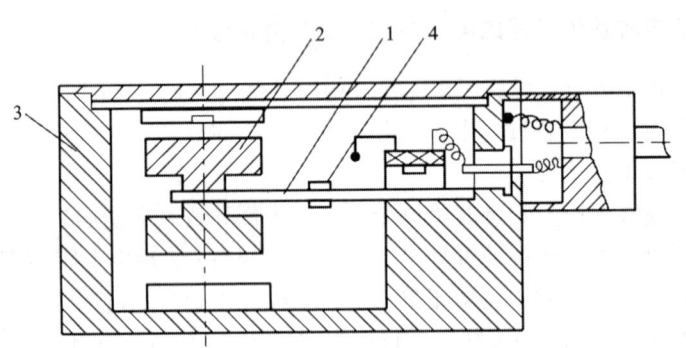

1—等强度梁；2—质量块；3—壳体；4—电阻应变敏感元件。

图 2-9 应变加速度传感器的结构示意图

测量时，将传感器壳体与被测对象刚性连接，当被测物体以加速度 a 运动时，质量块受到一个与加速度方向相反的惯性力作用，使等强度梁变形，该变形被粘贴在等强度梁上的应变片感受到并随之产生应变，从而使应变片的电阻发生变化。电阻的变化引起应变片组成的桥路出现不平衡，从而输出电压，即可得出加速度 a 值的大小。

3. 应变容器内液体重量传感器

应变容器内液体重量传感器示意图如图 2-10 所示。该传感器有一根传压杆，上端安装微压传感器。为了提高灵敏度，共安装了两只；下端安装感压膜，感压膜感受上面液体的压力。当容器中液体增多时，感压膜感受到的压力就增大。若将两个传感器 R_t 的电桥接成正

向串联的双电桥电路,则输出电压为

$$U_o = U_1 - U_2 = (K_1 - K_2)h\rho g \quad (2-25)$$

式中:U_1,U_2 为电桥的供电电源电压;K_1,K_2 为传感器的传输系数;h 为感压膜至液面的高度;ρ 为液体密度;g 为重力加速度。

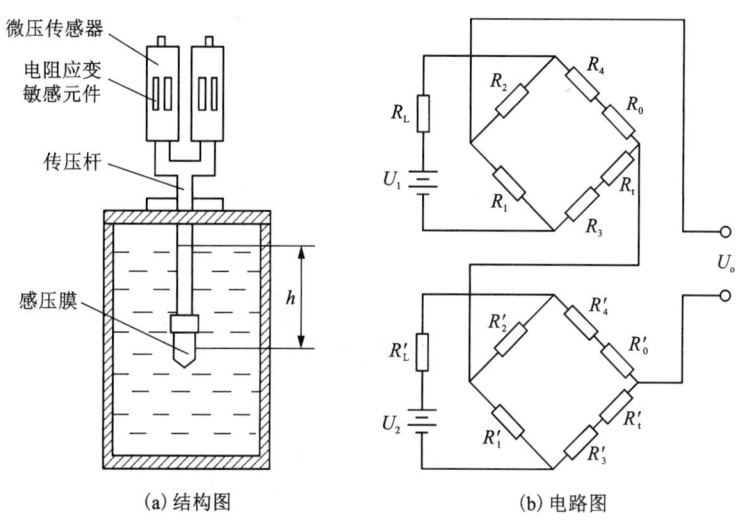

图 2-10 应变片容器内液体重量传感器示意图

由于 $h\rho g$ 表征着感压膜上液体的重量,对于等截面的柱式容器,有

$$h\rho g = \frac{Q}{A} \quad (2-26)$$

式中:Q 为容器内感压膜上面溶液的重量;A 为柱形容器的截面积。

将式(2-25)、式(2-26)联立,得到感压膜上液体重量与电桥输出电压之间的关系式为

$$U_o = \frac{(K_1 - K_2)Q}{A} \quad (2-27)$$

式(2-27)表明,电桥输出电压与柱式容器内感压膜上液体的重量呈线性关系,因此用此种方法可以测量容器内储存的液体重量。

4. 遥测应变电机转矩测试系统

大型电机输出轴特定的安装和工作方式决定了其输出转矩测量非常困难,目前现场大多是通过测量负载参数,再间接计算获得电机输出轴转矩。这种通过间接计算得到的转矩数据,精度不高,很难真实、准确地反映电机输出轴转矩的实际情况。旋转轴扭矩遥测方法避免了从旋转轴引出导线的困难,不存在接触电阻的影响,具有易于安装、不受电机转速影响、测量精度高等优点。

整个测试系统由应变测量部分(贴片)、信号调理和发射部分、信号接收和处理部分三部分组成,其中信号调理和发射部分制成对称圆环形状并可靠地紧固在高速旋转轴上,如图 2-11 所示。

测量扭矩时应变片的布置和组桥方式如图 2-12 所示。a 为双片集中轴向对称(横八

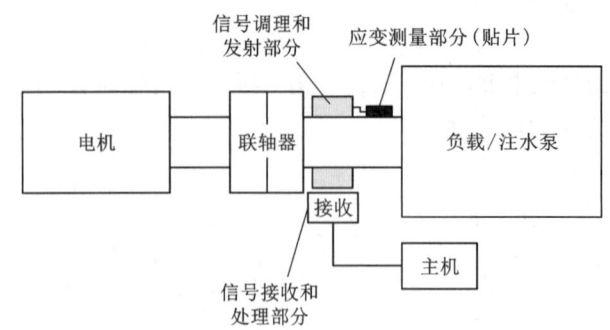

图 2-11 遥测应变电机转矩测试系统

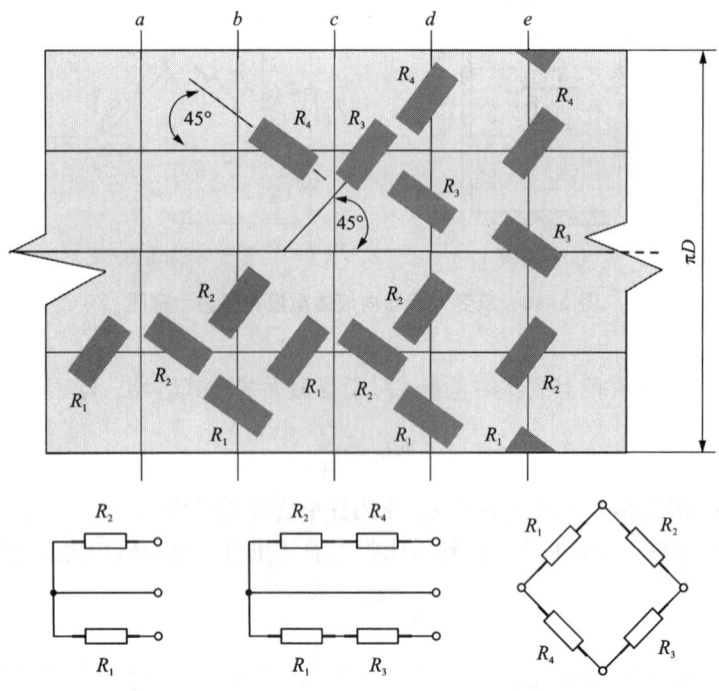

图 2-12 测量扭矩时应变片的布置和组桥方式

字）布置，应变片 R_1 及 R_2 互相垂直，其敏感栅中心分别处于同一母线的两个邻近截面的圆周上，组成半桥的相邻两臂。这种布置方式的贴片及引线的布置较为简单，但不能完全抵消弯曲影响，可用于轴体不受弯曲的场合。

b 为双集中径向对称（竖八字）布置，与 a 的不同之处仅在于 R_1 及 R_2 处于同一截面周边的邻近两个点上，其适用条件同 a。

c 为四片径端对称的双横八字布置，应变片按 a 的方式分别布置在同一直径两个端点的邻近部位。在轴体表面展开图中，互相垂直的两个应变片的中心共线，四片可组成半桥或全桥。组成全桥时，输出灵敏度为 a 的两倍。无论组成半桥或全桥皆可抵消拉（压）及弯曲的影响。

d 为四片径端对称的双竖八字布置，可视为 b 的复合。应变片分别处于同一截面、同一直径两个端点的邻近部位，且在轴体表面展开图中四个敏感栅的中心共线。

e 为四片间距均匀的双竖八字布置，与 d 的区别仅在于四片圆周均布。d 与 e 可组成全桥或半桥方式，其灵敏度及抵抗非测力因素的性能同 c。

应变测量的原理为：当扭矩作用于被测轴时，轴发生扭转变形，在与轴线成±45°夹角方向上产生最大的剪应变，在此方向上粘贴电阻应变片即可测出扭矩的大小。圆杆受扭后，在轴线的±45°方向受拉压应力，且正应力等于最大剪应力 τ_{max}，在轴线的±45°方向粘贴应变片，组成全桥。在扭矩作用下，其中两个应变片受拉，产生正应变，两个应变片受压，产生负应变。扭矩产生的应变 ε 与应力 τ_{max} 有如下关系

$$\varepsilon = \frac{(1+\mu)\tau_{max}}{E} \tag{2-28}$$

式中：$\tau_{max} = \frac{T}{W_T}$，$T$ 为所受扭矩，W_T 为被测轴的抗纽截面系数，对于实心轴，$W_T = \frac{\pi d^3}{16}$，d 为被测轴径，单位 mm；μ 为泊松比，对于钢材，可取 $\mu = 0.3$。则式(2-28)可转换为

$$T = \frac{\pi \varepsilon E d^3}{16(1+\mu)} \tag{2-29}$$

对于全桥，其输出电压为 $U_o = KU_1\varepsilon$，ε 为所受应变。而对于遥测系统，当发射增益为 G_T 时，接收机的输出电压

$$U_T = G_T \times U_o = KG_T U_1 \varepsilon \tag{2-30}$$

将式(2-30)代入式(2-31)，经变换得扭矩 T

$$T = \frac{\pi E d^3 U_T}{16(1+\mu)KG_T U_1} \tag{2-31}$$

式中：E 为材料弹性模量；K 为应变片灵敏系数；U_1 为桥压；G_T 为发射机增益。

5. 感应电动机异常振动的监测诊断

电气异常会引起感应电动机的电磁振动，例如三相不平衡、电气断相、绕组接地、短路、转子三相电阻不平衡等都会引起电流的不平衡，磁的不平衡会出现脉动，引起振动。通过对振动量大小的检测分析，就可对异常进行诊断。电气异常引起电磁振动可用加速度传感元件进行振动量的检测，其办法是在电机定子外壳的水平、垂直两个方向装设加速度传感元件，在轴承的外壳用同样的方法装设两个或一个加速度传感元件，用以监测机械振动或轴位移。图 2-13 为振动监测诊断设备配置示意图。

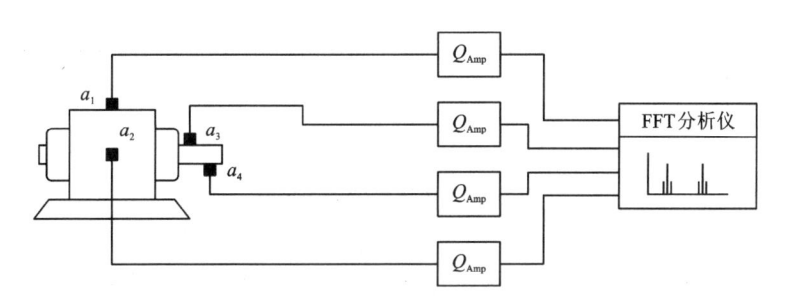

图 2-13　振动监测诊断设备配置示意图

根据图 2-13，诊断分析过程如下：

①轴承异常和不对称引起的振动由传感元件 a_3 监测，其监测的机械振动信号通过 FFT 分析仪显示的频谱进行监测诊断。

②引起电机产生电磁振动的原因是 2 倍频率 $2f$、边频 $2f \pm 2sf$、滑差 s 引起了高频 f_k 振动的成分。

③发生电压不对称、二次绕组断条和回路接触不良、转子偏心不平衡、不对中等异常情况时，2 倍频率 $2f$、边频 $2f \pm 2sf$ 会发生变化。如 $f = 50$ Hz，$s = 0.05$，则 $2f = 100$ Hz，$2f \pm 2sf = 95$ Hz 和 105 Hz。

④当定子铁芯固有频率 f_n 与电机的槽频率 f_k 接近，发生机械松动等情况时，f_k 成分增大，如 $f_k = 1000 \sim 5000$ Hz。电磁振动主要由频谱分析确定，如图 2-14 所示。

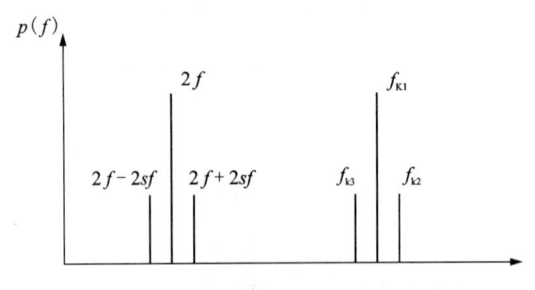

图 2-14 电磁引起振动的主要频率成分

习 题

1. 试说明金属应变片与半导体应变片的相同和不同之处。

2. 试说明应变片温度误差的产生原因。在单臂电桥中补偿温度误差的方法是什么？

3. 图 2-15 为等强度梁测力系统，R_1 为电阻应变片，应变片灵敏系数 $K = 2.05$，未受应变时 $R_1 = 120$ Ω，当试件受力 F 时，应变片承受平均应变 $\varepsilon = 8 \times 10^{-4}$，求

(1) 应变片电阻变化量 ΔR_1 和电阻相对变化量 $\Delta R_1/R_1$。

(2) 将电阻应变片置于单臂测量电桥，电桥电源电压为直流 3 V，求电桥的输出电压。

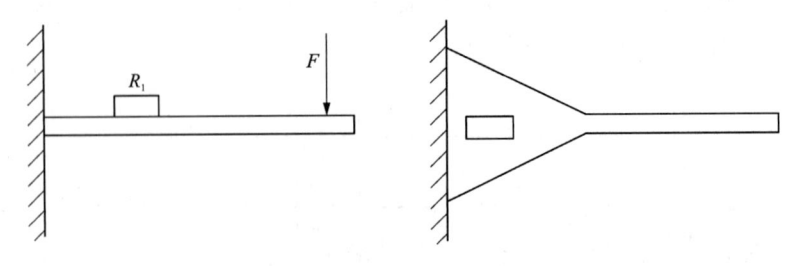

图 2-15 等强度梁测力系统

4. 一台电子秤的荷重传感器采用如图 2-16(a)所示等强度悬臂梁金属应变传感器。已知等强度悬臂梁的长度 $L = 150$ mm，基部宽度 $b_0 = 20$ mm，厚度 $h = 2$ mm，材料的弹性模量 $E =$

2×10^{11} N/m²。在等强度悬臂梁的上、下表面各粘贴两片金属电阻应变片,应变片的初始电阻 $R_0=120$ Ω,应变灵敏系数 $K=2$。

(1)将应变片接入测量电桥,电桥的供电电压 $U=8$ V,试求该电子秤的电压灵敏度 K_u(电压灵敏度 K_u 是指单位重量的输出电压)。

(2)桥路的输出送到一个放大器放大后,再送入显示仪表指示被测重量值,如图 2-16(b)所示。已知放大器的输出阻抗为 50 Ω,其输入阻抗可近似为无穷大,放大倍数为 $k=100$;电压表的输入阻抗也近似为无穷大,试求当被测物体重量为 10 kg 时电压表的读数。

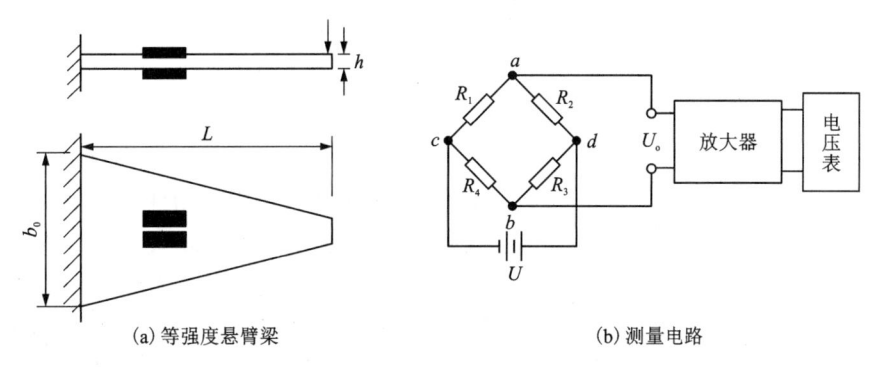

(a)等强度悬臂梁　　(b)测量电路

图 2-16　等强度悬臂梁荷重传感器

5. 采用阻值为 120 Ω、灵敏系数 $K=2.0$ 的金属应变片和阻值为 120 Ω 的固定电阻组成电桥,供桥电压 U 为 5 V,假定负载电阻无穷大。当应变片上的应变 ε 分别为 10^{-6} 和 10^{-3} 时,试求单臂、双臂和全桥工作时的输出电压,并比较 3 种情况下的灵敏度。

6. 差动电阻传感器如果不是接入电桥横跨电源的相邻两臂,而是接入电桥的相对两臂,会产生什么不好的结果?

7. 图 2-17 为电子皮带秤原理图,测量系统要求测量皮带上传送固体物料的瞬时重量值和在给定输送时间 t 内的输出固体物料总量。

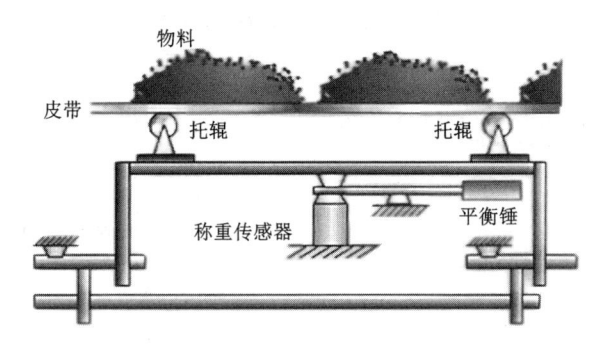

图 2-17　电子皮带秤原理图

(1)如何获得皮带上传送固体物料的瞬时重量值?
(2)如何获得在给定输送时间 t 内的输出物料总量?

第 3 章

电容传感器

电容传感器利用将非电量的变化转换为电容量的变化来实现对物理量的测量。电容传感器的温度稳定性好，其电容值一般与电极材料无关，有利于选择温度系数低的材料，又因为本身发热很少，因此温度对其稳定性影响非常小。电容传感器一般用金属作为电极，以无机材料（如玻璃、石英、陶瓷等）作为绝缘支撑，因此能在高低温、辐射强及磁场强的恶劣环境中工作，可以承受很大的温度变化。电容传感器结构简单，易于制造，易于保证高的精度，并且结构小巧，利于实现某些特殊的测量。

电容传感器广泛用于位移、角度、振动、速度、物位、压力、成分分析、介质特性等方面的测量。电容传感器由电容器和测量电路组成，其中电容器包括敏感元件和转换元件，电容器的电容量随着被测物理量的变化而变化，通过测量电路将变化的电容量转换为电参量，例如电压 U，电流 I，频率 f 等，如图 3-1 所示。

图 3-1 电容传感器的组成框图

3.1 电容传感器的工作原理

由物理学可知，由绝缘介质分开的两个平行极板组成的平板电容器，如图 3-2 所示。当不考虑其边缘效应时，其电容量为

$$C = \frac{\varepsilon_0 \varepsilon A}{l} \quad (3-1)$$

式中：ε 为极板间介质的相对介电常数，空气介质 $\varepsilon=1$；ε_0 为真空介电常数，并且有 $\varepsilon_0 = 8.85 \times 10^{-12}$ F/m；A 为两平行极板覆盖面积；l 为极板间距离。

由式（3-1）可以看出，电容量 C 是 l、A、ε 的函数。如果只

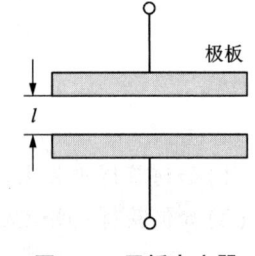

图 3-2 平板电容器

改变其中一个参数,其他两个参数保持不变,就可把该参数的变化转换为电容量的变化。因此,可以将电容传感器分为变极距型电容传感器、变极板面积型电容传感器、变介质型电容传感器三类。

3.2 变极距型电容传感器

3.2.1 变极距型电容传感器的工作原理

极板面积和介电常数为常数,而平板电容器的极板间距为变量的传感器为变极距型电容传感器,如图 3-3 所示。当动极板随被测量变化而移动时,两极板间距变化。若电容器极板距离由初始值 l_0,两极板间距缩小 Δl,则使电容器的电容值变化量为

$$\Delta C = \frac{\varepsilon_0 \varepsilon A}{l_0 - \Delta l} - \frac{\varepsilon_0 \varepsilon A}{l_0} = \frac{\varepsilon_0 \varepsilon A}{l_0} \frac{\Delta l}{l_0 - \Delta l} = C_0 \frac{\Delta l / l_0}{1 - \Delta l / l_0} \approx C_0 \frac{\Delta l}{l_0} \left(1 + \frac{\Delta l}{l_0}\right) \tag{3-2}$$

式中:C_0 为初始极距为 l_0 时的初始电容量;$\frac{\Delta l}{l_0}$ 为极距相对变化,$\Delta l / l_0 \ll 1$。

由式(3-2)可知,电容量 C 与极板距离 l 不是线性关系,如图 3-4 所示。但是在一定范围内,电容的变化量与极距的变化量呈近似线性关系,所以变极距型电容传感器被设计成极距在极小范围内变化。由式(3-2)得

$$\frac{\Delta C}{C_0} \approx \frac{\Delta l}{l_0} \tag{3-3}$$

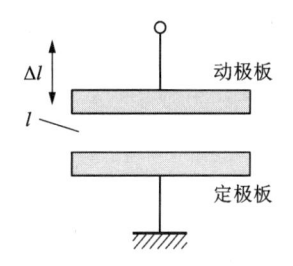

图 3-3 变极距型电容传感器

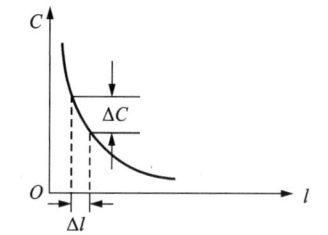

图 3-4 C-l 特性曲线

变极距型电容传感器的静态灵敏度 K_g 为

$$K_g = \frac{\Delta C}{\Delta l} = \frac{C_0}{l_0} \left(\frac{1}{1 - \Delta l / l_0}\right) \tag{3-4}$$

因为极距相对变化 $\Delta l / l_0 \ll 1$,所以式(3-4)可以用泰勒级数展开,得到

$$K_g = \frac{C_0}{l_0} \left[1 + \frac{\Delta l}{l_0} + \left(\frac{\Delta l}{l_0}\right)^2 + \left(\frac{\Delta l}{l_0}\right)^3 + \left(\frac{\Delta l}{l_0}\right)^4 + \cdots + \left(\frac{\Delta l}{l_0}\right)^n \right] \approx \frac{C_0}{l_0} \left(1 + \frac{\Delta l}{l_0}\right) \tag{3-5}$$

从式(3-5)可知,灵敏度是初始极距 l_0 的函数,与 l_0 的平方成反比,因此减小 l_0 可提高灵敏度,但 l_0 过小易致电容传感器被击穿。例如,在电容压力传感器中,常取 $l_0 = 0.1 \sim 0.2$ mm,$C_0 = 20 \sim 100$ pF,灵敏度随被测量 Δl 变化。

3.2.2 差动变极距型电容传感器

差动变极距型电容传感器如图3-5所示。在零点位置上设置一个可动的接地中心电极，上、下两个极距的初始值为 $l_1 = l_2 = l_0$。

图3-5中，若动极板向上移动，则上、下两个电容传感器的电容值分别为

$$C_1 = C_0 \frac{1}{1 - \Delta l / l_0} \quad (3\text{-}6)$$

$$C_2 = C_0 \frac{1}{1 + \Delta l / l_0} \quad (3\text{-}7)$$

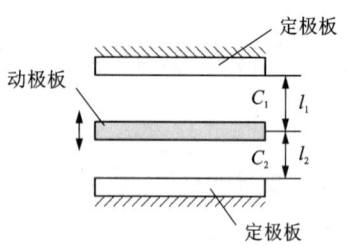

因为极距相对变化 $\Delta l / l_0 \ll 1$，则电容传感器的电容量变化为

图 3-5 差动变极距型电容传感器

$$\Delta C = C_1 - C_2 = 2C_0 \frac{\Delta l}{l_0} \left[1 + \left(\frac{\Delta l}{l_0} \right)^2 + \left(\frac{\Delta l}{l_0} \right)^4 + \cdots + \left(\frac{\Delta l}{l_0} \right)^{2n} \right] \quad (3\text{-}8)$$

由式(3-8)可得

$$\frac{\Delta C}{C_0} = 2 \frac{\Delta l}{l_0} \left[1 + \left(\frac{\Delta l}{l_0} \right)^2 + \left(\frac{\Delta l}{l_0} \right)^4 + \cdots + \left(\frac{\Delta l}{l_0} \right)^{2n} \right] \approx 2 \frac{\Delta l}{l_0} \quad (3\text{-}9)$$

由式(3-9)可获得差动变极距型电容传感器灵敏度为

$$K_g = \frac{\Delta C}{\Delta l} = \frac{2C_0}{l_0} \left[1 + \left(\frac{\Delta l}{l_0} \right)^2 + \left(\frac{\Delta l}{l_0} \right)^4 + \cdots + \left(\frac{\Delta l}{l_0} \right)^{2n} \right] \approx \frac{2C_0}{l_0} \quad (3\text{-}10)$$

根据以上分析，对比前一小节单一电容传感器的电容相对变化可知，差动结构在改善传感器的非线性的同时，也使灵敏度提高了一倍。

常用差动结构改善变极距型电容传感器的非线性，提高灵敏度，并可减小外界因素(环境温度、电压波动)对电容传感器测量精度的影响。

3.3 变极板面积型电容传感器

极板间距和介电常数为常数，而平板电容器的极板面积为变量的传感器为变极板面积型电容传感器(图3-6)。变极板面积型电容传感器有线位移和角位移两种，线位移变极板面积型电容传感器又分为平面线位移和圆柱线位移两种。三种变极板面积型电容传感器简化结构图如图3-6所示。

1. 平面线位移变极板面积型电容传感器

平面线位移变极板面积型电容传感器简化结构图如图3-7(a)所示。当动极板移动后，覆盖面积发生了变化，电容值也随之改变，电容值为

$$C = \frac{\varepsilon_0 \varepsilon d x}{l} \quad (3\text{-}11)$$

式中：d 为极板宽度；x 为两极板重合长度；l 为极板之间的距离；ε 为极板间介质的相对介电

常数；ε_0 为真空介电常数。

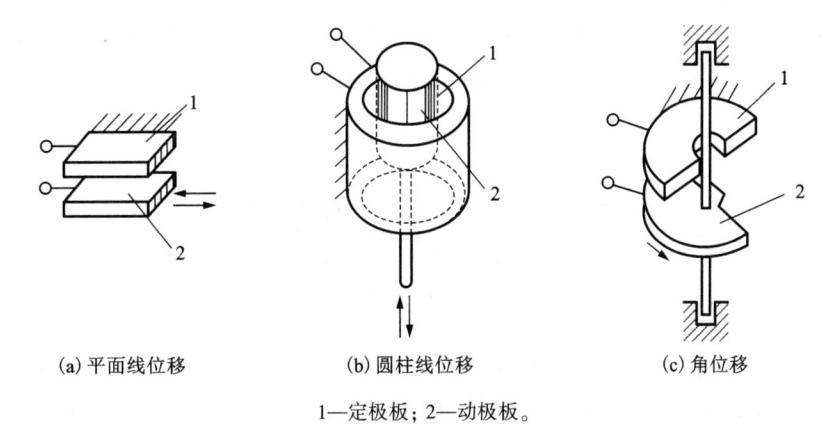

(a) 平面线位移　　(b) 圆柱线位移　　(c) 角位移

1—定极板；2—动极板。

图 3-6　变极板面积型电容传感器

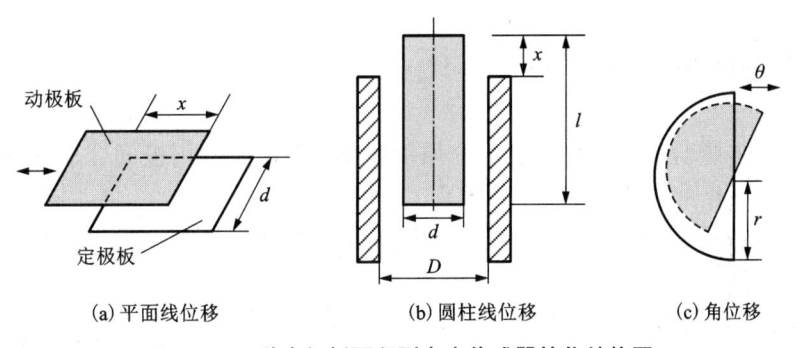

(a) 平面线位移　　(b) 圆柱线位移　　(c) 角位移

图 3-7　三种变极板面积型电容传感器简化结构图

灵敏度 K_A 为

$$K_A = \frac{\Delta C}{\Delta x} = \frac{\varepsilon_0 \varepsilon d}{l} \tag{3-12}$$

由式(3-12)可见，增加极板宽度或减少两极板之间的极距可提高传感器的灵敏度。

2. 圆柱线位移变极板面积型电容传感器

图 3-7(b) 为圆柱线位移变极板面积型电容传感器。当动极板移动后，覆盖面积发生了变化，电容值也随之改变，电容值为

$$C = \frac{2\pi \varepsilon_0 \varepsilon (l - x)}{\ln(D/d)} \tag{3-13}$$

式中：d 为圆柱直径；D 为极板之间的距离；l 为圆柱的长度；x 为圆柱抽离极板的距离；ε 为极板间介质的相对介电常数。

圆柱线位移变极板面积型电容传感器的灵敏度 K_C 为

$$K_C = \frac{\Delta C}{x} = \frac{2\pi \varepsilon}{\ln(D/d)} \tag{3-14}$$

3. 角位移变极板面积型电容传感器

角位移变极板面积型电容传感器如图 3-7(c)所示。当动极板转动角度 θ 后，覆盖面积发生了变化，从而电容值也发生变化，此时电容值为

$$C = \frac{\varepsilon \theta r^2}{l} \tag{3-15}$$

式中：l 为极板之间的距离；r 为动极板的半径；ε 为极板间介质的相对介电常数；θ 为动极板转动角度。角位移变面积型电容传感器的灵敏度 K_θ 为

$$K_\theta = \frac{\Delta C}{\theta} = \frac{\varepsilon r^2}{l} \tag{3-16}$$

变极板面积型电容传感器的输出与输入呈线性关系，但灵敏度比变极距型电容传感器低，适用于较大线位移和角位移测量。变极板面积型电容器通常也采用差动形式，传感器的输出和灵敏度可提高一倍。

3.4 变介质型电容传感器

介质型电容传感器大多用来测量电介质的厚度、液位及利用极间介质的介电常数随温度、湿度改变可测介质材料的温度、湿度等。

图 3-8 为变介质型电容传感器，在固定两极板之间加入空气以外的其他被测固体介质，当介质变化时，电容量也随之变化。

忽略边界效应，假设空气相对介电常数为 ε，固体介质相对介电常数为 ε'，电容量为

$$C = \frac{A\varepsilon_0}{l_1/\varepsilon + l_2/\varepsilon'} \tag{3-17}$$

式中：A 为极板面积；l 为两极板间距离；l_1 为空气介质在极板间的宽度；l_2 为固体介质在极板间的厚度。则 $l_1 = l - l_2$，电容量也可以表达为

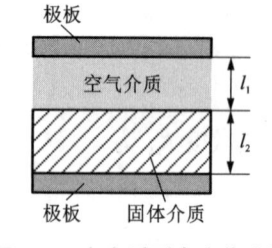

图 3-8 变介质型电容传感器

$$C = \frac{A\varepsilon_0}{(l-l_2)/\varepsilon + l_2/\varepsilon'} = \frac{A\varepsilon_0}{l/\varepsilon + l_2(1/\varepsilon' - 1/\varepsilon)} \tag{3-18}$$

由式(3-18)可知，当极板面积 A 和极板间距 l 一定时，电容量大小和被测固体材料的厚度 l_2 和被测固体材料的介电常数有关。如果已知材料的介电常数，可以制成测厚仪，而已知材料的厚度，可制成介电常数的测量仪。

3.5 电容传感器的测量电路

电容传感器的输出电容值一般十分微小，一般在几皮法至几十皮法之间，不便于直接测量，因此需借助测量电路，将微小的电容值成比例地换算为电压、电流或频率信号。电容传

感器的测量转换电路种类很多,下面介绍一些常用的测量电路。

3.5.1 交流桥测量电路

电容传感器的交流桥测量电路如图 3-9 所示。高频电源经变压器接到电容桥的一条对角线上。C_{x1} 和 C_{x2} 为电容式传感器,采用差动式接法。

其输出电压可用式(3-19)表示,即

$$U_o = \frac{C_{x1} - C_{x2}}{C_{x1} + C_{x2}} \frac{\dot{U}_i}{2} = \pm \frac{\Delta C}{C_0} \frac{\dot{U}_i}{2} \quad (3-19)$$

式中:$\dot{U}_i$ 是供电交流电源电压;ΔC 是电容变化值;C_0 是电容初始值。由式(3-19)可以看出,交流桥的输出电压随电容值的变化而呈线性变化。

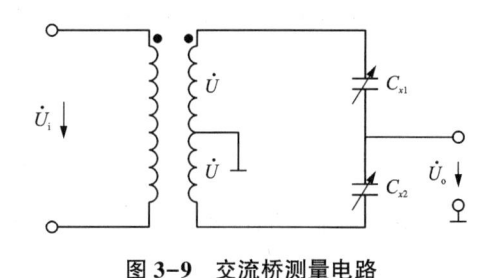

图 3-9 交流桥测量电路

3.5.2 脉冲宽度调制型测量电路

脉冲宽度调制型测量电路如图 3-10 所示。图 3-10 中 C_1、C_2 为差动传感器的两个传感器电容;A_1、A_2 是两个比较器,U_R 为其参考电压。该测量电路利用对传感器电容的充、放电使电路输出脉宽随传感电容变化而变化,经低通滤波得到被测量变化的直流信号。

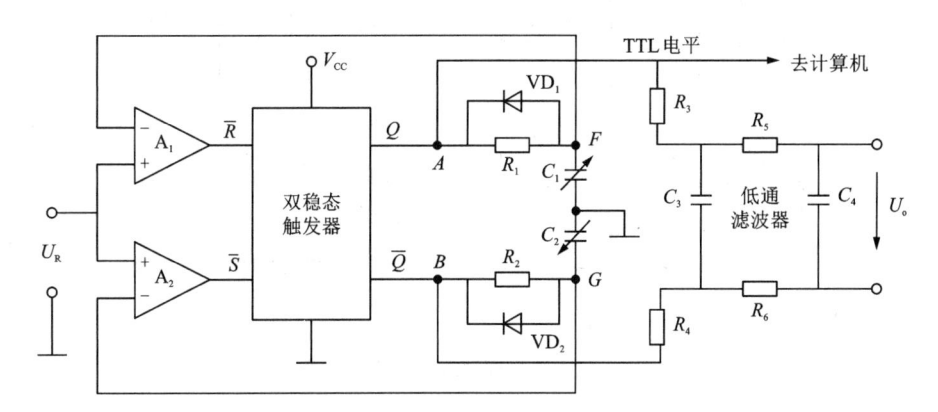

图 3-10 脉冲宽度调制型测量电路

U_{AB} 经低通滤波后,得到直流电压 U_o 为:

$$U_o = U_A - U_B = \frac{T_1}{T_1 + T_2} U_1 - \frac{T_2}{T_1 + T_2} U_1 = \frac{T_1 - T_2}{T_1 + T_2} U_1 \quad (3-20)$$

式中:U_A 和 U_B 分别是 A 点和 B 点的矩形脉冲的直流分量;T_1 和 T_2 分别为 C_1 和 C_2 的充电时间;U_1 为触发器输出的高电位。

C_1、C_2 的充电时间 T_1、T_2 分别为

$$T_1 = R_1 C_1 \ln \frac{U_1}{U_1 - U_R} \quad (3-21)$$

$$T_2 = R_2 C_2 \ln \frac{U_1}{U_1 - U_R} \quad (3-22)$$

设 $R_1=R_2=R$，则

$$U_o = \frac{C_1 - C_2}{C_1 + C_2} U_R \tag{3-23}$$

因此，输出的直流电压与传感器两电容差值成正比。

设平板电容 C_1 和 C_2 的极距和面积分别为 l_1、l_2 和 A_1、A_2，根据式(3-23)对差动变极距型电容传感器和变面积型电容传感器分别可得

$$U_0 = \frac{l_2 - l_1}{l_1 + l_2} U_R \tag{3-24}$$

$$U_0 = \frac{A_1 - A_2}{A_2 + A_1} U_R \tag{3-25}$$

脉冲宽度调制电路的各点电压波形如图 3-11 所示。

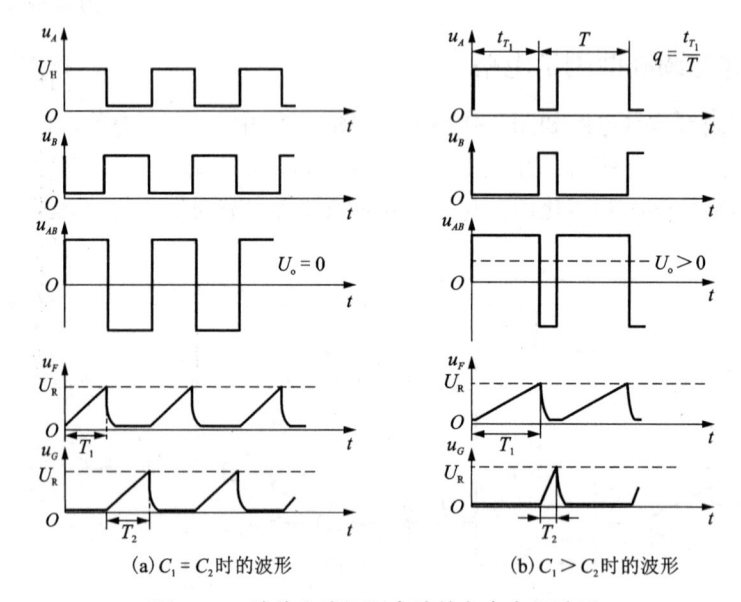

(a) $C_1 = C_2$ 时的波形

(b) $C_1 > C_2$ 时的波形

图 3-11 脉冲宽度调制电路的各点电压波形

脉冲宽度调制电路具有如下特点：
①采用直流电源，其电压稳定度高。
②不存在对稳频度的要求。
③对变间隙、变面积型的电容传感器都能线性输出。
④不需要相敏检波与解调。
⑤对元件无线性要求。
⑥对输出矩形波纯度要求不高。

3.5.3 运算放大器式测量电路

图 3-12 为运算放大器式测量电路的原理图。电容传感器跨接在高增益运算放大器的输入端与输出端之间。运算放大器的输入阻抗很高，因此可以认为它是一个理想运算放大器。

其输出电压为

$$U_o = -\frac{C_0}{C_x}U_i \qquad (3-26)$$

将 $C_x = \frac{\varepsilon A}{l}$ 代入式(3-26)，则有

$$U_o = -U_i \frac{lC_0}{\varepsilon A} \qquad (3-27)$$

图 3-12 运算放大器式测量电路的原理图

式中：U_o 为运算放大器的输出电压；U_i 为信号源电压；C_x 为传感器电容值；l 为电容传感器极板间距离；A 为电容传感器极板面积；C_0 为固定电容器电容值。式(3-27)说明输出电压 U_o 与电容传感器动极板的机械位移 l 呈线性关系。

3.6 电容传感器的应用

1. 插针微位移检测

电气连接器是一种为电线和电缆端头提供快速接通和断开的装置，担负着控制系统的电能传输和信号控制与传递的任务。电气连接器工作通常要求较高的安全性和可靠性。然而轨道交通中使用的电气连接器常存在连接失效问题，特别是缩针现象导致的连接不可靠，极大影响了产品的正常使用。通过检测电气连接器插针的微位移，判断是否存在缩针现象，对提高电气连接器性能的研究具有重要意义。利用变极板面积型电容传感器原理并结合运算放大器式电容检测电路实现插针微位移的测量。

电气连接器插针微位移检测装置包括检测电容顶针、弹性阻尼元件、调整螺钉、引线、检测电容块及检测底座六个部分。检测电容块为导电材料与检测电容顶针组成的变极板面积型电容传感器，检测电容块通孔的数量与安排形式可以根据不同的要求而改变，检测电容块通过一根公共引线与检测电路连接。检测底座为非导电材料，布置有与检测电容块等半径的同轴螺纹孔，螺纹孔与调整螺钉配合。检测电容顶针、弹性阻尼元件、调整螺钉放置在检测电容块和检测底板组成的同轴孔中。检测电容顶针、弹性阻尼元件、调整螺钉、引线、检测电容块、检测底座组成闭合电路。当待检插针插入检测电容块推动检测电容顶针下行，使检测电容顶针与检测电容块组成的变极板面积型电容传感器的电容值发生变化，将位移信号转化为电容信号，再通过检测电路将电容变化转换为电压值输出，并计算待检插针的微位移，从而判断出

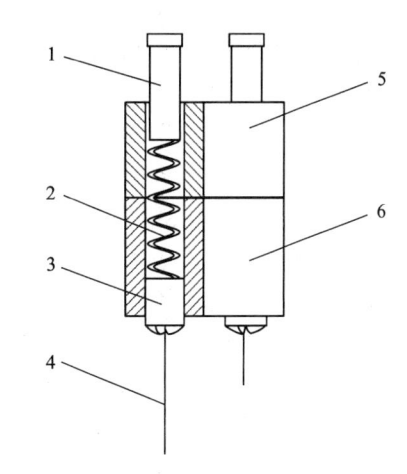

1—检测电容顶针；2—弹性阻尼元件；3—调整螺钉；
4—引线；5—检测电容块；6—检测底座。

图 3-13 电气连接器插针微位移检测模块二维视图

电气连接器是否存在缩针现象，减小了缩针导致连接失效的概率。

当检测模块将被测位移量转换为电容变化后，再由检测电路将电容变化转换为电压值输出。采用的电容转换电路为运算放大器电路，该电路通过交流激励信号对待测电容传感器进行激励，再通过检波器将信号转换成交流电压输出，输出的电压值与待测电容值成比例关系。运算放大器式电容测量电路的原理图如图3-14所示。其中C_x为检测模块输出的待测电容，C_f与R_f是放大器的反馈电容和反馈电阻，C_1和C_2为滤波电容，$U_i(t)$和$U_o(t)$是输入和输出交流电压。

运算放大器式电容测量，主要利用放大器的虚断和虚短的原理，建立交流输入电压和输出电压的关系来表征被测电容的大小，若$jwC_fR_f \gg 1$，则

$$U_o = -\frac{C_x}{C_f}U_i \quad (3-28)$$

式(3-28)表明，输出的交流电压值与待测电容值成正比例关系。在检测过程中，需要用相对测量原理。

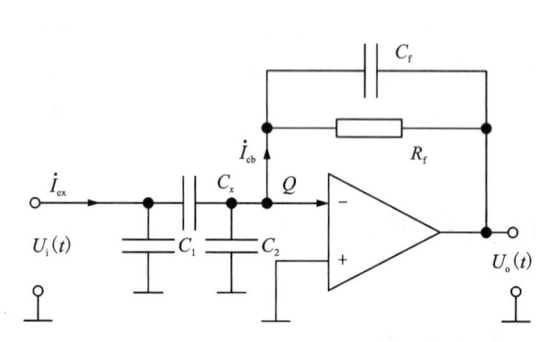

图3-14 运算放大器式电容测量电路的原理图

当测试装置调整好之后，首先测量微位移为0时的电压U_o，然后实际测量插针微位移Δx对应的电压输出U，则电压变化量$\Delta U = U - U_o$，可以推导出插针微位移Δx与电压变化量ΔU的线性关系

$$\Delta x = K\Delta U \quad (3-29)$$

式中：K为电容传感器灵敏度。

2. 架空输电线覆冰厚度检测

高压架空输电线的安全运行关系到电能的可靠传输及整个电网的稳定运行。严重的架空输电线覆冰载荷会造成跳闸、输电线断线、电力塔倒塔等事故，已成为影响电网安全运行的突出问题之一。为了实时了解输电线路的覆冰情况并采取相应的除冰措施，电力部门必须对架空输电线的覆冰情况进行有效的监测。传统的架空线巡检采用人工的方式。人工巡检的实时性的提高依靠增加工作强度而实现，而高压架空输电线覆冰易发区多分布在地形复杂、环境恶劣等区域，给人工巡检带来极大的危险和困难。

电容架空输电线覆冰厚度检测方法的关键在于设计一个能够反映输电线覆冰厚度的电容传感器。电容传感器的电容值随着覆冰厚度的变化而单调变化。由于冰和空气的介电常数不同，因此当电容传感器两极板间填充不同厚度的冰时，电容传感器的电容值便会产生相应的变化。电容传感器结构图如图3-15所示。

该电容传感器利用架空输电线作为电容传感器的一个极板，沿着架空输电线架设与其平行的感应导线作为电容传感器的另外一个极板。该电容传感器的两根感应导线通过绝缘的三角形支架与架空输电线相连。此结构可以最大限度地减少三根感应导线在结冰过程中的相互影响，并保持电容传感器结构的稳定性。当架空输电线和感应导线被冰雪覆盖时，架空输电线和感应线之间的电容值便会产生相应的变化。

(a) 剖面图

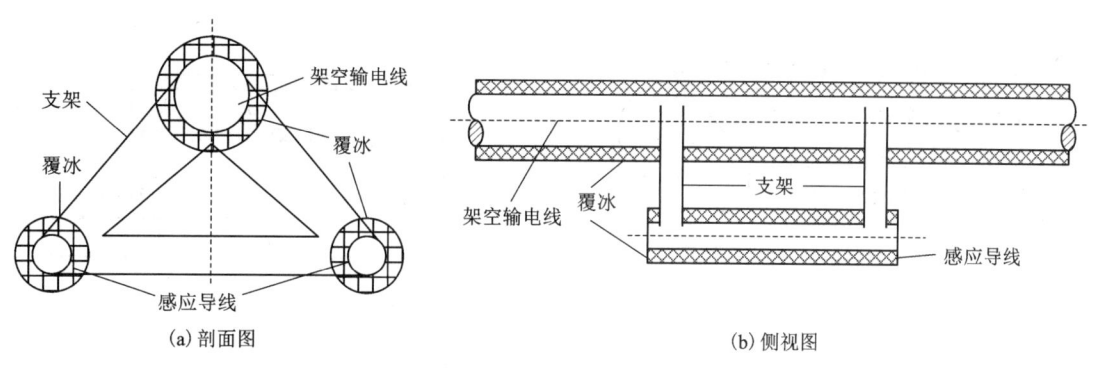

(b) 侧视图

图 3-15 电容传感器结构图

3. 电容压力传感器

图 3-16 为电容差压传感器结构示意图。该传感器主要由一个活动电极、两个固定电极和三个电极的引出线组成。活动电极为圆形薄金属膜片，它既是动电极，又是压力的敏感元件；固定电极为两块中凹的玻璃圆片，在中凹内侧，即相对金属膜片侧，镀上具有良好导电性能的金属层。

当被测压力通过过滤器 6 进入空腔 5 时，金属膜片 1 在两侧压力差作用下，将凸向压力低的一侧。金属膜片和两个镀金玻璃圆片之间的电容量发生变化，由此可测得压力差。这种传感器分辨率很高，常用于气、液的压力或压差及液位和流量的测量。

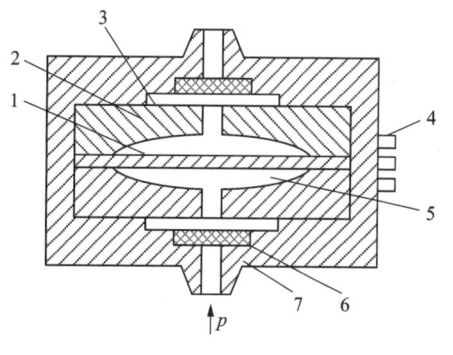

1—金属膜片；2—镀金玻璃圆片；3—金属涂层；
4—输出端子；5—空腔；6—过滤器；7—壳体。

图 3-16 电容差压传感器结构示意图

4. 电容加速度传感器

微电子机械系统技术可以将一块多晶硅加工成多层结构，即制作"三明治"摆式硅微电容加速度传感器。在硅衬底上，制造出 3 个多晶硅电极，组成差动电容 C_1、C_2。图 3-17 中的底层多晶硅和顶层多晶硅固定不动。中间层多晶硅是一个可以上下微动的振动片，其左端固定在衬底上，所以相当于悬臂梁。它的核心部分只有 ϕ3 mm 左右，与测量转换电路一起封装在贴片 IC 中。工作电压为 2.7～5 V，加速度测量范围为几十克，可输出与加速度成正比的电压。当它感受到上下振动时，C_1、C_2 呈差动变化。与加速度测试单元封装在同一壳体中的信号处理电路将 ΔC（$\Delta C = C_1 - C_2$）转换成直流输出电压。它的激励源也在同一壳体内，所以集成度很高。由于硅的弹性滞后很小，且悬臂梁的质量很轻，所以频率响应为 1 kHz 以上，允许加速度范围为 10 g 以上。

如果在壳体内的三个相互垂直方向安装三个加速度传感器，就可以测量三维方向的振动或加速度。将该加速度传感器安装在轿车上，可以作为碰撞传感器。当测得的加速度值超过设定值时，微处理器据此判断发生了碰撞，于是就启动轿车前部的折叠式安全气囊迅速充气

(a) 俯视图

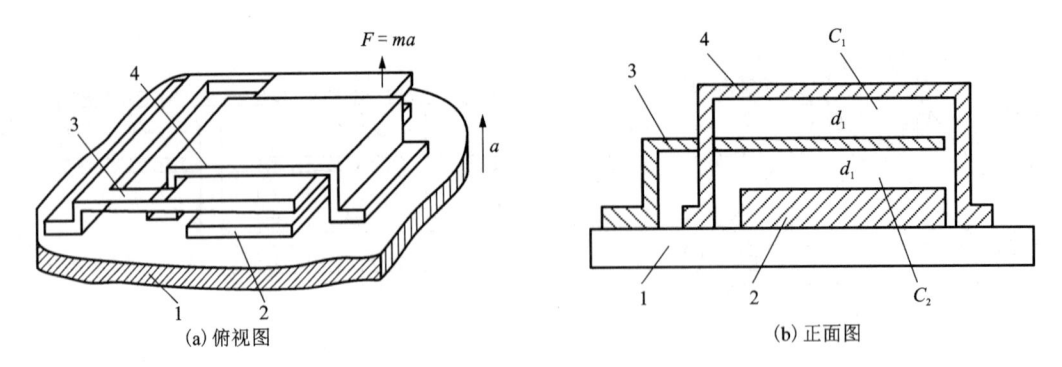

(b) 正面图

1—衬底；2—底层多晶硅；3—多晶硅悬臂梁；4—顶层多晶硅。

图 3-17 硅微加速度传感器示意图

膨胀，托住驾驶员及前排乘客的胸部和头部。

5. 电容液位计

电容液位计利用液位高低变化影响电容器电容量大小的原理进行测量。依此原理还可进行其他形式的物位测量。其对导电介质和非导电介质都能进行测量，此外还能测量有倾斜晃动及高速运动的容器的液位。其不仅可作液位控制器，还能用于连续测量。

如图 3-18(a)所示是测量导电介质的单电极电容液位计，其中 1 是内电极，2 是绝缘套，一根电极作为电容器的内电极，一般用紫铜或不锈钢，外套聚四氟乙烯塑料管或涂搪瓷作为绝缘层，而导电液体和容器壁构成电容传感器的外电极。

(a) 单电极电容液位计

(b) 同轴双层电极电容液位计

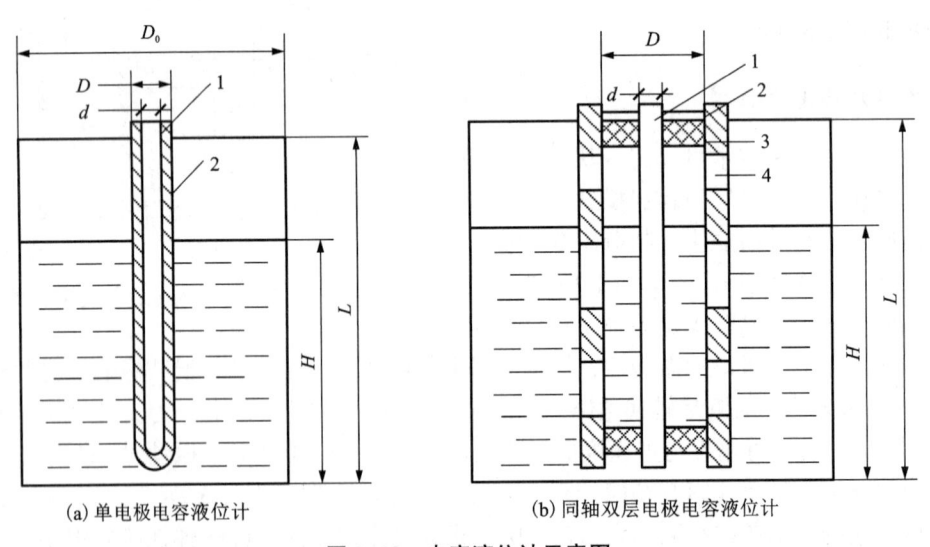

图 3-18 电容液位计示意图

电容液位计的安装形式因被测介质性质不同而有差别。如图 3-18(b)所示是用于测量非导电介质的同轴双层电极电容液位计，其中 1、2 分别是内、外电极，3 是绝缘套，4 是流通孔，内电极和与之绝缘的同轴金属套组成电容的两极，外电极上开有很多流通孔使液体流入极板间。

6. 电容接近开关

电容接近开关的核心是以单个极板作为检测端的电容传感器，检测极板设置在接近开关的最前端。测量转换电路安装在接近开关壳体内，并用介质损耗很小的环氧树脂充填、灌封，如图3-19所示。

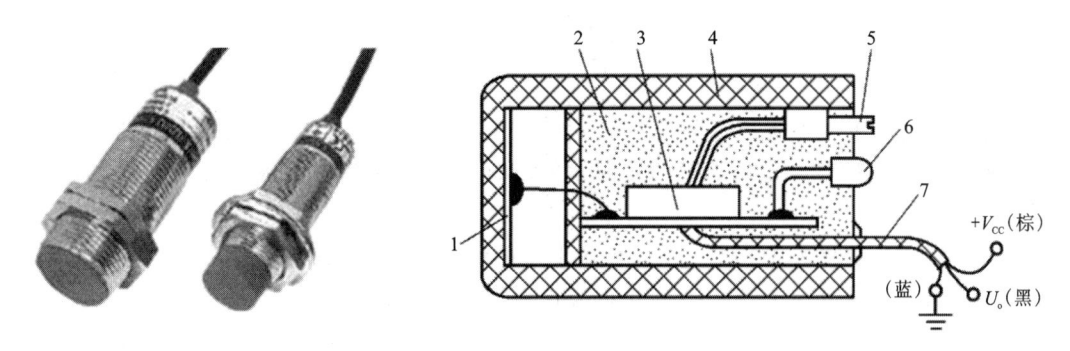

1—检测极板；2—充填树脂；3—测量转换电路板；4—塑料外壳；5—灵敏度调节电位器；6—工作指示灯；7—三线电缆。

图3-19 电容接近开关

电容接近开关原理图如图3-20所示，当没有物体靠近检测极时，检测板与大地的容量 C 非常小，它与电感 L 构成高品质因数的 LC 振荡电路。品质因数 Q 为

$$Q = \frac{1}{\omega CL} \tag{3-30}$$

当被检测物体为地电位的导电体（例如与大地有很大分布电容的人体、液体等）时，检测极板经过与导电体之间的耦合作用，形成变极距电容，电容量比未靠近导电体时增大许多，引起 LC 振荡电路的 Q 值下降，输出电压随之下降，Q 下降到一定程度时导致振荡器停振。

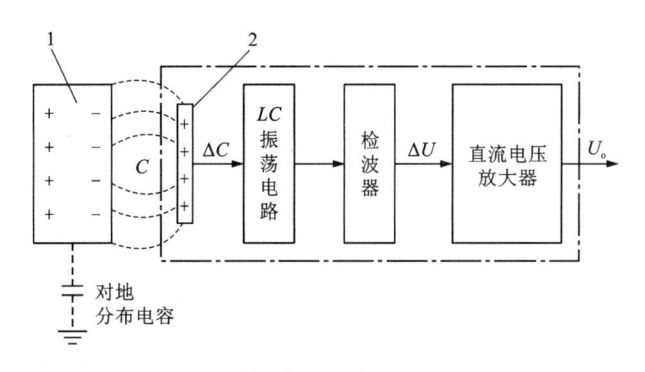

1—被测物；2—检测极板。

图3-20 电容接近开关原理图

当被测物体不接地或绝缘，被测物体接近检测极板时，由于检测极板上施加有高频电压，在它附近产生交变电场，被测物体就会受到静电感应，而产生极化现象，正负电荷分离，使检测极板的对地等效电容量增大，从而使 LC 振荡电路的 Q 值降低。

对介质损耗较大的介质（例如各种含水有机物）而言，它在高频交变极化过程中是需要消耗一定能量的（转为热量），该能量由 LC 振荡电路提供，必然使 LC 振荡电路的 Q 值进一步降低。当被测物体靠近到一定距离时，振荡器的 Q 值低到无法维持振荡而停振。根据输出电压 U_o 的大小，可大致判定被测物体接近的程度。

习 题

1. 电容传感器有哪些优点和缺点？
2. 为什么变极距型电容传感器的灵敏度和非线性是矛盾的？实际应用中怎样解决这一问题？
3. 有一变极距型电容传感器，两极板的重合面积为 8 cm², 两极板间的距离为 1 mm, 已知空气的相对介电常数为 1.0006, 试计算该传感器的位移灵敏度。
4. 一电容测微仪，其传感器的圆形极板半径 $r=4$ mm, 工作初始间隙 $\delta=0.3$ mm, 问：
(1) 工作时，若传感器与工作的间隙变化量 $\Delta\delta=\pm 1$ μm, 电容变化量是多少？
(2) 如果测量电路的灵敏度 $S_1=100$ mV/pF, 读数仪表的灵敏度 $S_2=5$ 格/mV, 在 $\Delta\delta=\pm 1$ μm 时，读数仪表的指示值变化多少格？
5. 变间隙电容传感器的测量电路为运算放大电路，如图 3-21 所示。$C_1=500$ pF, 传感器的起始电容量 $C_{x0}=100$ pF, 定动极板距离 $l=1$ mm, 运算放大器为理想放大器，R 极大，输入电压 $U_i=10\sin\omega t$ V。当电容传感器动极板上一位移量 $\Delta l=0.2$ mm 减小时，试求电路输出电压 U_o 为多少？
6. 如图 3-22 所示为极板长度 $a=4$ cm、极板间距离 $d=0.2$ mm 的正方形半板电容器。若用此变面积型传感器测量位移 Δx, 试计算该传感器的灵敏度。已知极板间介质为空气，$\varepsilon=8.85\times 10^{-12}$ F/m。

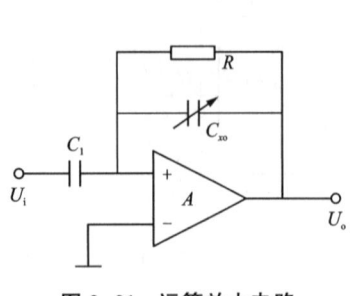

图 3-21 运算放大电路

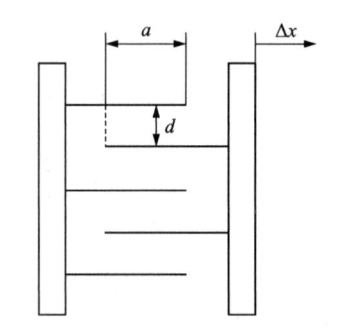

图 3-22 正方形平板电容器

7. 分析图 3-23 中差动电容测量电桥工作原理。

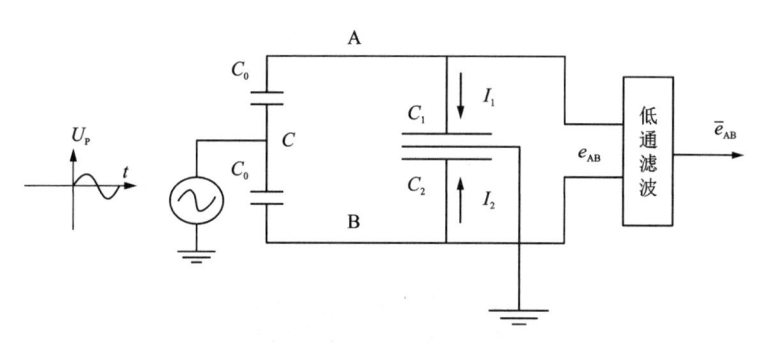

图 3-23 差动电容测量电桥

8. 差动式变极距电容传感器的初始容量 $C_1 = C_2 = 80$ pF，初始极距 $l_0 = 4$ mm，当动极板相对定极板位移 $\Delta l = 0.75$ mm 时，试计算其非线性误差。若改为单极平板电容，初始值不变，其非线性误差有多大？

9. 设计一个适用于非金属材料软板生产传送过程中（可能存在抖动）进行厚度控制的非接触式厚度测量系统方案。

第 4 章

电感传感器

电感传感器是利用电磁感应的原理,将被测非电量(如位移、振动、压力、应变等)转换为线圈的自感系数或互感系数变化,再利用测量电路转换为电压或电流的变化量来实现非电量的测量。电感传感器具有结构简单、可靠,测量力小的特点;且灵敏度和分辨力高,能测出 0.1 μm 甚至更小的机械位移,输出信号强,电压灵敏度可达数百毫伏每毫米。电感传感器还具有重复性好,线性度优良的特点,在几十微米到数百毫米的位移范围内,传感器的非线性误差只有 0.05%~0.1%,输出特性的线性度较好,且比较稳定。但是电感传感器响应频率低,不适合高频动态测量。

由于电感传感器是将被测量的变化转化成电感量的变化,所以根据电感的类型不同,电感传感器可分为自感系数变化型和互感系数变化型两类。

4.1 自感式电感传感器

N 匝的线圈通电流 I 时产生的磁通链为 Ψ。磁通链与线圈电流之比称为自感系数,简称电感 L,即

$$L = \frac{\psi}{I} = \frac{N\varphi}{I} \tag{4-1}$$

式中:φ 为穿过每匝线圈的磁通。根据磁路的欧姆定律有

$$\varphi = \frac{NI}{R_\mathrm{m}} \tag{4-2}$$

式中:R_m 为磁路的总磁阻。由式(4-1)、式(4-2)可得:

$$L = \frac{N^2}{R_\mathrm{m}} \tag{4-3}$$

由此可知,要将被测非电量的变化转化为自感的变化,在线圈形状不变的情况下可以通过改变线圈匝数使线圈的自感系数产生改变,相应地就可制成线圈匝数变化型自感电感传感器。要将被测量的变化转变为线圈匝数的变化是很不方便的,实际极少使用。当线圈的匝数一定时,被测量可以通过改变磁路的磁阻来改变自感系数。因此这类传感器又称为可变磁阻

型自感电感传感器。根据结构形式不同，可变磁阻传感器又分为气隙厚度变化型、气隙面积变化型和螺管型三种类型。

4.1.1 气隙厚度变化型自感式电感传感器

气隙厚度变化型自感式电感传感器如图 4-1 所示，主要由线圈 1、衔铁 3 和铁芯 2 构成。图 4-1 中点划线表示磁路，磁路中空气隙总长度为 $2l_\delta$。活动衔铁与被测物体相连，并与铁芯保持一定距离。当被测物体移动时，气隙同步变化，引起磁阻变化，从而使线圈电感发生变化。

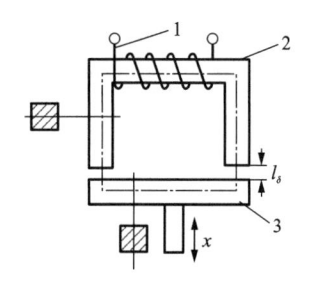

设铁芯磁路第 i 段长 l_i、空气导磁率 μ_i、导磁面积 S_i；气隙长 l_δ，铁芯导磁率 μ_0，气隙导磁面积 S_0；不考虑磁路损失的总磁阻为

$$R_m = \sum_{i=1}^{n} \frac{l_i}{\mu_i S_i} + \frac{2l_\delta}{\mu_0 S_0} \quad (4-4)$$

通常 $\mu_i \gg \mu_0$，气隙磁阻远大于铁芯磁阻，当铁芯在非饱和状态工作时，其磁阻可忽略不计，故磁路总磁阻为 $R_m = 2l_\delta/(\mu_0 S_0)$。

当线圈匝数为 N 时，线圈的电感量 L 为

$$L = \frac{N^2}{R_m} = \frac{N^2 \mu_0 S_0}{2l_\delta} \quad (4-5)$$

由此可知，电感 L 与气隙长 l_δ 的大小成反比，与气隙导磁面积 S_0 成正比。若固定 S_0，改变 l_δ，则传感器灵敏度 K_L 为

$$K_L = \frac{\Delta L}{\Delta l_\delta} = -\frac{N^2 \mu_0 S_0}{2l_\delta^2} \quad (4-6)$$

K_L 不是常数，即存在非线性。为减小其非线性，实际一般规定传感器在较小的气隙变化范围内工作，或采用差动接法。

差动气隙厚度变化型自感式电感传感器如图 4-2 所示。两个传感器件以差动工作方式组配，衔铁最初居中，两侧初始电感为 L_0，当衔铁位移 Δx 时，两线圈的气隙分别为 $l_\delta + \Delta x$ 和 $l_\delta - \Delta x$，使一个线圈自感增大，另一个线圈自感减小，把两线圈接入电桥相邻臂时，输出灵敏度比单个线圈提高一倍，并可降低非线性误差，消除外界干扰。

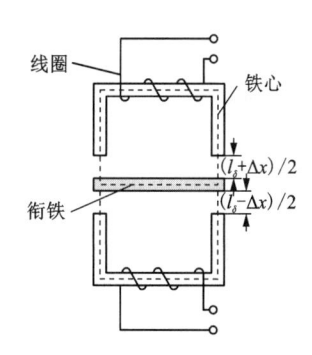

1—线圈；2—铁芯；3—衔铁。

图 4-1 气隙厚度变化型自感式电感传感器

图 4-2 差动气隙厚度变化型自感电感传感器

4.1.2 气隙面积变化型自感式电感传感器

当固定气隙的长度，改变气隙导磁面积，电感量发生变化时，这种类型的电感传感器称为气隙面积变化型自感式电感传感器，如图 4-3 所示。

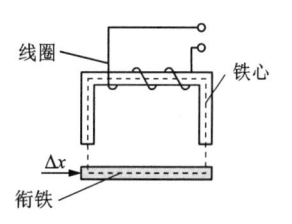

其电感为

图 4-3 气隙面积变化型自感式电感传感器

$$L = \frac{N^2 \mu_0 S}{2l_\delta} \tag{4-7}$$

式中：S 为导磁面积；l_δ 为铁芯与衔铁之间的气隙距离；μ_0 是铁芯导磁率；N 为线圈匝数。传感器灵敏度 K_s 为

$$K_s = \frac{\Delta L}{\Delta S} = \frac{N^2 \mu_0}{2l_\delta} \tag{4-8}$$

灵敏度为常数，此种传感器的电感量和导磁面积是线性关系。

4.1.3 螺管型自感式电感传感器

在螺管线圈中插入一活动衔铁，衔铁在线圈中运动时，磁阻发生变化，使线圈自感发生变化。螺管型自感式电感传感器的结构示意图如图 4-4(a)所示。

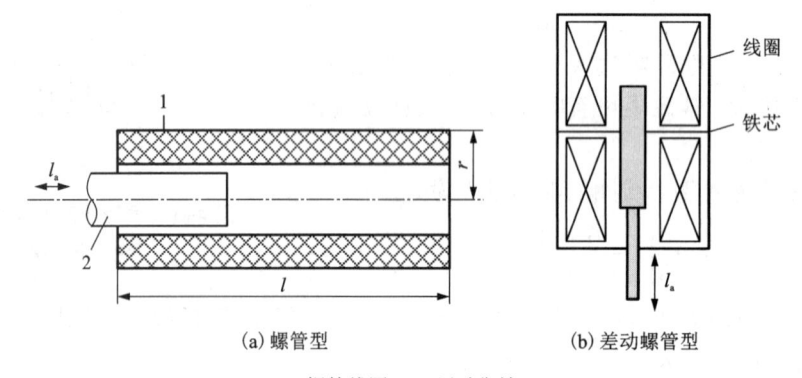

(a) 螺管型　　(b) 差动螺管型

1—螺管线圈；2—活动衔铁。

图 4-4　螺管型自感式电感传感器的结构示意图

螺管型自感电感传感器的线圈电感 L 与衔铁进入线圈的长度 l_a 的关系可表示为

$$L = \frac{4\pi^2 N^2}{l^2}[lr^2 + (\mu_m - 1)l_a r_a^2] \tag{4-9}$$

式中：l 为线圈长度；r 为线圈的平均半径；N 为线圈的匝数；l_a 为衔铁进入线圈的长度；r_a 为衔铁的半径；μ_m 为铁芯的有效磁导率。

螺管型自感式电感传感器的特点是磁阻高、灵敏度低。实际中该类传感器常用差动结构，如图 4-4(b)所示。将铁芯置于两线圈中间，当铁芯移动时，两线圈的电感产生相反方向的增减，用电桥将两个电感接入电桥的相邻桥臂，可获得比单线圈工作方式高的灵敏度和大的线性工作范围。

螺管型自感式电感传感器具有以下特点：

①变间隙型自感式电感传感器灵敏度较高，但非线性误差较大，且制作装配比较困难。

②变面积型自感式电感传感器灵敏度较前者小，但线性较好，量程较大，使用比较广泛。

③螺管型自感式电感传感器灵敏度较低，但量程大、结构简单，且易于制作和批量生产，常用于测量精度要求不高的场合。

4.2 互感式电感传感器

互感式电感传感器将被测量变化转换为互感系数来实现传感。其实质是一个输出电压可变的变压器,常采用差动形式因而被称为差动变压器。其常用的结构形式有气隙型和螺管型,目前多采用螺管型。

互感式电感传感器的结构如图 4-5(a)、图 4-5(b)所示。传感器主要由衔铁、一次线圈、二次线圈和线圈框架等构成。一次线圈作为差动变压器的激励,相当于变压器原边。二次线圈由结构尺寸和参数相同的两个线圈反相串接而成,相当于变压器的副边。

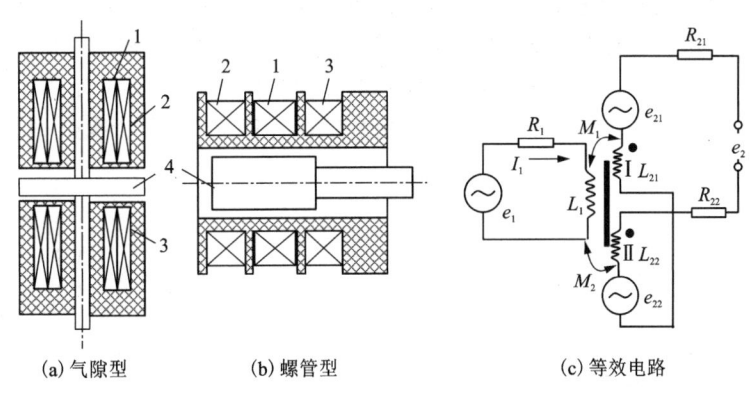

(a)气隙型　　(b)螺管型　　(c)等效电路

1——次线圈;2、3—二次线圈;4—衔铁。

图 4-5　互感式电感传感器的结构及等效电路

理想情况下,互感式电感传动器的等效电路如图 4-5(c)所示。其一次线圈的励磁电压 e_1 的角频率为 ω,R_1 为一次线圈有效电阻,L_1 为一次线圈电感,M_1 为一次线圈与二次线圈Ⅰ之间的互感,M_2 为一次线圈与二次线圈之间的互感,e_{21} 为二次线圈Ⅰ中的感应电势,e_{22} 为二次线圈Ⅱ中的感应电势,I_1 为一次线圈励磁电流,L_{21} 为二次线圈Ⅰ的电感,R_{21} 为二次线圈Ⅰ的有效电阻,L_{22} 为二次线圈Ⅱ的电感,R_{22} 为二次线圈Ⅱ的有效电阻,e_2 为空载时的输出电压。由等效电路可得一次线圈的复数电流值为

$$I_1 = \frac{e_1}{R_1 + j\omega L_1} \tag{4-10}$$

I_1 在二次线圈中产生的磁通 φ_{21} 和 φ_{22} 分别为

$$\varphi_{21} = \frac{N_1 I_1}{R_{m1}} \tag{4-11}$$

$$\varphi_{22} = \frac{N_1 I_1}{R_{m2}} \tag{4-12}$$

式中:R_{m1} 及 R_{m2} 分别为磁通通过一次线圈及两个二次线圈的磁阻;N_1 为一次线圈匝数。

在二次线圈中感应出电压 e_{21} 和 e_{22},其值分别为

$$e_{21} = -j\omega M_1 I \tag{4-13}$$

$$e_{22} = -j\omega M_2 I_1 \tag{4-14}$$

式中：$M_1 = N_2\varphi_{21}/I_1 = N_2 \cdot N_1/R_{m1}$；$M_2 = N_2\varphi_{22}/I_1 = N_2 \cdot N_1/R_{m2}$。

从而得到空载时输出端电压为

$$e_2 = e_{21} - e_{22} = -j\omega(M_1 - M_2)\frac{e_1}{R_1 + j\omega L_1} \tag{4-15}$$

e_2 与 e_1 的相位关系由 M_1 与 M_2，即衔铁的上下移动决定，e_2 的幅值为

$$e_2 = \frac{\omega(M_1-M_2)e_1}{\sqrt{R_1^2+(\omega L_1)^2}} = \frac{\omega e_1[M+\Delta M-(M-\Delta M)]}{\sqrt{R_1^2+(\omega L_1)^2}} = \frac{2\omega e_1 \Delta M}{\sqrt{R_1^2+(\omega L_1)^2}} \tag{4-16}$$

输出阻抗为

$$\dot{Z} = (R_{21} + R_{22}) + j\omega(L_{21} + L_{22}) \tag{4-17}$$

式中：L_{21} 为二次线圈Ⅰ的电感；L_{22} 为二次线圈Ⅱ的电感；j 为复数；ω 为 e_1 的角频率。

由以上分析可知，互感式电感传感器的衔铁处于中间位置时，理想条件下其输出电压为零，如图 4-6 所示，其中 x 轴表示衔铁偏离中心位置的距离。但实际使用电感传感器电路时，在零点有微小电压（零点几到数十毫伏）存在，称之为零点残余电压（零残），如图 4-7 所示。

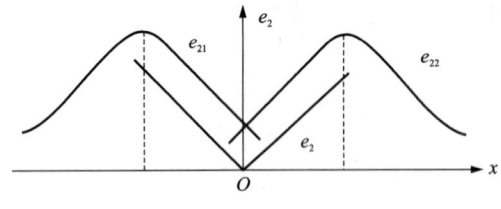

图 4-6　理想输出特性

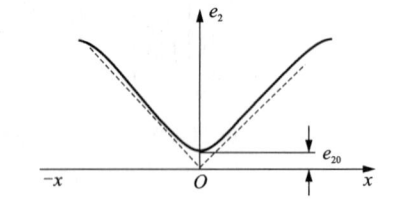

图 4-7　实际输出特性

零点残余电压的存在造成零点附近的不灵敏区；其输入到放大器内会使放大器末级趋向饱和，影响电路正常工作等。

产生零点残余电压的主要原因有两个。一方面，互感式电感传感器两个次级绕组不完全一致，使其等效电路参数（互感系数 M、电感 L 及损耗电阻 R）不同，导致它们的感应电势不等；又因一次线圈的铜损电阻及导磁材料的铁损和材质不均匀、线圈匝间电容存在等因素，使激励电流与所产生的磁通相位不同。另一方面，零点残余电压主要由导磁材料磁化曲线的非线性引起。磁滞损耗和铁磁饱和的影响，使激励电流与磁通波形不一致，产生非正弦（主要是三次谐波）磁通，在次级绕组感应出非正弦电势。激励电流波形失真，其内含高次谐波分量，也导致零残电压中有高次谐波成分。

从设计和工艺上保证结构对称性，可以抑制零点残余电压。即提高加工精度，线圈选配成对，采用磁路可调节结构，以保证线圈和磁路的结构对称性；选高磁导率、低矫顽力、低剩磁感应的导磁材料，并经热处理，消除残余应力，提高磁性能的均匀性和稳定性。选用合适的测量线路也可以抑制零点残余电压。采用相敏检波电路既可鉴别衔铁移动方向，还能消除衔铁在中间位置时因高次谐波引起的零点残余电压。

4.3 电感传感器的测量电路

4.3.1 电阻式电桥

如图 4-8(a)所示为电阻式电桥。其中，Z_1、Z_2 为电感传感器阻抗，且 $Z_1 = Z_2 = Z = R + j\omega L$，另有 $R_1 = R_2 = R$。由于电桥的工作臂是差分形式，因此在工作时，$Z_1 = Z + \Delta Z$ 和 $Z_2 = Z - \Delta Z$，电桥的输出电压为

$$\dot{U}_\text{o} = \dot{U}_{dc} = \frac{Z_1 \dot{U}}{Z_1 + Z_2} - \frac{R_1 \dot{U}}{R_1 + R_2} = \frac{\dot{U} \Delta Z}{2Z} \qquad (4-18)$$

当 $\omega L \gg R$ 时，式(4-18)可写为

$$\dot{U}_\text{o} = \frac{\dot{U}}{2} \frac{\Delta L}{L} \qquad (4-19)$$

由式(4-19)可以看出，交流电桥的输出电压与传感器线圈电感的相对变化量是成正比的。

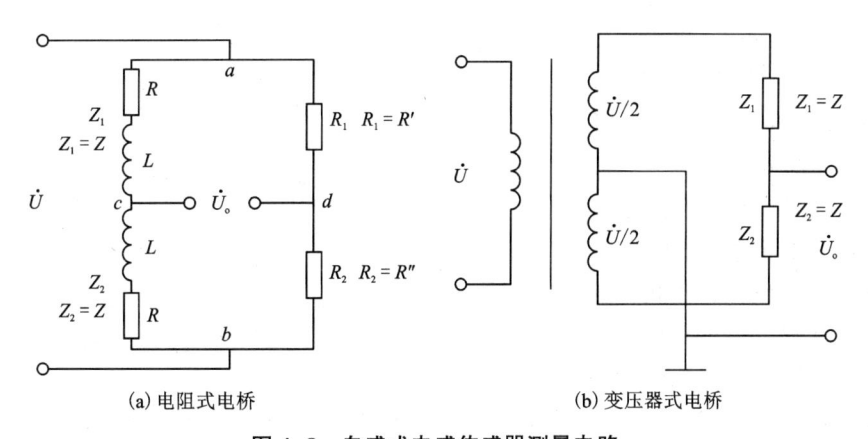

图 4-8 自感式电感传感器测量电路
(a) 电阻式电桥 (b) 变压器式电桥

4.3.2 变压器式电桥

如图 4-8(b)所示为变压器式电桥。它的平衡臂为变压器的二次绕组，当负载阻抗无穷大时，输出电压为

$$\dot{U}_\text{o} = \frac{\dot{U} Z_2}{Z_1 + Z_2} - \frac{\dot{U}}{2} = \frac{\dot{U}}{2} \cdot \frac{Z_2 - Z_1}{Z_1 + Z_2} \qquad (4-20)$$

由于是双臂工作形式，当衔铁下移时，$Z_1 = Z - \Delta Z$，$Z_2 = Z + \Delta Z$，则

$$\dot{U}_\text{o} = \frac{\dot{U} \Delta Z}{2Z} \qquad (4-21)$$

当衔铁上移时，则

$$\dot{U}_\text{o} = -\frac{\dot{U}\Delta Z}{2Z} \tag{4-22}$$

可见，衔铁上移和下移时，输出电压的相位相反，且随电感传感器阻抗 ΔZ 的变化输出电压也相应地改变。因此，这种电路也可用于判别位移的大小和方向。

4.3.3　相敏检波电路

检波是将交变信号转换为直流平均值，它的作用是将电感的变化转换成直流电压或电流，以便用仪表指示出来。但若仅采用电桥电路配以普通的检波电路，则只能判别位移的大小，而无法判别输出电压的相位和位移的方向。如果在输出电压送达仪表之前，经过一个能判别相位的检波电路，则不但可以反映幅值(位移的大小)，还可以反映输出电压的相位(位移的方向)，这种检波电路称为相敏检波电路。

如图 4-9 所示为相敏检波电路的原理图，四个特性相同的二极管 VD₁~VD₄ 串联成一个回路，四个节点 1~4 分别接到两个变压器 A 和 B 的二次线圈上。变压器 A 的输入为放大了的差动变压器的输出信号，而其输出为 $u = u_1 + u_2$；变压器 B 的输入信号为 u_0'，称为检波器的参考信号，它和差动变压器的激励电压共用一个电源。R_f 为连接在两个变压器二次线圈的中点之间的负载电阻。

经相敏检波电路，当衔铁在零点以上移动时，不论载波在正半周还是负半周，在负载电阻 R_f

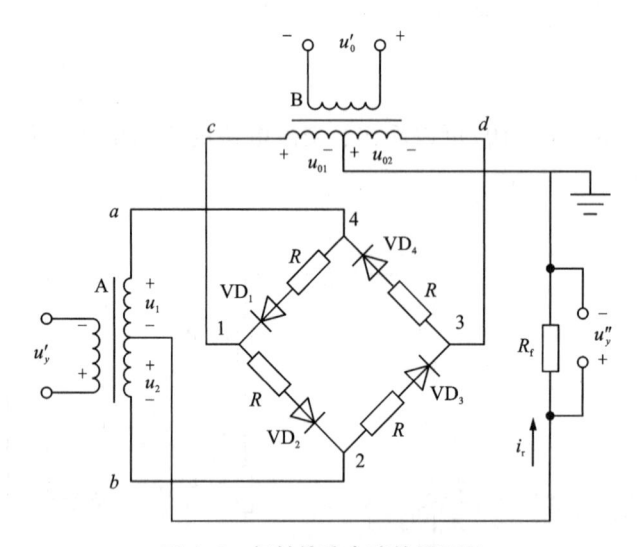

图 4-9　相敏检波电路的原理图

上得到电压始终为正的信号；当衔铁在零点以下移动时，负载电阻 R_f 上得到的电压始终为负的信号。即正位移输出正电压，负位移输出负电压；电压值的大小表明位移的大小，电压的正负表明位移的方向。采用相敏检波电路，得到的输出信号既能反映位移的大小，又能反映位移的方向。

4.3.4　差动变压器整流式测量电路

差动变压器的输出电压是交流分量，它与衔铁位移成正比，当其输出电压用交流电压表来测量时，无法判别衔铁移动的方向。除了采用差动相敏检波电路外，还常采用如图 4-10 所示的差动整流电路解决。

图 4-10 中，图 4-10(a)为差动整流电路；图 4-10(b)~图 4-10(d)为各点电压波形。分析差动整流过程：差动变压器的二次电压 U_{21}、U_{22} 分别经 VD₁~VD₄、VD₅~VD₈ 两个普通桥式电路整流，变成直流电压 U_{ao} 和 U_{bo}。由于 U_{ao} 和 U_{bo} 是反向串联的，所以 $U_{C3} = U_{ab} = U_{ao} - U_{bo}$。该电路是以两个桥路整流后的直流电压之差作为输出的，所以称为差动整流电路。

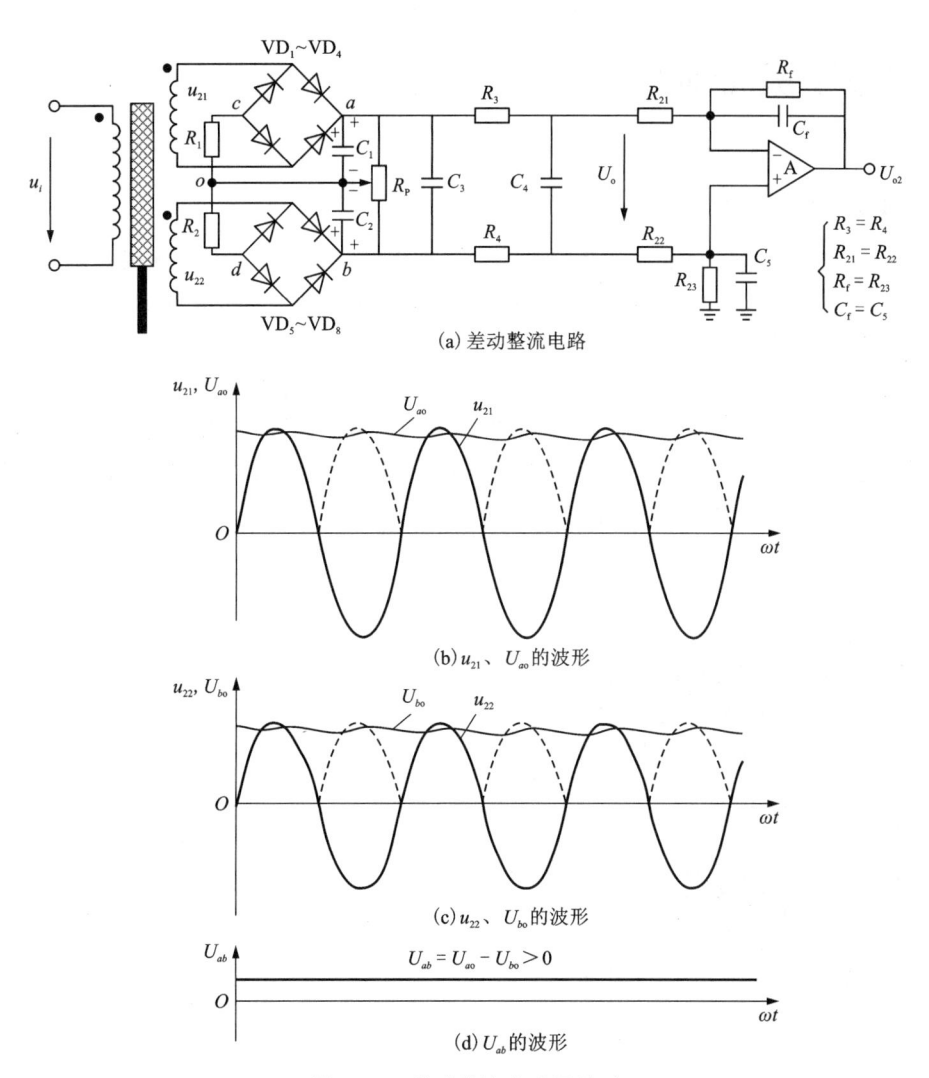

图4-10 差动整流电路及波形

R_P是用来微调电路平衡的。C_3、C_4、R_3、R_4组成低通滤波电路,其时间常数τ必须大于U_i周期的10倍以上。A及R_{21}、R_{22}、R_f、R_{23}组成差动减法放大器,用于克服a、b两点的对地共模电压。

当差动变压器采用差动整流测量电路时,应恰当设置一次线圈和二次线圈的匝数比,使U_{21}、U_{22}在衔铁在最大位移时,仍然能大于二极管正向导通电压(0.5 V)的10倍以上,只有这样才能克服二极管的正向非线性的影响,减小测量误差。

随着微电子技术的发展,目前已能将图4-10(a)中的激励源、相敏或差动整流及信号放大电路、温度补偿电路等做成厚膜电路,装入差动变压器的外壳(靠近电缆引出部位)内,它的输出信号可设计成符合国家标准的1~5 V或4~20 mA,这种形式的差动变压器称为线性差动变压器。

4.4 电感传感器的应用

1. 磁浮轴承位置检测

电磁轴承利用电磁吸力将主轴悬浮于空中高速旋转,具有无磨损、无噪声和寿命长等优点。为了实现电磁主轴的高速旋转,且保证回转的高精度,要求其位置传感器具有非接触、频带宽和精度高的特点。

如图 4-11 所示为一个八级磁轴承结构中的一对磁极绕线结构,每对磁极上绕有两组线圈,一是提供静态工作点,上、下串联的直流线圈 N1、N2;二是提供交变控制力的上、下反串的交流控制线圈 N3、N4;该结构系统的最大特点是交、直流线圈分绕,可以将电磁轴承中直流线圈接成如图 4-12 所示的线圈差动电桥。

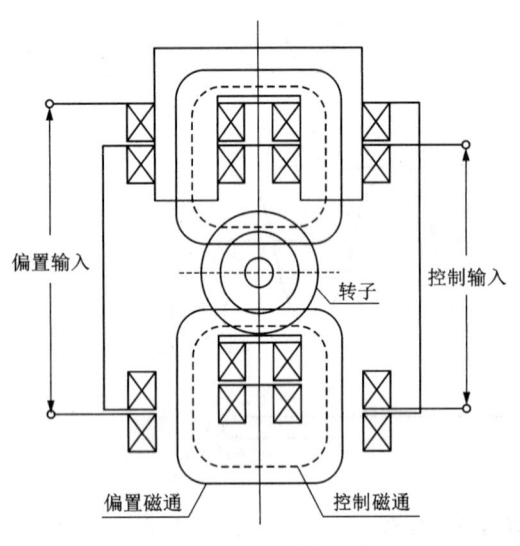

图 4-11 磁极绕线结构   图 4-12 线圈差动电桥

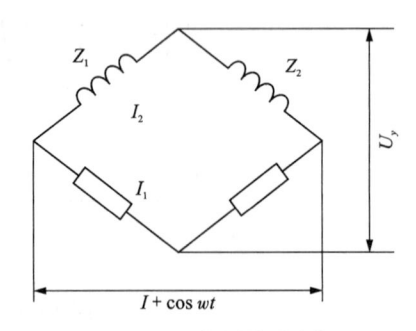

直流线圈 Z_1,Z_2 串联在一组桥臂上,电桥的激励为 $(I+\cos wt)$。其中:I 用于提供静态工作点;而 $\cos wt$ 用于检测,其频率 ω 一般取为 20~30 kHz。根据差动电桥输出调幅波的性质,当载波率 ω 值很大时,其后可用高通滤波及检波电路获得电感变化信息。

2. 行程电动执行器的位置检测

一种小型电感式位置发送器,其采用小型差动式电感传感器,并且稳压、振荡、放大线路均采用集成元件,因此具有体积小、线性好、性能稳定、工作可靠等特点。

电感式位置发送器由多谐振荡器、差动式电感传感器、电压/电流转换器及稳压电路等组成。多谐振荡器由 FX555 时基集成电路和电阻、电容网络组成,作用是向差动式电感传感器的测量电桥提供激励电压。电容 C_1 是滤波电容,主要用来滤掉来自电源的噪声和纹波电

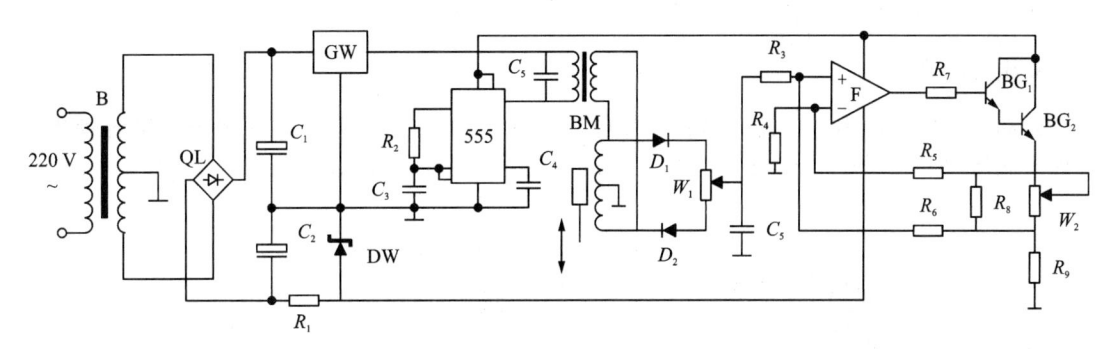

图 4-13 电感式位置发送器原理线路图

压。采用脉冲变压器是为了实现阻抗匹配和信号隔离。

电动执行器输出轴的角位移或线位移,通过机械传动机构变成差动式电感传感器的衔铁位移 S。而差动式电感传感器再将衔铁位移 S 转换为直流电压信号 U_s 送到电压/电流转换器,与其反馈电压 U_f 相比较,并转换为 0~10 mA 直流电流信号 I_0。差动式电感传感器的输出电压 U_s 与衔铁位移 S 成正比;电压/电流转换器的反馈电压 U_f 与输出电流 I_0 成正比。

差动式电感传感器的作用是将直线位移转换为电信号输出。它由两只完全对称的简单电感传感器和一个共用的活动衔铁构成,其结构原理图和测量线路图如图 4-14 所示。其中:Z_1、Z_2 为交流电桥工作臂,即传感器线圈阻抗,在电桥平衡时,$Z_1 = Z_2 = Z$;R_1、R_2 为平衡臂电阻,$R_1 = R_2 = R$。

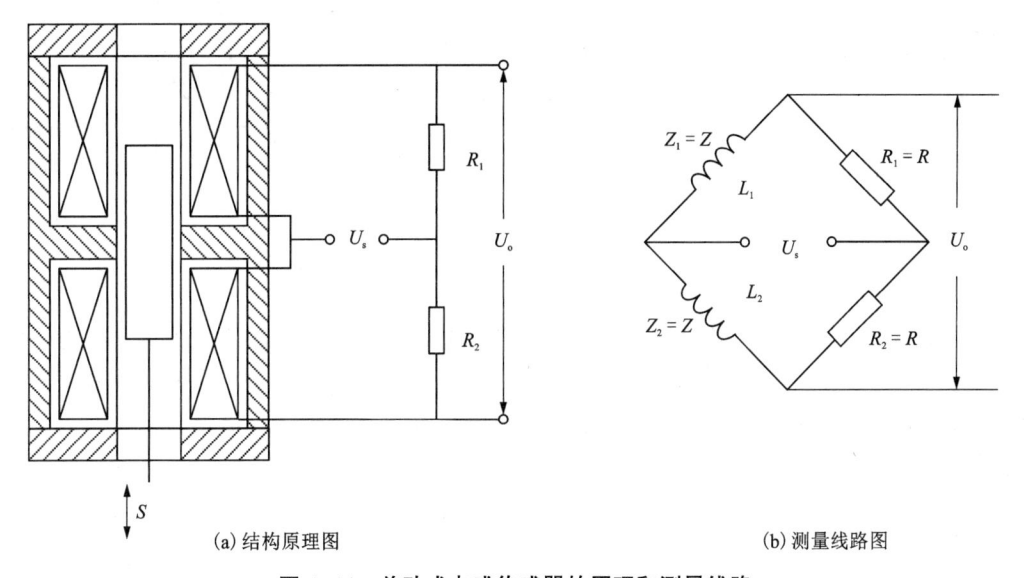

(a) 结构原理图　　　　　　　　　　(b) 测量线路图

图 4-14 差动式电感传感器的原理和测量线路

从图 4-14 可以看出,电感传感器和电阻构成了四臂交流电桥,由交流电源供电,在电桥的另一对角端即为输出交流电压。

电压/电流转换器用来将半波差动整流电路输出电压 U_s 转换成 0~10 mA 直流电流信号,

且半波差动整流电路输出电压可反映衔铁位移的大小和方向。

3. 压力测量

差动变压器式压力变送器的结构、外形及电路如图 4-15 所示，它适用于测量各种生产流程中液体、水蒸气及气体压力。图 4-15 中能将压力转换为位移的弹性敏感元件称为膜盒。

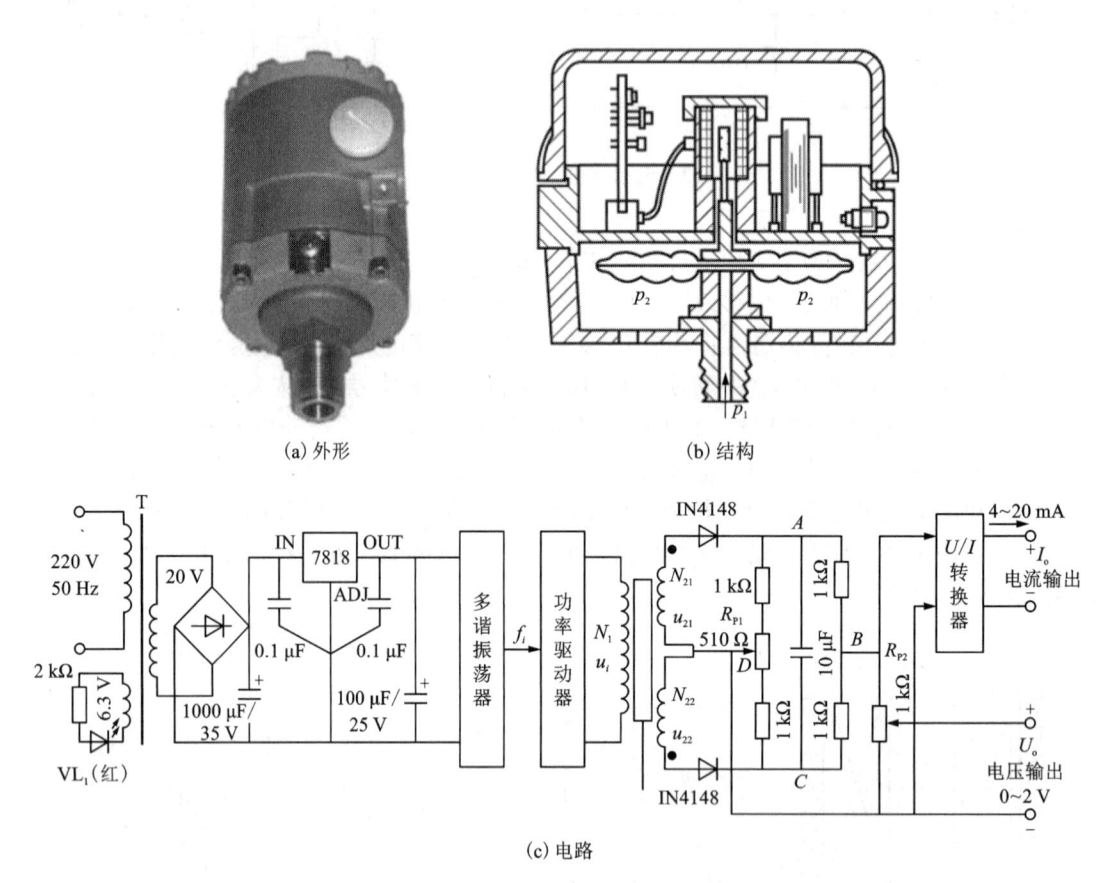

(a) 外形　　(b) 结构

(c) 电路

图 4-15　差动变压器式压力变送器

差动变压器二次线圈的输出电压通过半波差动整流电路、低通滤波电路后，作为变送器的输出信号，可接入二次仪表加以显示。线路中 R_{P1} 是调零电位器，R_{P2} 是调量程电位器。差动整流电路的输出也可以进一步作 U/I 变换，输出与压力成正比的电流信号，称为电流输出型变送器，它在各种变送器中占有很大的比例。

4. 加速度测量

图 4-16 为差动变压器式加速度传感器，通过质量弹簧惯性系统将被测加速度转换成力，并作用在弹性元件上，使弹性元件产生变形，进而带动差动变压器的铁芯移动，使传感器的输出信号变化与加速度的变化一致。

5. 电感式滚柱直径分拣装置

图 4-17 为电感式滚柱直径分拣装置原理图，该装置的测量传感器为电感测微仪，用于检测被测滚柱直径是否满足技术指标，并将不同直径的滚柱分拣到对应的料斗中。

电感测微仪的衔铁位置与被测滚柱的直径有关，不同直径的滚柱使活动铁芯处于不同的位置，当滚柱直径偏大时，铁芯向上移动，当滚柱直径偏小时，铁芯向下移动，从而使电感测微仪的线圈的电感量发生与滚柱直径大小相应的变化，使得其输出为带有滚柱直径信息(包络)的

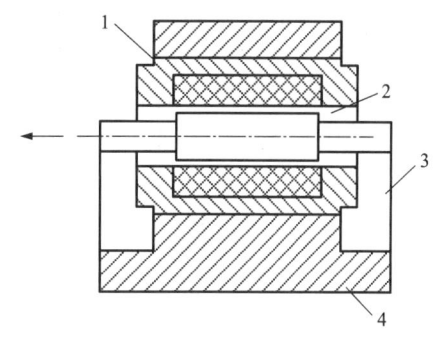

1—差动变压器；2—质量块；3—弹簧片；4—壳体图。

图 4-16　差动变压器式加速度传感器

调幅波，再经放大、相敏检波和滤波等处理后，使输出电压 U_o 的幅值反映了滚柱直径的偏差大小，而 U_o 的极性反映了直径是偏大还是偏小，再通过计算机采样 U_o 的幅值和极性，根据采样结果控制电磁翻板和电磁阀，使不同直径的滚柱落到与其对应的料斗中。在实际工程应用中，该装置的测量精度可以达到 1 μm。

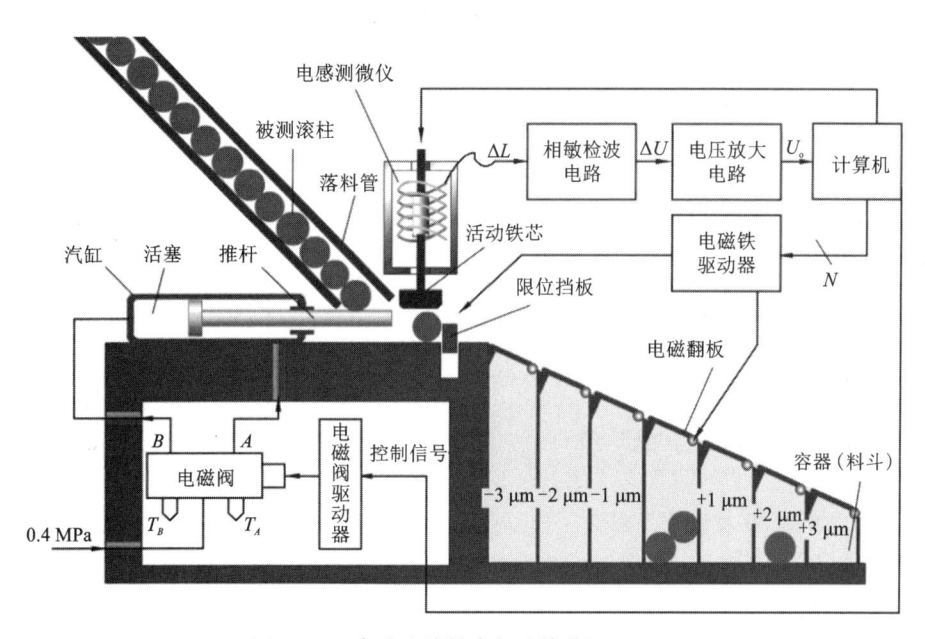

图 4-17　电感式滚柱直径分拣装置原理图

习　题

1. 为什么电感传感器一般都采用差分形式？
2. 交流电桥的平衡条件是什么？

3. 已知变隙式自感传感器的铁芯截面积 $S=1.5\ \text{cm}^2$，磁路长度 $L=20\ \text{cm}$，相对磁导率 $\mu_1=5000$，气隙 $\delta_0=0.5\ \text{cm}$，$\Delta\delta=\pm0.1\ \text{mm}$，真空磁导率 $\mu_0=4\pi\times10^{-7}\ \text{H/m}$，线圈匝数 $W=3000$ 匝，求单端式传感器的灵敏度 $\Delta L/\Delta\delta$。若将其做成差动结构形式，灵敏度将如何变化？

4. 有一只螺管型差动自感传感器如图4-18(a)所示。传感器线圈铜电阻 $R_1=R_2=40\ \Omega$，电感 $L_1=L_2=30\ \text{mH}$，现用两只匹配电阻设计成等臂阻抗电桥，如图4-18(b)所示。试求：

(1) 匹配电阻 R_3 和 R_4 的值为多大才能使电压灵敏度达到最大值？

(2) 当 $\Delta Z=10\ \Omega$，电源电压为 4 V，激磁频率 $f=400\ \text{Hz}$ 时，求电桥输出电压值 U_{SC}。

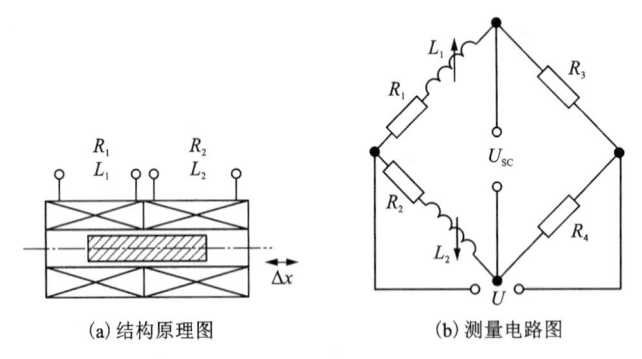

(a) 结构原理图　　(b) 测量电路图

图4-18　螺管型差动自感传感器

5. 图4-19为差动自感传感器测量电路图。L_1、L_2 是差动电感，$V_{\text{D1}} \sim V_{\text{D4}}$ 是检波二极管（设其正向电阻为零，反向电阻为无穷大），C_1 是滤波电容，其阻抗很大，输出端电阻 $R_1=R_2=R$，输出端电压由 C、D 引出为 e_{CD}，U_P 为正弦波信号源。试求：

(1) 分析电路工作原理（即指出铁芯移动方向与输出电压 e_{CD} 极性的关系）。

(2) 分别画出铁芯上移及下移时流经电阻 R_1 和 R_2 的电流 i_{R_1} 和 i_{R_2} 及输出端电压 e_{CD} 的波形图。

6. 说明产生差动电感式传感器零位残余电压的原因及减小零残电压的有效措施。

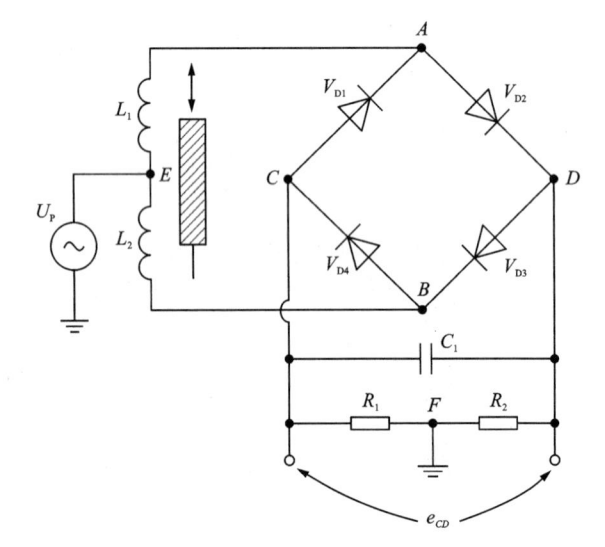

图4-19　差动自感传感器测量电路

7. 影响差动变压器输出线性度和灵敏度的主要因素是什么？

第 5 章

压电传感器

压电传感器是一种典型的自发电传感器，它以具有压电效应的力敏元件为转换元件的有源传感器，在外力作用下，在电介质表面产生电荷，把机械能转化为电能。它也可把电能转为机械能，此特性使其可用于测量与力有关的物理量或者最终能变换为力的物理量，如力、加速度、机械振动和冲击力等，但不能用于静态参数的测量。

随着与压电传感器件配套的二次仪表及低噪声、小电容、高绝缘电阻电缆的出现，压电传感器的使用更加方便，在工程力学、生物医学、石油勘探、电声学及宇航等许多技术领域中获得广泛应用。

5.1 压电效应与压电材料

5.1.1 压电效应

某些电介质，当沿一定方向施加力作用使其产生变形时，其内部产生极化现象，同时在两个相对的表面上产生极性相反的电荷，当外力拆除后，又可恢复到不带电状态，并且当作用力方向改变时，电荷极性也随着改变，这种现象称为正压电效应。

当在电介质的极化方向施加电场时，这些电介质在相应方向上产生机械变形或机械压力，当外加电场撤去时，这些变形或应力也随之消失，这种现象称为逆压电效应或电致伸缩效应。

正压电效应与逆压电效应统称为压电效应。压电效应具有可逆性，能实现机械能与电能的相互转换。图 5-1 反映了压电效应与能量转换的关系。衡量这些电介质压电效应强弱的参数为压电常数，即压电常数是压电体把机械能转变为电能或把电能转变为机械能的转换系数。它反映压电材料性能与介电性能之间的耦合关系，也是表征压电体机械参量（应力、应变）与电场（电位移）之间耦合关系的参数。

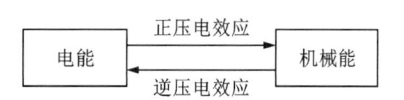

图 5-1 压电效应与能量转换的关系

5.1.2 压电材料

具有压电效应的电介物质称为压电材料。在自然界中大多数晶体都有压电效应,但大部分晶体的压电效应很微弱。常见性能优良的压电材料有:压电晶体,如石英等;压电陶瓷,如钛酸钡、锆钛酸铅等;压电半导体,如硫化锌、碲化镉等;其他材料,如压电聚合物、压电半导体等。

选用合适的压电材料是设计高性能传感器的关键,选用压电材料应考虑以下几个方面。
①转换性能:要求具有较大压电转换系数。
②机械性能:作为受力元件,希望其机械强度高、刚度大,以获得宽线性范围和高固有振动频率。
③电性能:希望具有高电阻率和大介电常数,以减弱外部分布电容的影响,并获得良好的低频特性。
④环境适应性:温度和湿度的稳定性要好,要求具有较高的居里点,获得较宽的工作温度范围。
⑤时间稳定性:要求压电性能不随时间变化。

1. 石英晶体

天然石英晶体的结构外形可视为一个六角棱柱体,晶体学中用三坐标轴表示该结构,其中纵向轴 Z 称光轴;过正六面体棱线,并垂直于光轴的 X 轴称电轴;与 X 轴和 Z 轴同时垂直的 Y 轴(垂直于正六面体的棱面)称机械轴。把沿电轴 X 方向的力作用下产生电荷的压电效应称为"纵向压电效应"。把沿机械轴 Y 方向的力作用下产生电荷的压电效应称为"横向压电效应";沿光轴 Z 方向受力则不产生压电效应。

石英晶体的外形如图 5-2(a)所示。其等效为正六边形排列的投影如图 5-2(b)所示,组成石英晶体的硅离子 Si^{4+} 和氧离子 O^{2-} 在 Z 平面投影。为讨论方便,将这些硅、氧离子等效为图 5-2(b)中正六边形排列,图中"+"代表 Si^{4+},"-"代表 $2O^{2-}$。

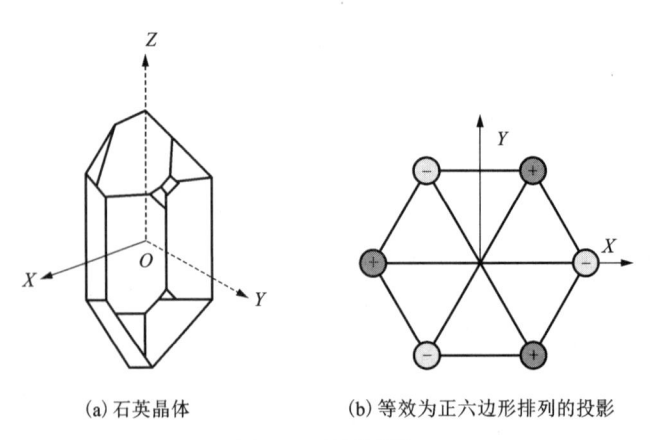

图 5-2 石英晶体
(a) 石英晶体 (b) 等效为正六边形排列的投影

石英晶体的压电效应由其内部结构决定。石英晶体的压电效应如图 5-3 所示。

(a) $F_X = 0$ N

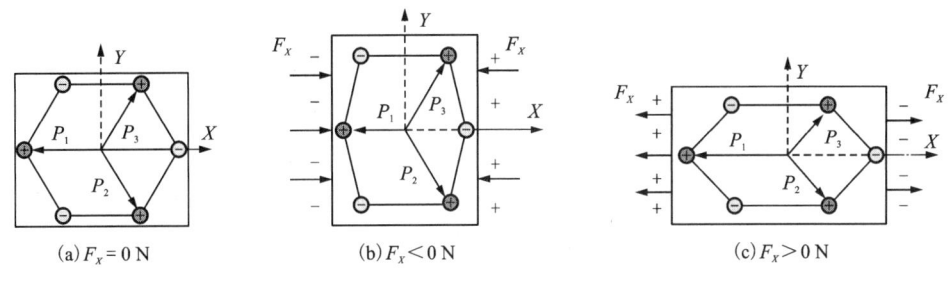

(b) $F_X < 0$ N

(c) $F_X > 0$ N

图 5-3　石英晶体的压电效应

当石英晶体受外力 $F_X = 0$ N 时，正、负离子正好分布于正六边形顶角，形成三个 120° 夹角的电偶极矩 P_1、P_2、P_3。此时正负电荷中心重合（$P_1+P_2+P_3=0$），表面无电荷出现，如图 5-3(a) 所示。

当石英晶体受沿 X 向压力（$F_X<0$ N）作用时，会沿 X 方向收缩，正、负离子相对位置变化，正、负电荷中心不再重合，电偶极矩的 X 向分量 $(P_1+P_2+P_3)_X>0$；Y、Z 向分量为 $(P_1+P_2+P_3)_Y=0$，$(P_1+P_2+P_3)_Z=0$。如图 5-3(b) 所示，在 F_X 作用下，沿正 X 向的表面出现正电荷，沿 Y、Z 向的表面无电荷。

当石英晶体受 X 向拉力（$F_X>0$ N）作用时，有 $(P_1+P_2+P_3)_X<0$，$(P_1+P_2+P_3)_Y=0$，$(P_1+P_2+P_3)_Z=0$。此时，以 X 轴为法向的表面出现负电荷，沿 Y、Z 向的表面无电荷。如图 5-3(c) 所示，晶体受 X（电轴）向的力 F_X 作用时，它在 X 方向产生逆压电效应，Y、Z 方向不产生压电效应。

晶体在受 Y 向力 F_Y 作用下的情况与 F_X 作用时的相似。其中，$F_Y>0$ N 时，晶体的形变与图 5-3(b) 相似；$F_Y<0$ N 时，与图 5-3(c) 相似。由此可知，晶体在 Y（机械轴）向力 F_Y 作用下，它在 X 向产生正压电效应，在 Y、Z 方向不产生压电效应。

晶体受 Z 向力 F_Z 作用时，因晶体沿 X 和 Y 向产生的正应变完全相同，正、负电荷中心保持重合，$P_1+P_2+P_3=0$。所以，在 Z 向力 F_Z 作用下，晶体无压电效应。

假设从石英晶体上切下一片平行六面体，即晶体切片，使它的晶面分别平行于 X、Y、Z 轴，如图 5-4 所示。

(a) 晶体切片

(b) X 轴受力

(c) Y 轴受力

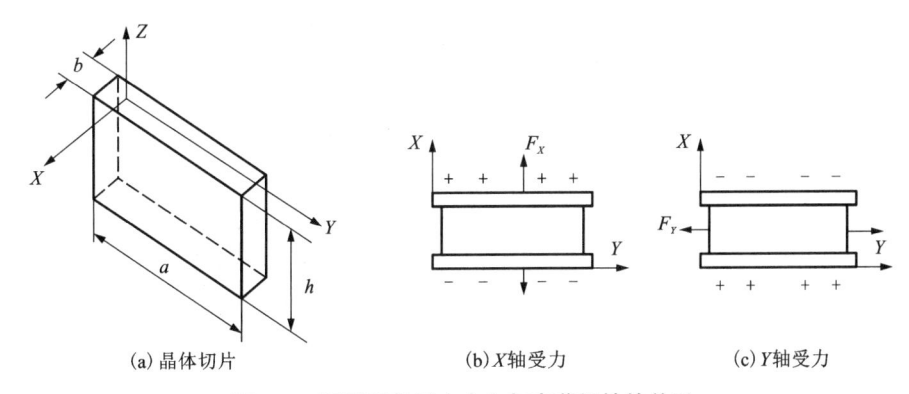

图 5-4　石英晶体受力方向与电荷极性的关系

在垂直 X 轴方向两面用真空镀膜或沉银法制作电极面，就得到压电元件。设从石英晶体上沿机械轴（Y 轴）方向切下一块如图 5-4(a) 所示的晶体片，当在电轴（X 轴）向受力作用时，在与电轴（X 轴）垂直的平面上将产生电荷 q_X，如图 5-4(b) 所示，其大小为

$$q_X = d_{11} F_X \tag{5-1}$$

式中：d_{11} 为 X 轴向受力的压电系数；F_X 为 X 轴向的受力。

若在同一晶体片上，当在机械轴（Y 轴）方向受力作用时，则仍在与电轴（X 轴）垂直的平面上将产生电荷 q_Y，如上图 5-4(c) 所示，其大小为

$$q_Y = d_{12}(a/b) F_Y \tag{5-2}$$

式中：d_{12} 为 Y 轴方向受力的压电系数；F_Y 为 Y 轴方向受到的力；a，b 分别为晶体片的长度和厚度。

电荷 q_X 和 q_Y 的符号由所受力是拉力还是压力决定。同时从式(5-1)、式(5-2)可看出，q_X 的大小与晶体片形状尺寸无关，而 q_Y 与晶体片的几何尺寸有关。

2. 压电陶瓷

压电陶瓷属铁电体类、人造的多晶压电材料，有类似铁磁材料磁畴结构的电畴结构。电畴是分子自发形成的区域，有一定的极化方向，因而存在一定的电场。无外电场作用时，各电畴在陶瓷内杂乱分布，它们的极化效应相互抵消，因而原始压电陶瓷内极化强度为零；极化处理后，保留一定的剩余极化。压电陶瓷极化过程示意图如图 5-5 所示。

给陶瓷片加平行于极化方向的压力 F，如图 5-6(a) 所示，使其压缩变形，片内正、负束缚电荷（非移动电荷）间的距离变小，极化强度变小，原吸附在电极外表的自由电荷中部分被释放（放电）；压力撤除，陶瓷片恢复原状（膨胀），片内正、负电荷的距离变大，极化强度变大，因此电极外表又吸附部分自由电荷而出现充电现象。这种由机械效应转变为电效应的正压电效应，如图 5-6(a) 所示；与此相反的电致变形现象即逆压电效应，如图 5-6(b) 所示。

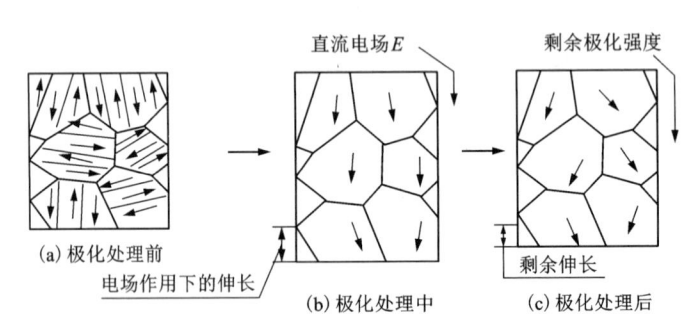

图 5-5　压电陶瓷极化过程示意图

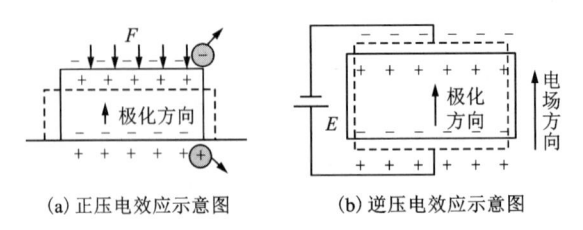

（实、虚线分别代表形变前、后的情况。）

图 5-6　压电效应

5.2 压电传感器的等效电路

5.2.1 等效电路

压电晶体片受力作用时，在晶体片的两表面上出现等量的正、负电荷，晶体片的两表面相当于一个电容的两个极板，两个极板之间的物质就是电容极板间的介质，因而压电晶体片在工作时就等效于一只平行板介质电容器，如图 5-7(a)所示。其电容量为

$$C_a = \varepsilon S/h \tag{5-3}$$

式中：ε 为压电材料的介电常数；S 为压电晶体片工作面的面积，m^2；h 为极板间距，即晶体片厚度，m。

(a) 压电元件　　(b) 等效电路（Ⅰ）　　(c) 等效电路（Ⅱ）

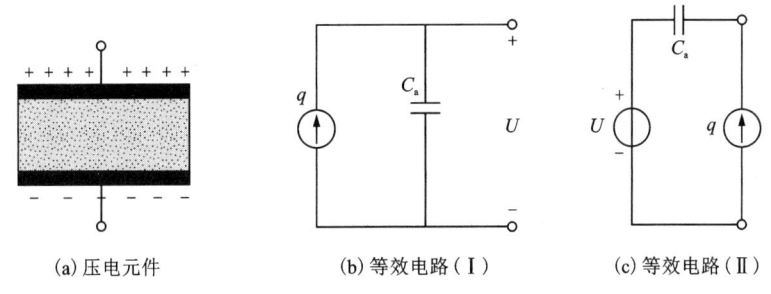

图 5-7　压电元件等效电路

如果施于晶片的外力不变，晶片两表面上的电荷又无泄漏，则在外力继续作用时，电荷数保持不变；当外力作用消失时，电荷随之消失。因此，压电元件在工作时可等效为一个与电容并联的电荷源，如图 5-7(b)所示，其电压 U、电荷量 q 和电容量 C_a 三者之间的关系为

$$q = UC_a \tag{5-4}$$

压电元件也可等效为一个电压源和电容器的串联电路，如图 5-7(c)所示，其电压、电荷量和电容量三者间的关系为

$$U = q/C_a \tag{5-5}$$

当压电元件内部的信号电荷无"漏损"，外电路负载无穷大时，其受力产生的电压或电荷才可长期保存，否则电路将以某时间常数按指数规律放电。这对静态标定和低频准静态测量极为不利，必然带来误差。事实上，压电元件内部存在泄漏，外接负载不可能无穷大，只有外力以较高频率不断作用时，信号电荷才能补充。压电元件不能用于静态测量。

压电器件使用时总要与测试仪表或测量电路连接，因而考虑连接电缆的等效电容、前置放大器的输入电阻、输入电容的实际等效电路如图 5-8 所示。

在图 5-8 中，C_a 是传感器的固有电容；R_a 是传感器的漏电阻；C_c 是连线电容；R_i 是前

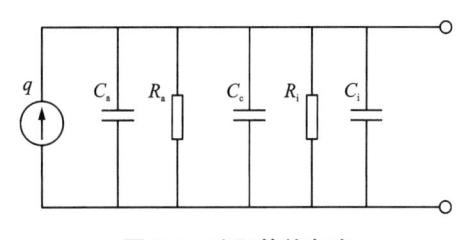

图 5-8　实际等效电路

置放大器输入电阻；C_i 是前置放大器输入电容。压电元件的 R_a 与前置放大器的 R_i 并联。为保证传感器和测试系统有一定的低频或准静态响应，要求绝缘电阻>10^{13} Ω，使内部电荷泄漏以符合一般测试精度的要求。与此相适应，测试系统应有较大的时间常数，亦即前置放大器的输入阻抗应相当高，否则，压电元件上的信号电荷将通过输入电路泄漏，由此产生测量误差。

5.2.2 压电元件的串、并联

在压电传感器中，为提高灵敏度，通常采用两片或两片以上压电元件组合在一起。连接方法有两种，如图 5-9 所示。

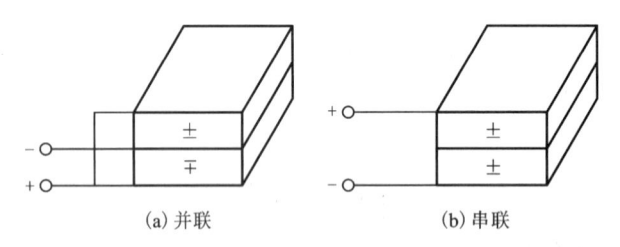

(a) 并联   (b) 串联

图 5-9　压电元件的串、并联

图 5-9(a) 的接法称为并联，两压电片的负极都集中在中间电极上，正电极在两边的电极上。其输出电容 $C_{并}$ 为单片电容 C 的两倍，但输出电压 $U_{并}$ 等于单片电压 U，极板上电量 $q_{并}$ 为单片电荷量 q 的两倍，即 $q_{并}=2q$，$U_{并}=U$，$C_{并}=2C$。

图 5-9(b) 的接法称为串联，正电荷集中在上极板，负电荷集中在下极板，中间极板上片产生的负电荷与下片产生的正电荷相互抵消。由图 5-9(b) 可知，输出总电荷 $q_{串}$ 等于单电荷 q，输出电压 $U_{串}$ 为单片电压 U 的两倍，总电容 $C_{串}$ 为单片电容 C 的一半，即 $q_{串}=q$，$U_{串}=2U$，$C_{串}=\dfrac{C}{2}$。

在以上两种连接方式中，对于并联法，压电传感器输出电荷大，时间常数大，宜用于测缓变信号，且以电荷作为输出量的场合；对于串联法，压电传感器输出电压大，本身电容小，适用于以电压作为输出的较快变信号，且测量电路输入阻抗很高的场合。

5.3　压电传感器的测量电路

压电传感器的内阻很高，而压电元件产生的电量非常小，要求测量电路的输入电阻非常大，以减小测量误差。因此，压电元件的输出端须先接入高输入阻抗的前置放大器，再接入一般的放大电路。

前置放大器作用：一是把压电元件的高输出阻抗变换成低阻抗输出；二是放大压电元件输出的弱信号。压电传感器的输出可以是电压信号，也可以是电荷信号，所以前置放大器也有两种形式：电压放大器，其输出电压与输入电压(压电元件的输出电压)成正比；电荷放大器，其输出电压与输入电荷成正比。

5.3.1 电压放大器

压电传感器与电压放大器连接后的等效电路如图 5-10(a)所示,图 5-10(b)为进一步简化后的电路图。

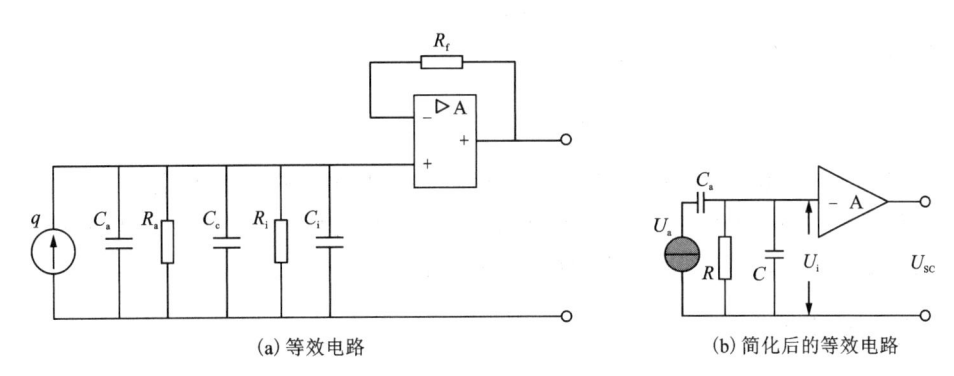

图 5-10 压电传感器与电压放大器连接后的等效电路
(a) 等效电路   (b) 简化后的等效电路

图 5-10(b)中的等效电阻为

$$R = \frac{R_a \cdot R_i}{R_a + R_i} \tag{5-6}$$

等效电容为

$$C = C_c + C_i \tag{5-7}$$

设压电元件受外力 $F = F_m \sin \omega t$ 作用,F_m 为力的幅值,若材料是压电陶瓷,其压电系数为 d_{33},则 F 作用下,压电元件产生的电压为 $U_a = U_m \sin \omega t$,其中电压幅值 $U_m = q/C_a = d_{33} F_m/C_a$。由图 5-10(b)可得放大器输入端的电压 U_i,其复数形式为

$$U_i = d_{33} F \frac{j\omega R}{1 + j\omega R(C + C_a)} \tag{5-8}$$

U_i 的幅值为

$$U_{im} = \frac{d_{33} F_m \omega R}{\sqrt{1 + \omega^2 R^2 (C_a + C_c + C_i)^2}} \tag{5-9}$$

输入电压与作用力之间的相位差 φ 为

$$\varphi = \pi/2 - \arctan[\omega R(C_a + C_c + C_i)] \tag{5-10}$$

令 $\tau = R(C_a + C_c + C_i)$,$\tau$ 为测量回路时间常数;令 $\omega_0 = 1/\tau$,得

$$U_{im} = \frac{d_{33} F_m \omega R}{\sqrt{1 + (\omega/\omega_0)^2}} \approx \frac{d_{33} F_m}{C_a + C_c + C_i} \tag{5-11}$$

由上面的分析可知,若 $\omega\tau \gg 1$,即作用力变化频率与测量回路时间常数的乘积远大于1,前置放大器的输入电压 U_{im} 与频率无关。一般,$\omega/\omega_0 \geq 3$ 就可近似认为输入电压与作用力频率无关。因此,在测量回路时间常数一定的条件下,配置电压放大器的压电传感器具有相当好的高频响应特性。

对于变化缓慢的被测动态量,测量回路的 τ 不够大会造成传感器灵敏度下降。要扩大工作频带低频段,须提高 τ 值。若以增大测量回路电容提高 τ 值,则影响传感器灵敏度。根据传感器电压灵敏度 K_u 的定义得

$$K_u = \frac{U_{im}}{F_m} = \frac{d_{33}}{\sqrt{\left(\frac{1}{\omega R}\right)^2 + (C_a + C_c + C_i)^2}} \quad (5-12)$$

因为 $\omega R \gg 1$,式(5-12)可近似为

$$K_u \approx \frac{d_{33}}{C_a + C_c + C_i} \quad (5-13)$$

可见,K_u 与回路电容成反比,增加回路电容使 K_u 下降,因此需 R_i 很大的前置放大器,且输入阻抗越大,测量回路的 τ 越大,传感器的低频响应越好。改变连接压电探头与前置放大器的电缆长度,将改变 C_c,此时必须重校灵敏度值。

5.3.2 电荷放大器

电荷放大器实际上是一个高增益放大器,其与压电传感器连接后的电路如图 5-11(a)所示,它的等效电路如图 5-11(b)所示。实际应用中多采用性能稳定的电荷放大器。

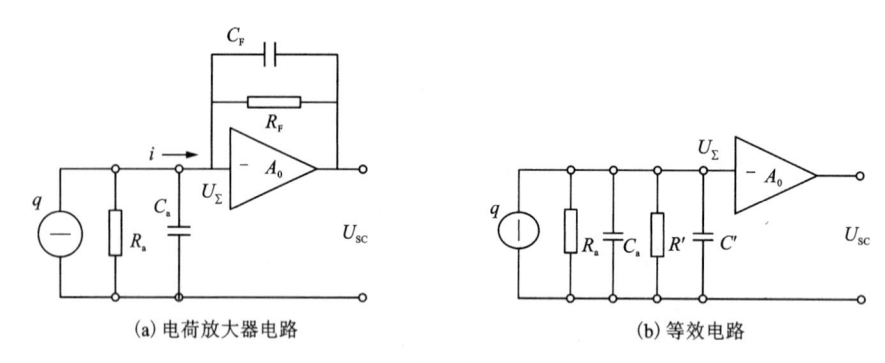

图 5-11 电荷放大器原理图

(a) 电荷放大器电路　　(b) 等效电路

电荷放大器是有深度负反馈的高增益放大器,若放大器的开环增益 A_0 足够大,且放大器输入阻抗很高,则其输入端几乎无分流,运算电流仅流入反馈回路,反馈回路由反馈电容 C_F 与反馈电阻 R_F 组成。由图 5-11(a)可知电流 i 的表达式为

$$i = (U_\Sigma - U_{SC})\left(j\omega C_F + \frac{1}{R_F}\right) = [U_\Sigma - (-A_0 U_\Sigma)]\left(j\omega C_F + \frac{1}{R_F}\right)$$

$$= U_\Sigma\left[j\omega(A_0 + 1)C_F + (A_0 + 1)\frac{1}{R_F}\right] \quad (5-14)$$

式中:U_Σ 和 U_{SC} 分别是放大器的输入电压和输出电压。由式(5-14)得出等效电路如图 5-11(b)所示。C_F、R_F 等效到 A_0 输入端时,电容 C_F 增大(1+A_0)倍,电导 $1/R_F$ 也增大(1+A_0)倍。所以 $C' = (1+A_0)C_F$;$1/R' = (1+A_0)/R_F$,这是所谓"密勒效应"的结果。

图 5-11 中运放输入电压为

$$U_\Sigma = \frac{j\omega q}{[1/R_a + (1+A_0)/R_F] + j\omega[C_a + (1+A_0)C_F]} \quad (5-15)$$

输出电压为

$$U_{SC} = -A_0 U_\Sigma = \frac{-j\omega q A_0}{[1/R_a + (1+A_0)/R_F] + j\omega[C_a + (1+A_0)C_F]} \tag{5-16}$$

若考虑电缆电容 C_c，则有

$$U_{SC} = \frac{-j\omega q A_0}{[1/R_a + (1+A_0)/R_F] + j\omega[C_a + C_c + (1+A_0)C_F]} \tag{5-17}$$

当 A_0 足够大时，传感器本身的电容和电缆长度不影响电荷放大器的输出，输出电压 U_{SC} 只决定于输入电荷 q 及反馈回路的参数 C_F 和 R_F。由于 $1/R_F \ll \omega C_F$，则有

$$U_{SC} \approx -\frac{A_0 q}{(1+A_0)C_F} \approx -\frac{q}{C_F} \tag{5-18}$$

可见，A_0 足够大时，输出电压与 A_0 无关，只取决于 q 和 C_F，改变 C_F 的大小可得到所需的电压输出。C_F 一般取值 $10^2 \sim 10^4$ pF。

5.4 压电传感器的应用

1. 真空封装压电式能量采集器

一种给无线传感器供电的真空封装压电式能量采集器，其框图如图 5-12 所示，主要部件是一片末端附着有永磁体的压电悬臂梁。采用真空封装技术的优点在于可以使传感器免受恶劣天气的影响，例如冰冻灾害或者沙尘暴。此外，真空封装还可以通过屏蔽空气流动的拖曳力、挤压力等来降低空气阻尼系数，其振动能量采集功率与机械阻尼成反比，因此真空封装也可以起增加能量捕获功率的作用。

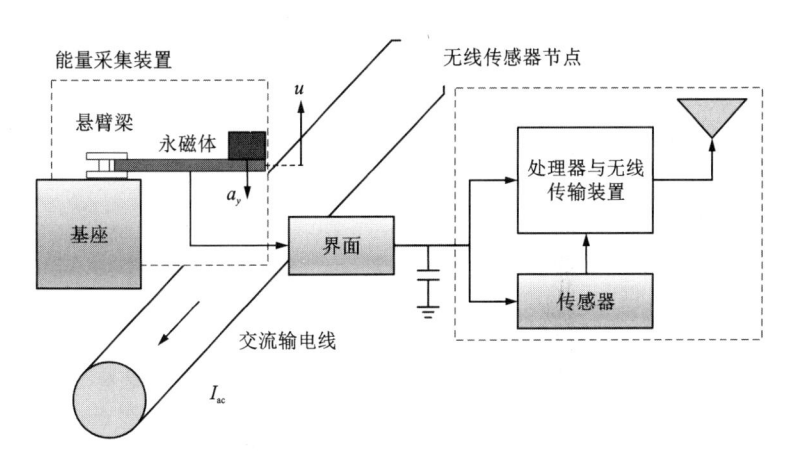

图 5-12 真空封装的给无线传感器供电的能量采集器框图

器件的工作原理是基于电磁感应和压电效应的耦合，安装在输电线路表面的能量采集器与交流线周围的磁场产生相互作用，导致压电悬臂梁以一定频率振动并输出电能。在模拟测试中，当输电线中通过的交流电电流为 10 A 时，能量采集器的输出功率为 90 μW。

2. 压电式海浪能量收集器

海浪能具有资源分布广、能流密度大等优点，利用海浪能发电技术能够改善能源结构和生态环境，有利于海洋资源开发。由于无线电设备和传感器是靠电池供电工作运行的低功率设备，在海洋环境中不便更换电池或给电池充电，故利用海浪能收集技术向无线电设备和传感器提供电能的方式变得尤为重要。

压电式俘能器是利用压电效应工作，将机械振动能转换成电能，具有结构简单、功率密度大、转换效率高、无须外加电源等优点。海浪能压电式俘能技术利用压电材料在受振过程中产生变形导致的电压变化来产生电能。海浪能压电式俘能技术不仅可以提供高质量的能量强度和电压，还具有无电磁干扰、无污染、自供电和易于小型化、集成化等特点，故可轻松应用于各种环境中。

压电式海浪能量收集器由基本的悬臂结构和附着在弹性压片自由端的磁体组成，利用磁力有助于悬臂在自然(或第一共振)频率下产生自由振动。在磁铁的顶部，设置一个圆柱形导轨，金属球可以在该导轨上来回移动，从两个方向产生能量。

压电式海浪能量收集器整体结构如图 5-13 所示，由可漂浮于海面上的方形封闭外壳、悬臂梁发电部(图 5-14)、真空轨道发电部组成。悬臂梁发电部由方形封闭外壳上、下底面内侧的底座，底座上的弹性压片和弹性压片的上、下表面的压电板及附着在弹性压片自由端的磁铁组成；真空轨道发电部的圆柱形理想轨道水平设置于上、下悬臂梁发电部中间位置，其两端分别焊接在方形封闭外壳的内侧，在圆柱形理想轨道内部放置一个有一定质量的金属球，在其圆柱形理想轨道两端封口处各设置三组铍形发电装置，每组铍形发电装置由两片铍形铜质金属片和一片压电陶瓷组成，压电陶瓷置于两片铍形铜质金属片的中间位置。

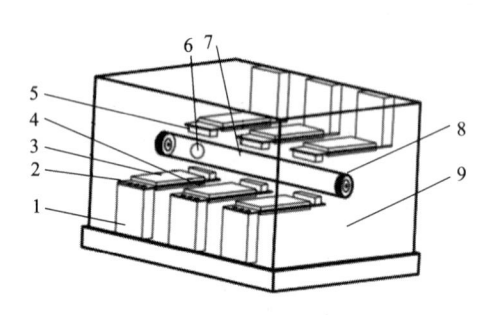

1—底座；2—弹性压片；3—上压电板；4—下压电板；
5—磁铁；6—金属球；7—圆柱形理想轨道；
8—铍形发电装置；9—方形封闭外壳。

图 5-13　压电式海浪能量收集器整体结构

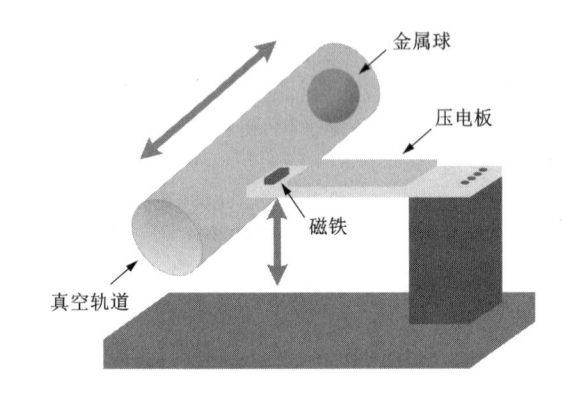

图 5-14　悬臂梁发电部

将压电式海浪能量收集器放置于海面上，由于海浪的冲击作用，收集器会倾斜一定的角度，金属球在圆柱形理想轨道内做自由往复运动，当金属球运动到弹性压片前端磁铁位置时，磁铁和金属球间产生的磁力使上、下两侧的弹性压片发生向圆柱形理想轨道方向的弹性变形，当金属球离开当前磁铁位置时，磁铁和金属球间的磁力消失，使弹性压片发生远离圆柱形理想轨道方向的弹性变形，此金属球的运动过程会引起压电模块的振动导致压电板发生变形而产生电能。

对于真空轨道发电部，当圆柱形理想轨道内的金属球运动到轨道的两端时，对设置于轨道两端的钹形发电装置形成撞击，导致钹形发电装置内部的压电陶瓷发生变形进而产生电能；悬臂梁发电部与真空轨道发电部产生的电能通过导线输送到外部电能收集装置。

3. 压电式玻璃破碎传感器

压电材料在受到压力的瞬间，其表面产生的电荷会形成压电脉冲，将其送到报警装置会产生报警信号。例如，玻璃在破碎时会发出几千赫兹至超声波（高于 20 kHz）的振动。如果将一压电薄膜粘贴在玻璃上，则可以感受到这一振动，并将电压信号传送给集中报警系统。使用时，用瞬干胶将其粘贴在玻璃上。当玻璃遭暴力打碎的瞬间，压电薄膜感受到剧烈振动，表面产生电荷 q，在两个输出引脚之间产生窄脉冲电压，窄脉冲信号经放大后，用电缆输送到集中报警装置。电压式玻璃破碎报警器电路框图如图 5-15 所示。

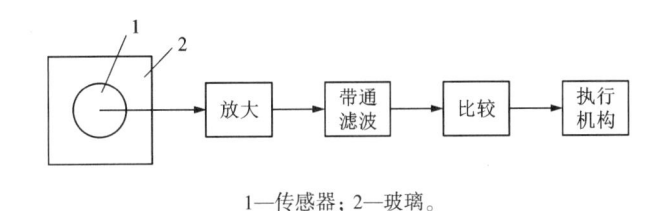

1—传感器；2—玻璃。

图 5-15 压电式玻璃破碎报警器电路框图

4. 压电式金属加工切削力测量

图 5-16 为利用压电式金属加工切削力测量示意图。由于压电陶瓷元件的自振频率高，特别适合测量变化剧烈的载荷。图 5-16 中压电传感器位于车刀前部的下方，当进行切削加工时，切削力通过刀具传给压电传感器，压电传感器将切削力转换为电信号输出，记录下电信号的变化便测得切削力的变化。

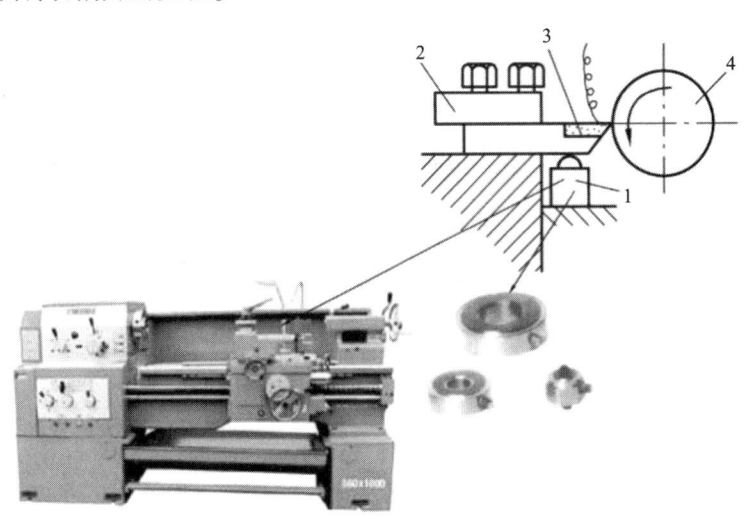

1—压电传感器；2—刀架；3—车刀；4—工件。

图 5-16 压电式金属加工切削力测量示意图

5. 压电式加速度传感器

当传感器感受振动时，质量块感受惯性力的作用，此时，质量块有一正比于加速度的交变力作用在压电片上。由于压电片压电效应，两个表面上就产生交变电荷，当振动频率远低于传感器的固有频率时，传感器的输出电荷（电压）与作用力成正比，亦即与试件的加速度成正比。电荷量直接反映加速度大小。其灵敏度与压电材料压电系数和质量块质量有关。

输出电量由传感器输出端引出，输入到前置放大器后就可以用普通的测量仪器测出试件的加速度，如在放大器中加入适当的积分电路，就可以测出试件的振动速度或位移。

测量时，将传感器基座与试件刚性固定在一起。当传感器与被测物体一起受到冲击振动时，由于弹簧的刚度非常大，而质量块的质量相对较小，可认为质量块的惯性很小，因此，质量块与传感器基座感受到相同的振动，并受到与加速度方向相反的惯性力的作用，根据牛顿第二定律，此惯性力是加速度的函数，即

$$F = -ma \tag{5-19}$$

式中：F 为质量块产生的惯性力；m 为质量块的质量；a 为加速度。

此时惯性力 F 作用于压电元件上，因而产生电荷 q，当传感器选定后，m 为常数，则传感器输出电荷为

$$q = d_{11}F = -d_{11}ma \tag{5-20}$$

式中：d_{11} 为压电晶体 X 轴向受力的压电系数。由式（5-20）可见，输出电荷与加速度 a 成正比。因此，测得加速度传感器输出的电荷便可知加速度的大小。

6. 煤气灶电子点火装置

如图 5-17 所示为煤气灶电子点火装置，它是利用高压跳火来点燃煤气。当使用者将开关往里压时，把气阀打开；将开关旋转，则使弹簧往左压，此时，弹簧有一很大的力撞击压电晶体，则产生高压放电导致燃烧盘点火。

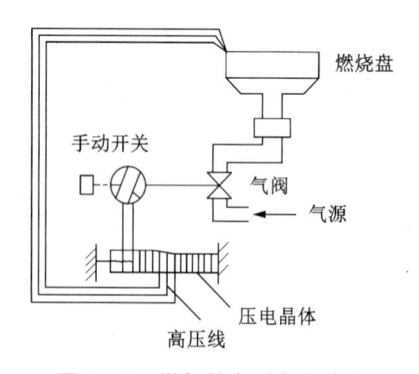

图 5-17 煤气灶电子点火装置

习 题

1. 什么是正压电效应？什么是逆压电效应？
2. 压电传感器能否用于静态测量？为什么？
3. 某压电压力传感器的灵敏度为 80 pC/Pa，如果它的电容量为 1 nF，试确定传感器在输入压力为 1.4 Pa 时的输出电压。
4. 用石英晶体加速度计及电荷放大器测量机器的振动，已知加速度计灵敏度为 5 pC/g，电荷放大器灵敏度为 50 mV/pC，当机器达到最大加速度值时相应的输出电压幅值为 2 V，试求该机器的振动加速度（g 为重力加速度）。
5. 将压电传感器用于桥墩水下缺陷探测，图 5-18 是桥墩水下缺陷探测过程示意图，通过探测，能够及时发现桥墩缺陷，提前进行维修和巩固，请分析桥墩水下缺陷探测的原理。

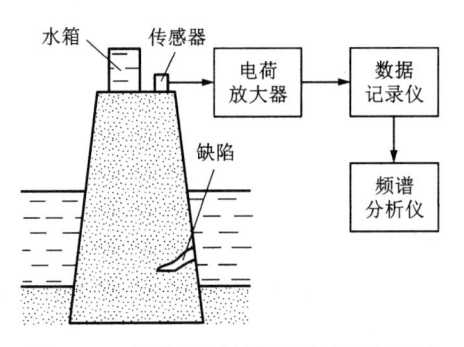

图 5-18 桥墩水下缺陷探测过程示意图

第 6 章

磁电传感器

磁电传感器是利用电磁感应原理将被测量(如振动、位移、速度等)转换成电信号的一种传感器,也称为电磁感应传感器。

根据电磁感应定律,当 N 匝线圈在恒定磁场内运动时,设穿过线圈的磁通为 Φ,则线圈内会产生感应电势 e

$$e = -N\frac{\mathrm{d}\Phi}{\mathrm{d}t} \tag{6-1}$$

可见,线圈中感应电势的大小与线圈匝数和穿过线圈的磁通变化率有关。一般情况下,匝数固定,磁通变化率与磁场强度 B、磁路磁阻 R_m、线圈的运动速度 v 有关;改变其中任一参数,都会改变线圈中的感应电势。

根据结构方式的不同,磁电传感器通常分为动圈式和磁阻式两大类,下面分别对其介绍。

6.1 动圈式磁电传感器

动圈式磁电传感器又可分为线速度型与角速度型。

6.1.1 线速度型传感器工作原理

线速度型传感器如图 6-1 所示,在永久磁铁产生的磁感应强度为 B 的直流磁场内,放置一可动线圈,当线圈沿垂直磁场的方向以相对磁场的速度 v 直线运动时,它产生的感应电势为

$$e = -NBlv \tag{6-2}$$

式中:N 为线圈匝数;l 为单匝线圈的有效长度。式(6-2)表明,当 B、N 和 l 恒定不变时,可根据感应电势 e 的大小计算出被测线圈速度

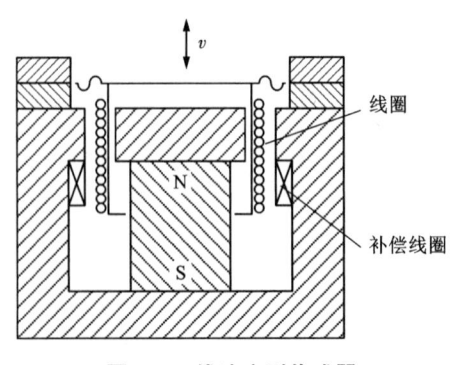

图 6-1 线速度型传感器

v 的大小。

6.1.2 角速度型传感器工作原理

角速度型传感器如图 6-2 所示，线圈在磁场中以角速度 ω 旋转时产生的感应电势为

$$e = -kNBS\omega \qquad (6-3)$$

式中：S 为单匝线圈的截面积；k 为与结构有关的系数，$k<1$。

上式表明，当传感器结构确定后，N、B、S 和 k 皆恒定不变，可根据感应电势大小确定被测量 ω。故这种传感器常用于转速测量。

需注意的是在上两式中的 v、ω 指的是线圈与磁铁的相对速度，不是磁铁的绝对速度。

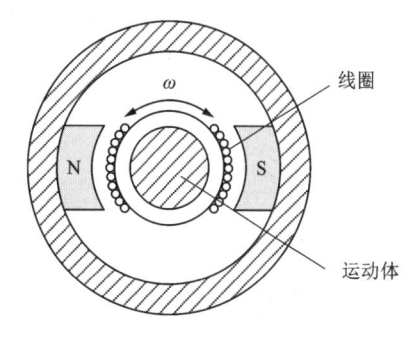

图 6-2 角速度型传感器

6.2 磁阻式磁电传感器

磁阻式磁电传感器跟动圈式磁电传感器不一样，它在工作的时候，线圈与磁铁部分是相对静止的，由与被测量连接的物体(导磁材料)的运动来改变磁路的磁阻，因而改变贯穿线圈的磁通量，在线圈中产生感应电势。

磁阻式磁电传感器常用于测量转速、偏心、振动等，产生感应电势的频率作为输出，而电势的频率取决于磁通变化的频率。其工作原理及应用如图 6-3 所示。其可测旋转物体的角频率，在圆轮旋转时，圆轮上的凸处的位置发生变化，引起磁路中磁阻变化，从而引起贯穿线圈的磁通量发生变化，其产生的交变电势的频率为

$$f = n/60 = \omega/2\pi \qquad (6-4)$$

式中：f 为感应电势频率，r/s；ω 为圆轮的角速度；n 为圆轮的转速，r/min。测量线圈产生的电势频率，可得其转速。

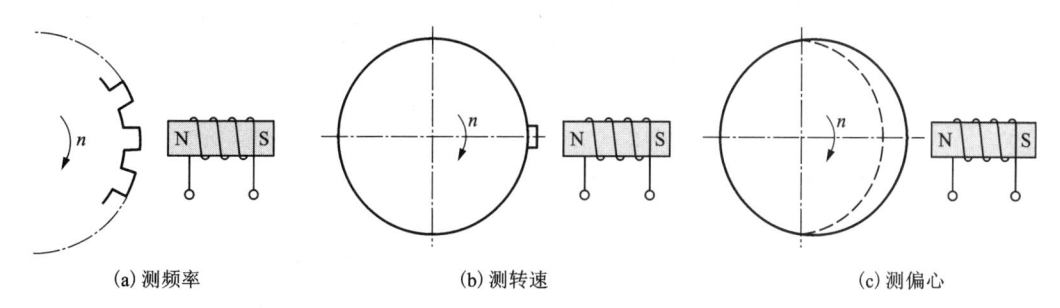

(a) 测频率　　　　　　　(b) 测转速　　　　　　　(c) 测偏心

图 6-3 磁阻式磁电传感器工作原理及应用

6.3 磁电传感器的测量电路

磁电传感器直接输出感应电势,且通常具有较高的灵敏度,所以一般不需要高增益放大器。但磁电传感器是速度传感器,若要获取被测位移或角速度,则要配用积分或微分电路。如图6-4所示为一般测量电路方框图。其中虚线框内整形及微分部分电路仅用于以频率作为输出时。

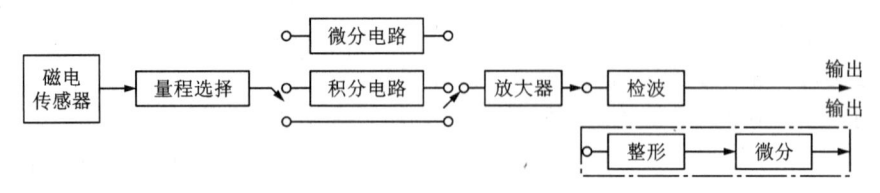

图6-4 一般测量电路方框图

6.4 磁电传感器的应用

1. 测量扭矩

扭矩是旋转动力机械的重要工作参数,扭矩测量是传动线路中的重要内容之一,也是机械量中的重要组成部分。精确的扭矩测量,能够为旋转机械的设计提供科学的数据,也可以作为检验动力机械的功率输出是否达到设计值的标准。

磁电扭矩传感器又称感应扭矩传感器,是基于磁感应原理的测量方法,在被测弹性轴上间隔一定距离处各装一个齿轮(相差盘),靠近齿轮沿径向放置一个感应式脉冲发生器。当齿轮旋转时,将会在两个脉冲发生器中分别产生正弦信号,而外加扭矩与两个正弦信号的相位差成正比。因此,通过检测相位差,经过信号处理电路,即可测量出弹性轴所传递的扭矩大小。磁电扭矩传感器结构及工作原理如图6-5所示。

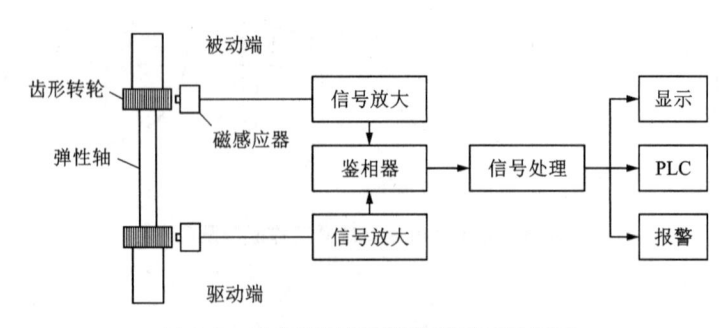

图6-5 磁电扭矩传感器结构及工作原理

在弹性轴上有两个相同的齿轮,齿顶与磁芯间留有微小间隙。当弹性轴转动时,两个线圈中分别感应出两个交变电势 U_1 和 $U_2+\Phi$。其中,Φ 为初相角,它仅与两齿轮相交位置及磁芯相对位置有关。当弹性轴受到扭矩作用时,两信号在相位上相对地改变了 $\Delta\Phi$,它与弹性轴扭转角 α 的关系为

$$\Delta\Phi = N\alpha \tag{6-5}$$

式中:N 为齿形转轮转动一周时产生信号的个数;$\Delta\Phi$ 取值一般在 π 和 2π 之间。

在弹性范围内 $\alpha \propto T$,因此借助二次仪表测量 $\Delta\Phi$,就可以求出扭矩 T 的值了。这种采用非接触测量的扭矩传感器,测量精度高、转速范围大、性能可靠、结构简单,可以适应各种工作环境,同时可测启动和制动扭矩。

磁电扭矩传感器相位差的测量没有导电环,由于其是非接触测量,所以工作稳定可靠,适用范围广,其测量范围为 1~10000 N·m;测量误差为±1%;最高转速为 20000 r/min。

针对步进电机控制中丢步或失控的情况,采用磁电扭矩传感器作为扭矩检测装置,通过检测步进电机的角位移,并将其信号转换为脉冲信号反馈给 PLC 实现闭环控制,使步进电机的控制性能达到与交流伺服电机一样的控制效果,同时降低了控制系统的成本。

2. 测量转速

采用磁电传感器来测速,传感器输出信号大,无须放大,抗干扰性能好,也无须外接电源,可在烟雾、水汽、油气、煤气等恶劣环境中使用。

如图 6-6 所示为一只磁电转速传感器的结构和外形,它由转轴、转子、定子、永久磁铁、线圈等元件组成。传感器的转子和定子均用工业纯铁制成,在它们的圆形端面上都均匀地铣出槽形。

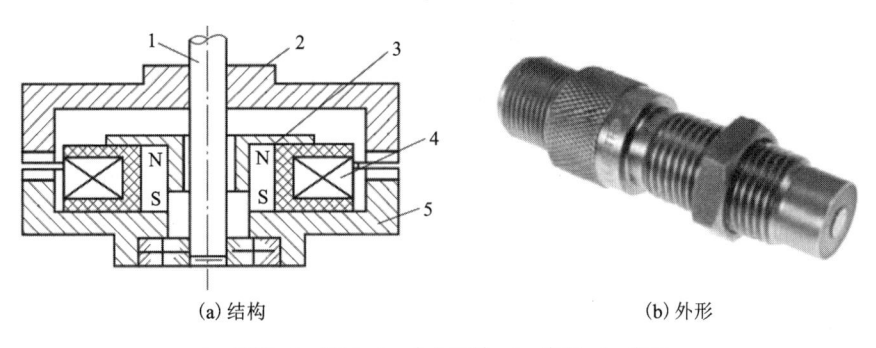

(a) 结构 (b) 外形

1—转轴;2—转子;3—永久磁铁;4—线圈;5—定子。

图 6-6 磁电转速传感器

在测量时,将传感器的转轴与被测物转轴相连接,当转子与定子的齿凸凸相对时,气隙最小,磁通最大;当转子与定子的齿凸凹相对时,气隙最大,磁通最小。这样,定子不动而转子转动时,磁通就周期性地变化,从而在线圈中感应出近似正弦波的电势信号。

若该磁电转速传感器的输出量是以感应电势的频率 f 来表示,则其频率 f 与转速 n 之间的关系为

$$n = \frac{60f}{z} \quad (6-6)$$

式中：n 为被测体的转速，r/min；z 为定子或转子端面的齿数；f 为感应电势的频率，Hz。

习　题

1. 磁阻式磁电传感器跟动圈式磁电传感器有何区别？

2. 采用 SZMB-3 型磁电传感器测量转速，当传感器输出频率为 1 kHz 的正弦波信号时，被测轴的转速是多少？

第 7 章

电涡流传感器

基于法拉第电磁感应原理，将块状的金属导体置于变化的磁场中或者在磁场中做切割磁力线运动时，导体内将产生旋涡的感应电流，该电流叫电涡流，此现象称为电涡流效应。

根据电涡流效应制成的传感器叫作电涡流传感器。由于该传感器具有结构简单，体积小，灵敏度高，测量线性范围大(频率响应宽)，抗干扰能力强，不受油污等介质的影响，可以进行无接触测量等优点。所以该类型传感器广泛用于工业生产和科学研究的各个领域，可以用于测量位移、厚度、速度、表面温度、应力、材料损伤等。按照电涡流在导体中的贯穿情况，电涡流传感器可以分成高频反射电涡流传感器和低频透射电涡流传感器两类，其基本工作原理是相似的。本章主要以高频反射电涡流传感器为例介绍其基本原理及应用。

7.1 高频反射电涡流传感器

7.1.1 高频反射电涡流传感器的结构

高频反射电涡流传感器主要由线圈和框架组成。线圈安置在框架上，线圈可以绕成一个扁平圆形粘贴在框架上，也可以在框架上开一个槽，导线绕制在槽内形成一个线圈。由于电涡流传感器的主体是激磁线圈，所以线圈的性能和几何尺寸、形状对整个测量系统的性能将产生重要的影响。一般情况下，线圈的导线采用高强度漆包线；要求较高的场合，可以用银或银合金线；在较高温度条件下，需要用高温漆包线。

如图 7-1 所示为国产 CZF-1 型电涡流传感器结构图。它采用导线绕在框架上的形式，框架采用聚四氟乙烯，电涡流传感器的线圈外径越大，线性范围也越大，但灵敏度也越低。理论推导和实践都证明，细而长的线圈灵敏度高，线性范围小；扁平线圈则相反。

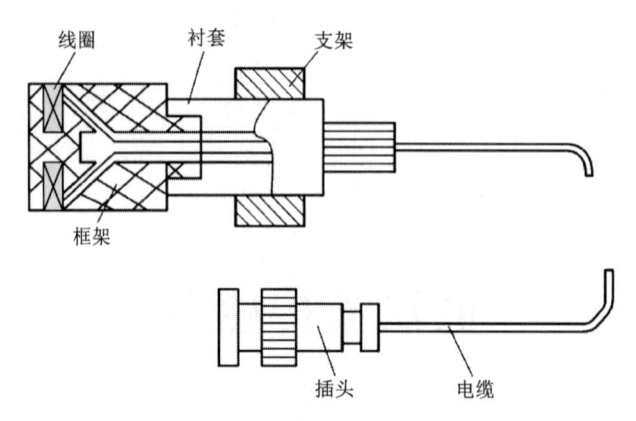

图 7-1　CZF-1 型电涡流传感器结构图

7.1.2　高频反射电涡流传感器的原理

电涡流传感器产生涡流的基本结构形式如图 7-2 所示。当通有一定交变电流 I（频率为 f）的电感线圈 L 靠近金属导体时，在金属周围产生交变磁场，在金属表面将产生电涡流 I_1，根据电磁感应理论，电涡流也将形成一个方向相反的磁场。此电涡流的闭合流线的圆心同线圈在金属板上的投影的圆心重合。根据楞次定律，I_1 产生的交变磁场的反作用会削弱线圈磁场。I_1 产生的交变磁场涡流要消耗一部分能量，导致传感器线圈的等效阻抗发生变化。线圈阻抗的变化取决于被测金属导体的电涡流效应的强弱程度。

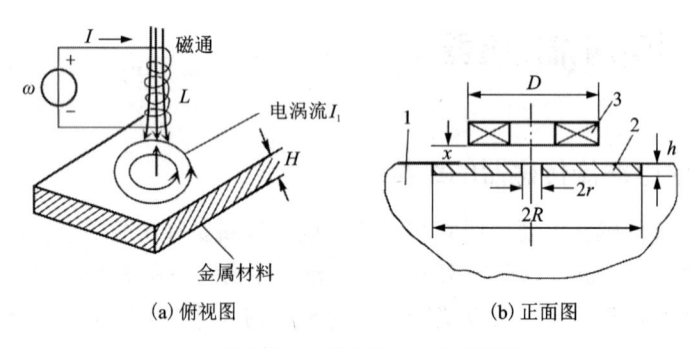

图 7-2　电涡流传感器产生涡流的基本结构形式

涡流区和线圈几何尺寸有如下关系

$$\begin{cases} 2R = 1.39D \\ 2r = 0.525D \end{cases} \tag{7-1}$$

式中：$2R$ 是电涡流区外径；$2r$ 为电涡流区内径；D 是线圈外径。

涡流渗透深度 h 为

$$h = 5000\sqrt{\frac{\rho}{\mu_r f}} \tag{7-2}$$

式中：ρ 是导体电阻率；f 为交变磁场的频率；μ_r 为相对导磁率。

电涡流效应与被测金属的电阻率 ρ、交变磁场的频率 f、相对导磁率 μ_r、几何形状 R 和 r、线圈的几何参数 D、线圈与被测金属间的距离 x 有关。而线圈阻抗的变化完全取决于被测金属的电涡流效应。因此，如果只改变以上参数中的一个，保持其他参数不变，则传感器线圈的阻抗就仅仅是这个参数的单值函数。如果测出传感器线圈阻抗的变化，即可实现对该参数的测量。

7.2 低频透射电涡流传感器

低频透射电涡流传感器原理图如图 7-3 所示。图 7-3 中发射线圈 L_1 和接收线圈 L_2 是两个绕于胶木棒上的线圈，分别位于被测物体的上、下方。

当频率较低的电压 U_1 加到 L_1 的两端时，线圈中流过一个同频率的交流电流，并在其周围产生一个交变磁场。如果两线圈间不存在金属片 M，L_1 的磁场直接贯穿于 L_2，于是 L_2 的两端会产生一个交变电势 U_2。在 L_1 与 L_2 之间放置一个金属片 M 后，L_1 产生的磁力线必然穿透 M，并在其中产生涡流 I。涡流 I 损耗了部分磁场能量，使到达上 L_2 的磁力线减少，从而引起 U_2 的下降。M 的厚度 d 越大，U_2 越小，U_2 和 d 关系如图 7-4 所示。

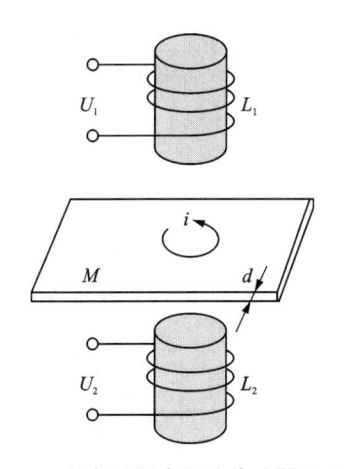

图 7-3 低频透射电涡流传感器原理图

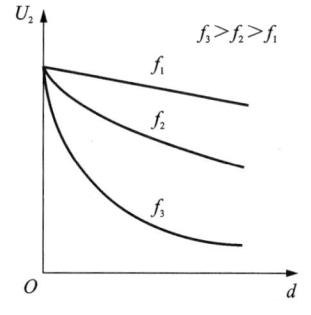

图 7-4 U_2 和 d 关系

7.3 电涡流传感器的测量电路

电涡流传感器一般接电桥或谐振两种电路。

7.3.1 电桥电路

电桥法是将传感器线圈的阻抗变化转化为电压或电流的变化。如图7-5所示为电桥法原理，一般用于由两个线圈组成的差动电涡流传感器电路。

图7-5中线圈A和B为传感器，作为电桥的桥臂接入电路，分别与电容C_1和C_2并联，电阻R_1和R_2组成电桥的另外两个桥臂。由振荡器产生的1 MHz振荡信号作为电桥电源。

起始状态，使电桥平衡。在进行测量时，由于传感器的阻抗发生变化，使电桥失去平衡，将电桥不平衡造成的输出信号进行线性放大、相敏检波和低通滤波，就可以得到与被测量成正比的直流电压输出。

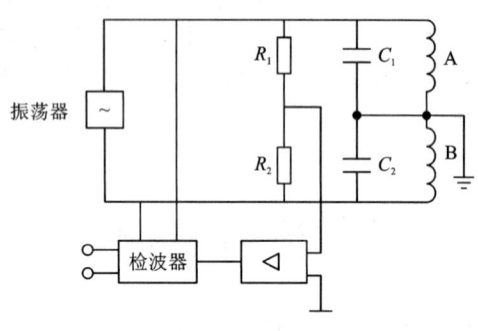

图7-5 电桥法原理

7.3.2 谐振法

谐振法是将传感器线圈等效电感的变化转换为电压或电流的变化。传感器线圈L与电容C并联成LC并联谐振回路。其谐振频率为

$$f_0 = \frac{1}{2\pi\sqrt{LC}} \tag{7-3}$$

当电感L发生变化时，回路的等效阻抗和谐振频率都将随L的变化而变化，因此可以利用测量回路阻抗的方法或测量回路谐振频率的方法间接测出传感器的被测值。

谐振法主要有调幅法和调频法两种基本测量电路。

1. 调幅法

调幅式电路也称为AM电路，调幅法测量原理如图7-6所示，它以输出高频信号的幅度来反映电涡流探头与金属导体之间的关系。

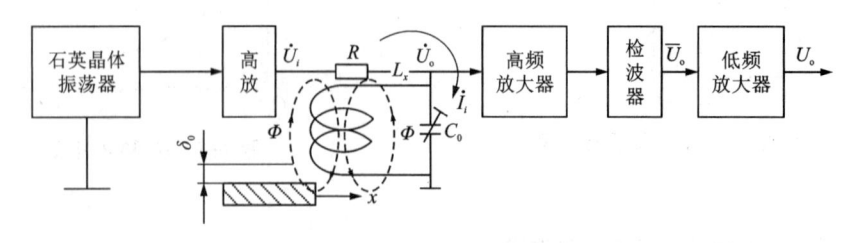

图7-6 调幅法测量原理

石英晶体振荡器产生稳频、稳幅高频振荡电压(0.1~1 MHz)，用于激励电涡流线圈。金属材料在高频磁场中产生电涡流，引起电涡流线圈端电压的衰减，再经高放、检波、低放电路，最终输出的直流电压U_o反映了金属体对电涡流线圈的影响(如两者之间的距离等参数)。

2. 调频法

调频式电路也称为 FM 电路，是将探头线圈的电感量 L_0 与微调电容 C_0 构成 LC 振荡器，以振荡器的频率 f 为输出量。此频率可以通过 f/U 转换器（又称为鉴频器）转换为电压，由表头显示。也可以直接将频率信号（TTL 电平）送到计算机的计数定时器，求出频率。调频法测量原理如图 7-7 所示。

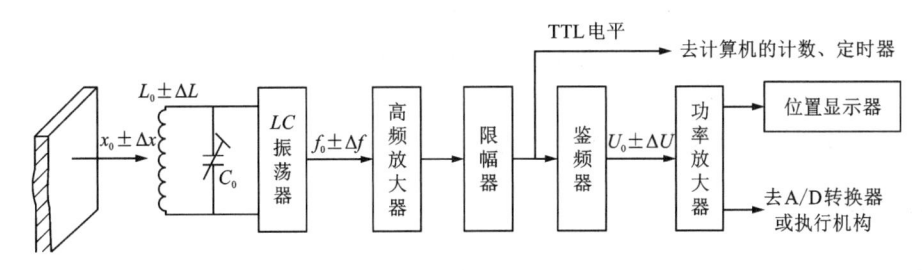

图 7-7 调频法测量原理

当电涡流线圈与被测物的距离 x_0 改变（Δx）时，电涡流线圈的电感量 L_0 也随之改变（ΔL），引起 LC 振荡器的输出频率变化，此频率可直接用计算机测量。如果要用模拟仪表进行显示或记录，必须使用鉴频器，将 Δf 转换为电压 ΔU。

7.4 电涡流传感器的应用

1. 位移测量

电涡流传感器的特点是结构简单，易于进行非接触连续测量，灵敏度较高，适应性强，因此得到广泛应用。它的变化量可以是位移 x，也可以是被测材料的性质。

某些旋转机械，如高速旋转的汽轮机对轴向位移的要求很高。当汽轮机运行时，叶片在高压蒸汽推动下做高速旋转，它的主轴承受巨大的轴向推力。若主轴的位移超过规定值时，叶片有可能与其他部件碰撞而断裂。因此，用电涡流传感器测量金属工件的微小位移就显得极为重要。利用电涡流原理可以测量诸如汽轮机主轴的轴向位移、电动机轴向窜动、磨床变向阀、先导阀的位移和金属试件的热膨胀系数等。位移测量范围可以从高灵敏度的 0~1 mm，到大量程的 0~30 mm，分辨率可达满量程的 0.1%，其缺点是线性度稍差，只能达到 1%。

电涡流轴向位移监测保护装置可以在恶劣的环境（如高温、潮湿、剧烈振动等）下非接触测量和监视旋转机械的轴向位移。轴向位移的测量如图 7-8 所示。

在设备停机检修时，将探头安装在与联轴器端面距离 2 mm 的基座上，调节二次仪表使示值为零。当汽轮机启动时，长期监测其轴向位移量后发现，由于轴向推力和轴承的磨损而使探头与联轴器端面的 δ 减小，二次仪表的输出电压从零开始增大。可调整二次仪表面板上的报警设定值，当位移量达到危险值（本例中为 0.9 mm）时，二次仪表发出报警信号；当位移量达到 1.2 mm 时，发出停机信号以避免事故发生。上述测量属于动态测量。参考以上原理

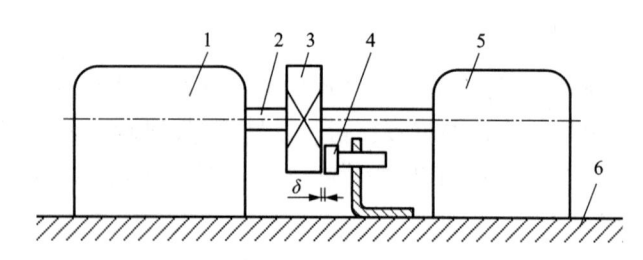

1—旋转设备(汽轮机)；2—主轴；3—联轴器；4—电涡流探头；5—发电机；6—基座。

图 7-8　轴向位移的测量

还可以将此类仪器用于其他设备的安全监测。

2. 振动测量

电涡流传感器可以无接触地测量各种振动的振幅、频谱分布等参数。在汽轮机、空气压缩机中，常用电涡流传感器来监控主轴的径向、轴向振动，也可以测量发动机涡流叶片的振幅。在研究机械振动时，常常将多个传感器放置在不同部位进行监测，得到各个位置的振幅值和相位值，从而画出振型图，振幅测量方法如图 7-9 所示。由于机械振动是由多个不同频率的振动合成的，所以其波形一般不是正弦波，可以用频谱分析仪来分析输出信号的频率分布及各对应频率的幅度。

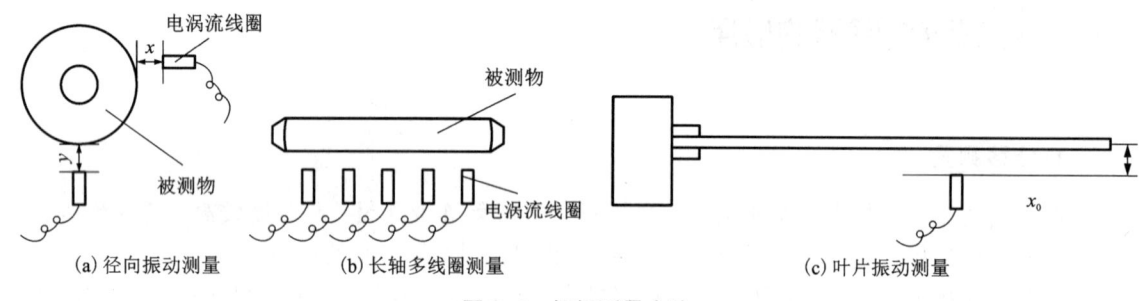

(a) 径向振动测量　　(b) 长轴多线圈测量　　(c) 叶片振动测量

图 7-9　振幅测量方法

3. 低频透射式电涡流厚度传感器

透射式电涡流厚度传感器原理图如图 7-10 所示。在被测金属板的上方设有发射传感器线圈 L_1，在被测金属板下方设有接收传感器线圈 L_2。当在 L_1 上加低频电压 U_1 时，L_1 上产生交变磁通 Φ_1，则 L_1 线圈产生的磁场将导致金属板中产生电涡流，并将贯穿金属板，此时磁场能量受到损耗，使到达 L_2 的磁通将减弱为 Φ_1'，从而使 L_2 产生的感应电压 U_2 下降。金属板越厚，涡流损失就越大，电压

图 7-10　透射式电涡流厚度传感器原理图

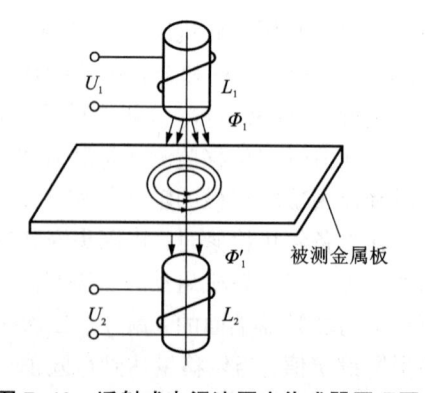

U_2 就越小。因此，可根据 U_2 电压的大小得知被测金属板的厚度。透射式电涡流厚度传感器的检测范围为 1~100 mm，分辨率为 0.1 μm，线性度为 1%。

4. 高频反射式电涡流厚度传感器

如图 7-11 所示的是高频反射式电涡流厚度传感器原理图。为了克服带材不够平整或运行过程中上、下波动的影响，在带材的上、下两侧对称地设置了两个特性完全相同的电涡流传感器 S_1 和 S_2。S_1 和 S_2 与被测带材表面之间的距离分别为 x_1 和 x_2。若带材厚度不变，则被测带材上、下表面之间的距离总有"x_1+x_2 = 常数"的关系存在，两传感器的输出电压之和为 $2U_\circ$，数值不变。如果被测带材厚度改变量为 $\Delta\delta$，则两传感器与带材之间的距离量也为 $\Delta\delta$，此时两传感器的输出电压为 $2U_\circ\pm\Delta\delta$，ΔU 经放大器放大后，通过指示仪表即可指示出带材的厚度变化值，带材厚度给定值与偏差指示值的代数和就是被测带材的厚度。

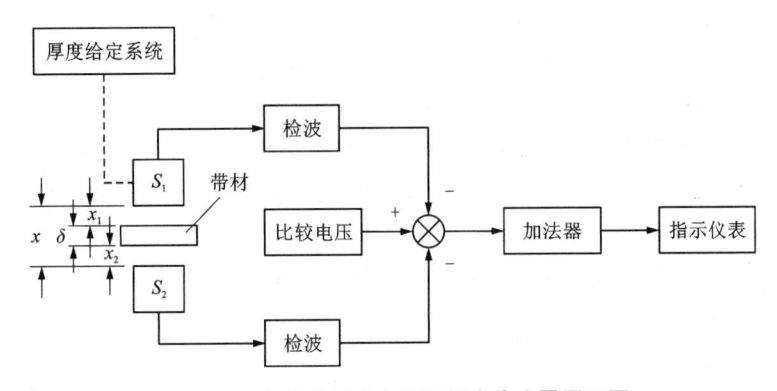

图 7-11 高频反射式电涡流厚度传感器原理图

5. 电涡流接近开关

接近开关又称为无触点行程开关。常用的接近开关有电涡流式（俗称电感接近开关）、电容式、霍尔式、光电式等。在此介绍电涡流接近开关。

电涡流接近开关能在一定距离（几毫米至几十毫米）内检测有无物体靠近。当物体与其接近到设定距离时，就可以发出动作信号。电涡流接近开关的核心部分是"感辨头"，它对正在接近的物体有很高的感辨能力。

电涡流接近开关属于一种开关量输出的位置传感器。它由 LC 高频振荡器和放大电路处理电路组成，其原理框图如图 7-12 所示。金属物体在接近能产生交变磁场的振荡感辨头时，其内部产生涡流。涡流反作用于电涡流接近开关，使电涡流接近开关振荡能力减弱，内部电路的参数发生变化，由此识别出有无金属物体靠近，进而控制开关的通或断。这种电涡流接近开关所能检测的物体必须是导电性能良好的金属物体。

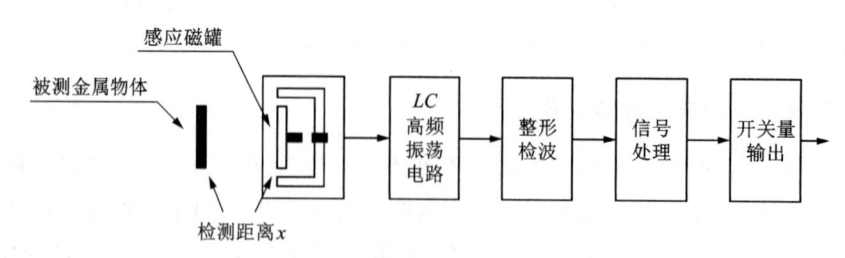

图 7-12 电涡流接近开关原理框图

习 题

1. 什么叫电涡流效应？怎样利用电涡流效应进行位移测量？
2. 电涡流传感器测厚度的原理是什么？具有哪些特点？
3. 简述高频电涡流传感器与低频电涡流传感器的区别。
4. 用一个电涡流式测振仪测量某机器主轴的轴向振动。已知传感器的灵敏度为 20 mV/mm，最大线性范围为 5 mm。现将传感器安装在主轴两侧，如图 7-13(a)所示，所记录的振动波形如图 7-13(b)所示。试问：
   (1) 传感器与被测金属的安装距离 L 为多少时测量效果较好？
   (2) 轴向振幅的最大值 A 为多少？
   (3) 主轴振动的基频 f 是多少？

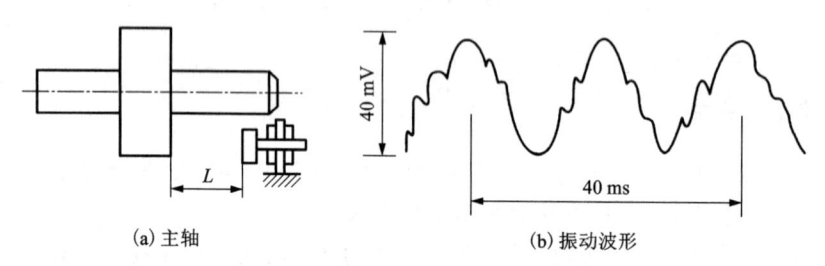

图 7-13 电涡流式测振仪

5. 在生产过程中，测量金属板的厚度和非金属板材厚度常用涡流传感器。为了在生产线上测量金属板厚度，请设计一个不受传送金属板过程中的颤动影响的厚度测量方案，简述其工作原理与能够克服颤动影响的原因。

第 8 章

霍尔传感器

基于霍尔效应制成的传感器称为霍尔传感器。霍尔效应是 1879 年美国物理学家爱德文·霍尔在金属材料中发现的，有人曾想利用霍尔效应制成测量磁场的磁传感器，但终因金属的霍尔效应太弱而没有得到应用。随着半导体材料和制作工艺的发展，人们又利用半导体材料制成霍尔元件，由于其霍尔效应显著而得到使用和发展。霍尔元件在静止状态下，具有感受磁场的独特能力，并且具有结构简单、体积小、噪声小、频率范围宽、动态范围大、寿命长等特点，广泛用于非电量测量、自动控制、电磁测量和计算装置等方面。

8.1 霍尔效应与霍尔传感器工作原理

霍尔效应如图 8-1 所示。在金属或半导体薄片相对两侧面 a、b 通控制电流 I，在薄片垂直方向上施加磁场 B，则在垂直于电流和磁场的方向上，即另两侧面 cd 会产生一个大小与控制电流 I 和磁场 B 乘积成正比的电势 E_H，这一现象称为霍尔效应。

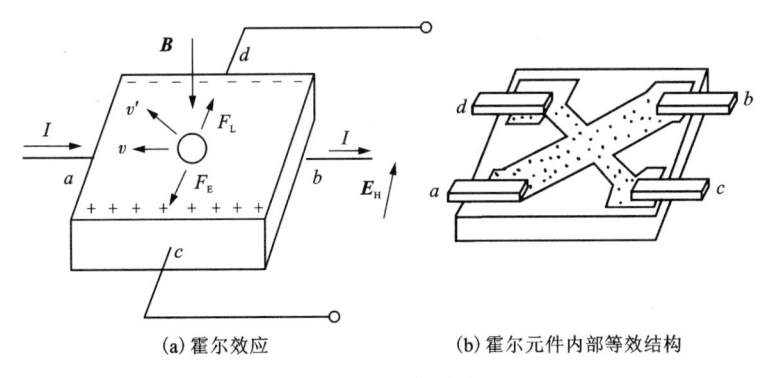

(a) 霍尔效应　　(b) 霍尔元件内部等效结构

图 8-1　霍尔效应

垂直于外磁场 B 的导体通电流 I 时，定向运动的载流子受磁场的洛伦兹力 F_L 作用，除了做平行于电流方向的定向运动外，还在 F_L 作用下漂移，使薄板内一侧累积电子，另一侧累积正电荷，形成一个内电场，即霍尔电场。

霍尔电场 E_H 使定向运动的电荷除受 F_L 作用外，还因电场力 $F_E=eE_H/(cd)$ 的作用渐渐增强而被阻止继续积累。随着内、外侧面累积的电荷增加，霍尔电场增大，当电荷所受 F_L 与霍尔电场力大小相等、方向相反，即 $F_E=F_L$ 时，电荷不再向两侧面累积而达到平衡状态，形成稳定的霍尔电势。

设导电体长 l，宽 w，厚 d。若导电体单位体积内的电子数(电子浓度)为 n，电子定向运动平均速度为 v，则激励电流(控制电流) $I=-nevwd$。在垂直方向的磁感应强度 B 作用下，电子所受洛伦兹力为：

$$F_L = evB \tag{8-1}$$

式中：e 为电子电量(1.62×10^{-19} C)。同时，作用于电子的电场力为

$$F_E = eE_H/w \tag{8-2}$$

当电荷累计达到动态平衡时，$F_E=F_L$，因此有

$$E_H = wvB \tag{8-3}$$

由于 $I=-nevwd$，所以

$$E_H = wvB = -IB/(ned) \tag{8-4}$$

令 $R_H=-1/(ne)$，称之为霍尔系数(其大小由材料性质决定)，则有

$$E_H = R_H IB/d \tag{8-5}$$

若载流子为空穴(如 P 型半导体)，则

$$R_H = \rho\mu \tag{8-6}$$

式中：ρ 为材料电阻率；μ 为载流子迁移率。对于金属而言，μ 很大但 ρ 很小；对于绝缘材料而言，ρ 很大但 μ 很小。因此，为获大的霍尔效应，即大霍尔系数，宜选半导体。设 $K_H=R_H/d$，则

$$E_H = K_H IB \tag{8-7}$$

式中：K_H 为霍尔元件灵敏度，与载流材料的物理性质和几何尺寸有关，表示在单位磁感应强度和单位控制电流时的霍尔电势大小。K_H 与厚度成反比，故霍尔元件一般为薄片。

需注意的是，d 并非越薄越好。d 太薄将会增加霍尔元件的输入和输出阻抗从而增加功耗，对电子迁移率不大的 Ge 材料来说不适当。

若磁感应强度 B 的方向与霍尔元件的平面法线夹角为 θ，则霍尔电势为

$$E_H = K_H IB\cos\theta \tag{8-8}$$

显然，控制电流或磁场的方向改变，霍尔电势的方向也改变。但磁场与电流同时变方向时，霍尔电势不改变方向。

8.2 霍尔传感器性能分析

8.2.1 霍尔传感器的结构

霍尔传感器是基于霍尔效应的一种磁敏传感器。目前磁敏器件种类较多，不同材料制作的磁敏器件，其工作原理与特性也不相同。随着新的磁特性或磁现象的发现，以及功能材料

和 IC 技术的发展，除了集成霍尔元件和集成磁阻器件外，还出现了基于巨磁阻效应、巨磁阻抗效应的巨磁电阻器件等新型器件。

霍尔传感器由霍尔片、引线、壳体组成，如图 8-2 所示。其中，霍尔片是一矩形半导体薄片，在其四端引四根线，分别为激励电流引线(称激励电极)，输出引线(称霍尔电极)。霍尔传感器的等效电路如图 8-2(c)所示。

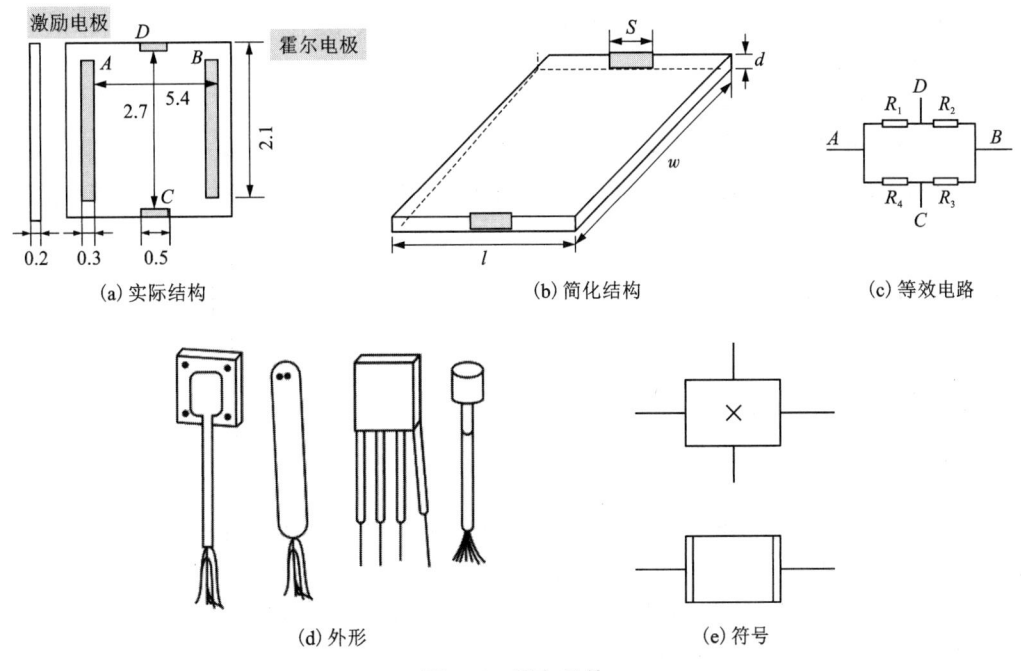

图 8-2　霍尔元件

霍尔元件具有许多优点，它们的结构牢固，体积小，质量小，寿命长，安装方便，功耗小，频率高(可达 1 MHz)，耐振动，不怕灰尘、油污、水汽及盐雾等的污染或腐蚀。霍尔元件的精度高、线性度好；霍尔开关器件无触点、无磨损、输出波形清晰、无抖动、无回跳、位置重复精度高(可达微米级)。取用了各种补偿和保护措施的霍尔元件的工作温度范围宽，为 −55～150 ℃。

8.2.2　霍尔传感器主要技术参数及影响因素

1. 输入电阻 R_i

霍尔元件两激励电流端的直流电阻称为输入电阻。它的数值从几欧到几百欧，视不同型号的元件而定，温度升高，输入电阻变小，从而使输入电流变大，最终引起霍尔电势变化，为了减少这种影响，最好采用恒流源作为激励源。

2. 输出电阻 R_o

两个霍尔电势输出端之间的电阻称为输出电阻，它的数值与输入电阻为同一数量级。它也随温度改变而改变。选择适当的负载电阻 R_i 与之匹配,可以使温度引起的霍尔电势的漂移减至最小。

3. 最大激励电流 I_M

由于霍尔电势随激励电流增大而增大,在应用中通常希望选用较大的激励电流 I_M,但激励电流增大,霍尔元件的功耗增大,元件的温度升高,从而引起霍尔电势的温漂增大,因此对每种型号的元件均规定了相应的最大激励电流,其数值从几毫安至几百毫安。

4. 灵敏度 K_H

在单位控制电流 I 和单位磁感应强度 B 的作用下,霍尔元件输出端开路时测得的霍尔电压 U_M,即灵敏度 $K_H=U_M/IB$,它的数值约为 10 mV/(mA·T)。半导体材料的载流子迁移率越大,灵敏度越高。

5. 最大磁感应强度 B_M

磁感应强度超过 B_M 时,霍尔电势的非线性误差将明显增大,B_M 的数值一般为零点几特斯拉(T)或几千高斯(GS)(1 GS = 10^{-4} T)。

6. 不等位电势

在额定激励电流的作用下,当外加磁场为零时,霍尔输出端之间的开路电压称为不等位电势,它产生的原因如下:
①半导体材料不均匀造成了电阻率不均匀,或几何尺寸不对称。
②霍尔电极安装位置不对称或不在同一等电位面上。
③激励电极接触不良造成激励电流不均匀分布等。
使用时多采用电桥法来补偿不等位电势引起的误差。

7. 霍尔电势温度系数

在一定磁场强度和激励电流的作用下,温度每变化 1 ℃时,霍尔电势变化的百分数称为霍尔电势温度系数,它与霍尔元件的材料有关。

8.2.3 温度补偿

霍尔元件是采用半导体材料制成的,因此它们的许多参数都具有较大的温度系数。当温度变化时,霍尔元件的载流子浓度、迁移率、电阻率及霍尔系数都将发生变化,使霍尔元件参数温度误差。如图 8-3(a)所示为各种不同材料的霍尔元件内阻与温度的关系。可知,内阻都受温度影响,但趋势特点不同;如图 8-3(b)所示为不同材料的霍尔元件输出电势随温度变化的情况;可见,霍尔元件输出电势随温度变化的特征取决于材料和温度。

为减少温度变化所引起的温差电势对霍尔元件输出的影响,可根据不同情况,采取一些不同的补偿方法。

(a) 霍尔元件内阻与温度的关系

(b) 霍尔元件输出电势随温度变化关系

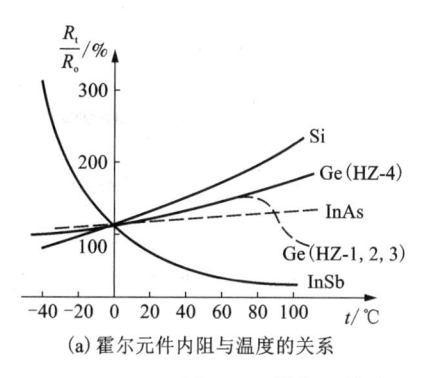

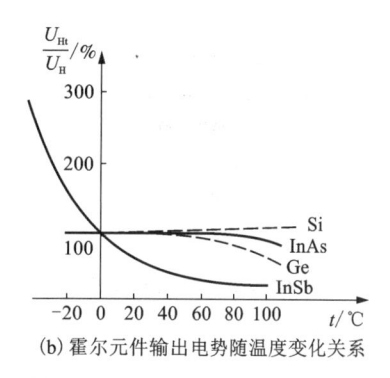

图 8-3 霍尔元件内阻、输出电势与温度的关系

1. 恒流源补偿法

温度的变化会引起内阻的变化，而内阻的变化又使激励电流发生变化以致影响到霍尔电势的输出，采用恒流源可以补偿这种影响。

2. 利用霍尔元件输入回路的串联电阻进行补偿

在图 8-4 所示电路中，霍尔元件在输入回路中采用恒压源供电工作，并使霍尔电势输出端处于开路工作状态。此时可以利用在输入回路串入电阻的方式进行温度补偿。当温度为 T 时，电阻 R_L 上的电压为

$$U_L = U_H \frac{R_L}{R_L + R_o} \tag{8-9}$$

式中：R_o 为霍尔元件的输出电阻。

当温度变化时，由于霍尔电势的温度系数 α、霍尔元件输出电阻的温度系数 β 的影响，霍尔元件的输出电阻 R_o 及霍尔电势 U_H 均受到影响，使得电阻 R_L 上的电压 U_L 产生变化。要使 U_L 不受温度变化的影响，只要合理选择 R_L 使温度变化时 R_L 上的电压 U_L 维持不变。R_L、α、β 的关系式为

$$R_L = R_o \frac{\beta - \alpha}{\alpha} \tag{8-10}$$

对一个确定的霍尔元件，可查表得到 α、β 和 R_o 值，再求得 R_L 值，这样就可在输入回路实现对温度误差的补偿。

3. 利用霍尔元件输入回路的并联电阻进行补偿的方法

霍尔元件在输入回路中采用恒流源供电工作，并使霍尔电势输出端处于开路工作状态，此时可以利用在输入回路并入电阻的方式进行温度补偿，具体如图 8-5 所示。

经分析可知，当并联电阻 $R = R_o \frac{\beta}{\alpha}$ 时，可以补偿因温度变化带来的霍尔电势的变化。

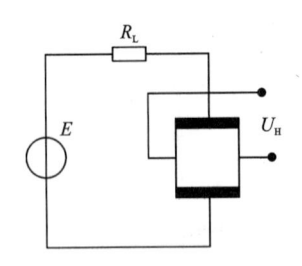

图 8-4　串联输入电阻补偿原理

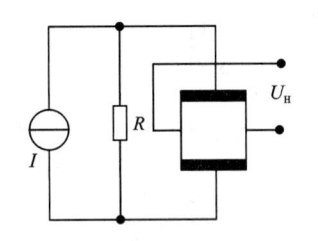

图 8-5　并联输入电阻补偿原理

4. 热敏电阻补偿法

采用热敏电阻对霍尔元件的温度特性进行补偿,具体如图 8-6 所示。

由图 8-6 所示电路可知,当输出的霍尔电势随温度增加而减小时,R_{t1} 应采用负温度系数的热敏电阻,它随温度的升高而阻值减小,从而增加了激励电流,使输出的霍尔电势增加,从而起到补偿作用;而 R_{t2} 也应采用负温度系数的热敏电阻,它随温度升高而阻值减小,使负载上的霍尔电势输出增加,同样能起到补偿作用。在使用热敏电阻进行温度补偿时,要求热敏电阻和霍尔元件封装在一起,或者使两者之间的位置靠得很近,这样才能使补偿效果显著。

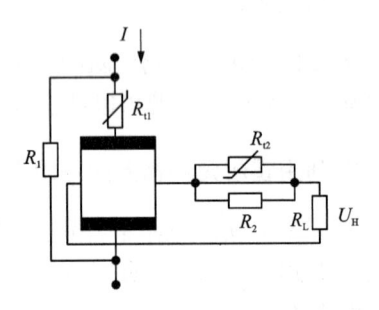

图 8-6　热敏电阻温度补偿电路

5. 不等位电势的补偿

在无磁场的情况下,当霍尔元件通过一定的控制电流 I 时,在两输出端产生的电压称为不等位电势,用 U_M 表示。不等位电势可以通过桥路平衡的原理加以补偿。图 8-7 所示为一种常见的具有温度补偿的不等位电势补偿电路。其工作电压由霍尔元件的控制电压提供;其中一个桥臂为热敏电阻 R_t,且 R_t 与霍尔元件的等效电阻的温度特性相同。在该电桥的负载电阻 R_{P2} 上取出电桥的部分输出电压(称为补偿电压),与霍尔元件的输出电压反接。在磁感应强度 B 为零时,调节 R_{P1} 和 R_{P2},使补偿电压抵消霍尔元件此时输出的不等位电势,从而使 $B=0$ 时的总输出电压为零。

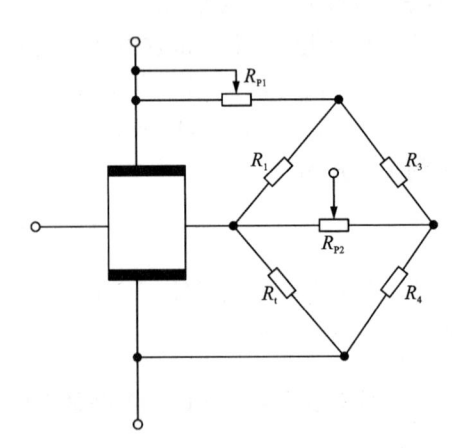

图 8-7　不等位电势的桥式补偿电路

在霍尔元件的工作温度下限 T_1 时,热敏电阻的阻值为 $R_t(T_1)$。电位器 R_{P2} 保持在某一确定位置,通过调节电位器 R_{P1} 来调节补偿电桥的工作电压,使补偿电压抵消此时的不等位电势 U_M,此时的补偿电压称为恒定补偿电压。

当工作温度由 T_1 升高到 $T_1+\Delta T$ 时，热敏电阻的阻值为 $R_t(T_1+\Delta T)$。R_{P1} 保持不变，通过调节 R_{P2}，使补偿电压抵消此时的不等位电势 $U_{ML}+\Delta U_M$。此时的补偿电压实际上包含了两个分量：一个是抵消工作温度为 T_1 时的不等位电势 U_{ML} 的恒定补偿电压分量；另一个是抵消工作温度升高 ΔT 时不等位电势的变化量 ΔU_M 的变化补偿电压分量。

根据上述讨论可知，采用桥式补偿电路，可以在霍尔元件的整个工作温度范围内对不等位电势进行良好的补偿，并且对不等位电势的恒定部分和变化部分的补偿可相互独立地进行调节，所以可达到相当高的补偿精度。

8.3 霍尔传感器的测量电路

8.3.1 基本测量电路

霍尔传感器的基本测量电路如图 8-8 所示，激励电流 I 由电压源 E 供给，其大小由可变电阻 R 来调节。霍尔电势 V_H 加在负载电阻 R_L 上，R_L 可以是一般电阻，也可以代表显示仪表、记录装置或放大器的输入电阻。

在磁场与控制电流的作用下，负载上就有电压输出。在实际使用时，I 或 B 或两者同时作为信号输入，而输出信号则正比于 I 或 B 或两者的乘积。

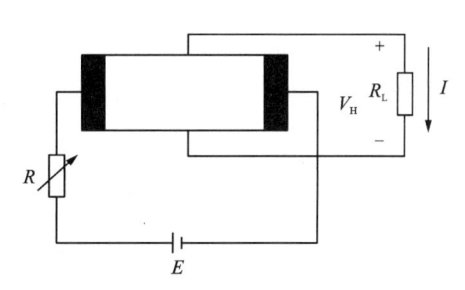

图 8-8 霍尔传感器的基本测量电路

8.3.2 叠加测量电路

为获得较大的霍尔输出，可采用输出叠加的连接方式，如图 8-9 所示。图 8-9(a)为直流供电情况，控制电流端并联，调节 R_{P1}、R_{P2} 可使两元件输出的霍尔电压相等。A、B 为输出端，它的输出电压值为单个元件的两倍。

图 8-9(b)为交流供电情况，控制电流端串联，各元件的输出端接至输出变压器的初级绕组，变压器的次级绕组便有霍尔电压信号的叠加值输出。

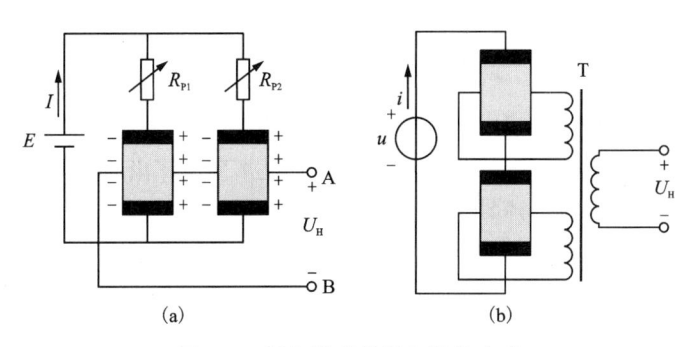

图 8-9 霍尔输出的叠加连接方式

8.4 霍尔元件的应用

霍尔传感器具有结构简单、体积小、重量轻、频带宽、动态特性好和寿命长等优点，因而被应用于光伏，在电气工程领域，用它测量磁感应强度、有功功率、无功功率、相位、电能等参数；在自动检测系统中，用于测量位移、压力、磁场等。

1. 基于霍尔传感器的太阳能光伏发电检测

太阳能光伏阵列的检测关键是对太阳能光伏阵列输出电压、电流信号的采集，但是，电池板串联数量多使得串联整组的电压、电流高，而且每个发电组件之间的电位都有一定的联系。因此，系统需要实时监测光伏发电组件的工作状态并上传数据；第一时间定位故障点的具体位置并给出报警信号。方便工作人员及时对光伏阵列进行维护与检修，进而在保证生产成本的基础上提高光伏发电效率。

总体监测系统如图 8-10 所示，主要由信号采集电路单元、数据处理电路单元、CAN 总线数据传输电路单元、稳压电路单元、拨码开关单元和数据处理计算机 6 部分组成。

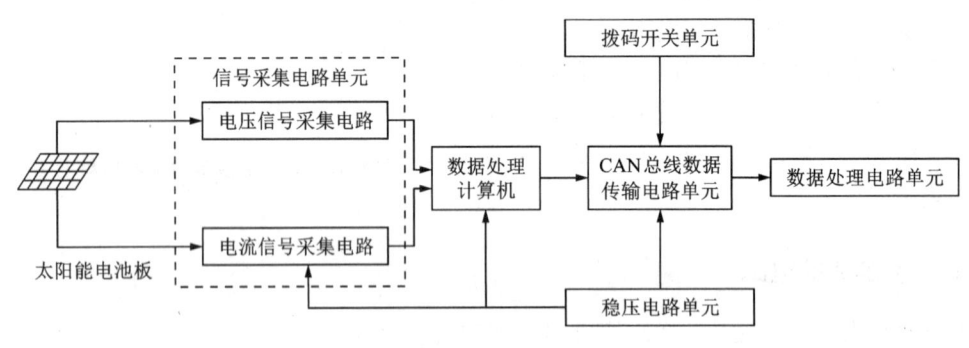

图 8-10 总体结构

光伏阵列由 8 个霍尔传感器组成（7 个电压霍尔传感器，1 个电流霍尔传感器）。其中 6 个电压霍尔传感器检测单块太阳能电池板电压，1 个检测串联支路两端总电压以及电流霍尔传感器采集太阳能光伏阵列每条支路上的电流信号。

2. 基于霍尔传感器的永磁同步电动机控制系统

永磁同步电动机控制系统采用 3 个霍尔元件提供转子位置信号，控制器利用转子信号算出转子位置和转速计算输出正弦波的位置角和幅值，进而计算出脉冲宽度调制（PWM）波形的输出脉宽，形成全数字的永磁同步电动机控制系统。

图 8-11 为永磁同步电动机的控制框图。当电机运行时，操作面板给定的转速 ω^* 减去通过霍尔传感器估算得来的转速 ω，转速误差 $\Delta\omega$ 通过转速 PI 调节器得出正弦波的幅值 V^*。只要算出转子位置 θ 就可以得到三相互差 120°的正弦波相电压，而转子位置信息可通过对霍尔元件的输出信号进行估算来得到。

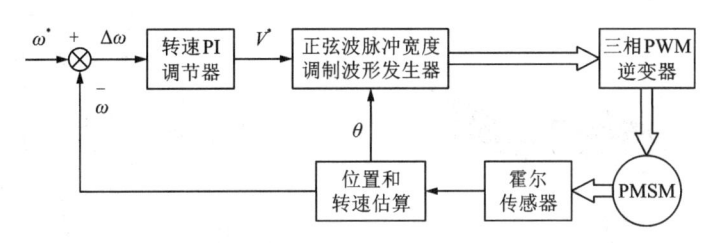

图 8-11　永磁同步电动机控制框图

3. 霍尔式功率计

这是一种采用霍尔传感器进行负载功率测量的仪器，其电路如图 8-12 所示。由于负载功率等于负载电压和负载电流的乘积，使用霍尔元件时，分别使负载电压与磁感应强度成比例，负载电流与控制电流成比例。显然，负载功率正比于霍尔元件的霍尔电势。由此可见，利用霍尔元件输出的霍尔电势为输入控制电流与驱动磁感应强度的乘积的函数关系，即可测量出负载功率的大小。由图示线路可知，流过霍尔元件的电流 I 是负载电流 I_L 的分流值，R_f 为负载电流 I_L 的取样分流电阻，为使霍尔元件电流 I 能模拟负载电流 I_L，要求 $R_1 \ll Z_L$（负载阻抗）；外加磁场的磁感应强度是负载电压 U_L 的分压值，R_2 为负载电压 U_L 的取样分压电阻，为使励磁电压尽量与负载电压同相位，励磁回路中的 R_2 要求取得很大，使励磁回路阻抗接近于电阻性，实际上它总略带一些电感性，因此电感 L 是用于相位补偿的，这样霍尔电势就与负载的交流有效功率成正比了。

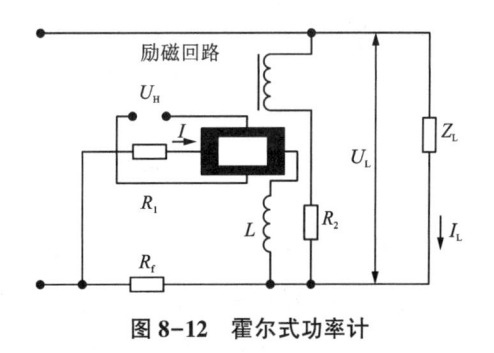

图 8-12　霍尔式功率计

4. 霍尔接近开关

用霍尔接近开关能实现接近开关的功能，但是它只能用于铁磁材料，并且还需要建立一个较强的闭合磁场。

霍尔接近开关应用示意图如图 8-13 所示。图 8-13（a）是霍尔接近开关的外形图。在图 8-13（b）中，磁极的轴线与霍尔接近开关的轴线在同一直线上。当磁铁随运动部件移动到距霍尔接近开关几毫米时，霍尔接近开关的输出由高电平变为低电平，经驱动电路使继电器吸合或释放，控制运动部件停止移动（否则将撞坏霍尔接近开关），起到限位的作用。

在图 8-13（d）中，磁铁和霍尔接近开关之间有一定的间隙，均固定不动。用软铁制作的分流翼片与运动部件联动。当它移动到磁铁与霍尔接近开关之间时，磁力线被屏蔽（分流），无法到达霍尔接近开关，所以此时霍尔接近开关输出跳变为高电平。改变分流翼片的宽度可以改变霍尔接近开关的高电平与低电平的占空比。

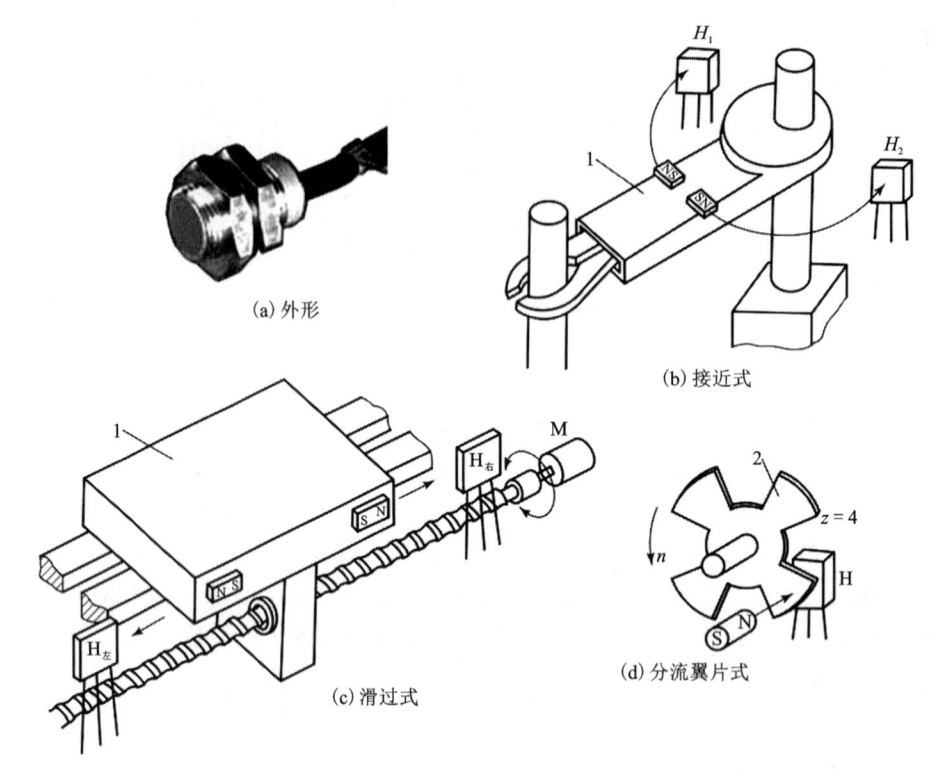

(a) 外形
(b) 接近式
(c) 滑过式
(d) 分流翼片式

1—运动部件；2—软铁分流翼片。

图 8-13 霍尔接近开关应用示意图

5. 无接触式仿型加工

应用霍尔传感器可做成无接触的探头，如图 8-14 所示为无接触式仿型加工的结构及工作原理图。在探头的前方设置有永久磁铁，当它靠近模件时，霍尔传感器的输出电压增加；当它离开模件时，霍尔传感器的输出电压就减小，利用放大器和控制电路，可使探头与模件保持一定距离。当探头沿模件移动时，通过随动系统移动铣刀，便可加工出与模件相同形状的工件来。

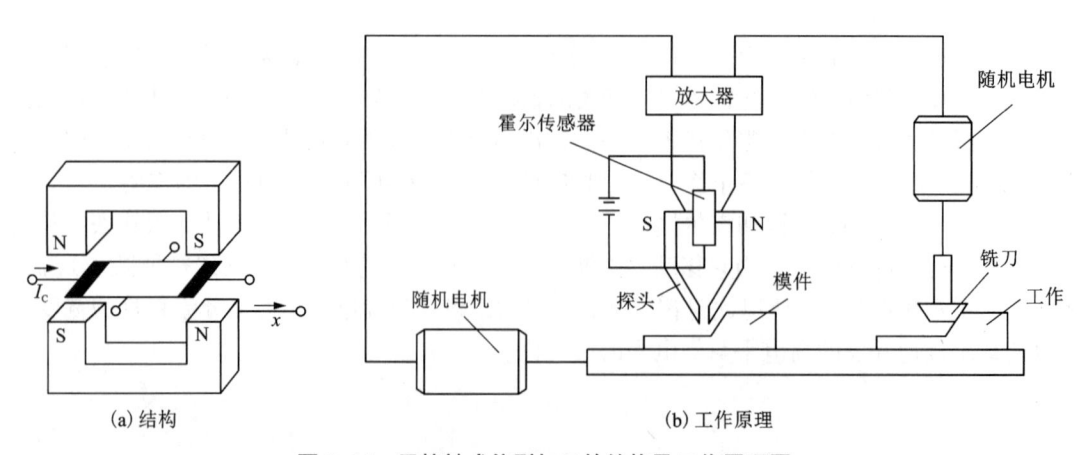

(a) 结构
(b) 工作原理

图 8-14 无接触式仿型加工的结构及工作原理图

6. 霍尔电流计

如图 8-15 所示，将霍尔元件 H 垂直置于磁环开口气隙中，让载流导体穿过磁环，由于磁环气隙的磁感应强度 B 与待测电流 I 成正比，当霍尔元件控制电流 I_H 一定时，霍尔输出电压 U_H 则正比于待测电流，这种非接触检测安全简便，适用于高压线电流检测。

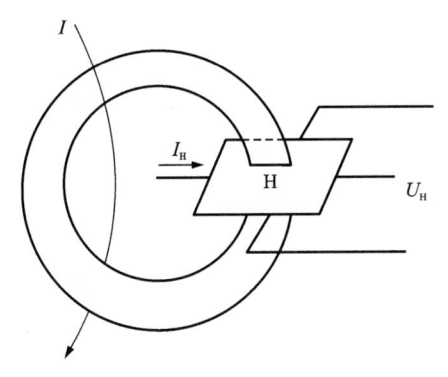

图 8-15　霍尔电流计

习　题

1. 什么是霍尔效应？写出霍尔电势的表达式。
2. 影响霍尔电势的因素有哪些？
3. 简述霍尔传感器测量磁场的原理。
4. 温度变化对霍尔元件输出电势有什么影响？如何补偿？
5. 要进行两个电压乘法运算，若采用霍尔元件作为运算器，请提出设计方案。
6. 有一霍尔元件，其灵敏度 $K_H=4$ mV/(mA·kGs)，把它放在一个梯度在 1 Gs~5 kGs 变化的磁场中（设磁场与霍尔元件平面垂直），如果额定控制电流是 3 mA，求输出霍尔电势的范围为多少？
7. 某霍尔元件 $l \times b \times d = 10$ mm×3.5 mm×1 mm，沿 l 方向通以电流 $I=1.0$ mA，在垂直于 lb 面方向加有均匀磁场 $B=0.3$ T，传感器的灵敏度系数为 22 V/(A·T)，试求其输出霍尔电势及载流子浓度。
8. 在汽车车门上安装霍尔传感器，当车门出现异常，进行报警，既可警示盗车贼，又能及时报警。该报警系统是汽车的四个门框上各安装一个开关型霍尔传感器，在车门适当位置各固定一块磁钢。请问该报警系统的原理是什么？
9. 试设计一个采用霍尔传感器的液位控制系统。

第 9 章

热电温度传感器

温度是反映物体冷热状态的物理参数，与人类生活息息相关的物理量。检测温度并使用传感器(温度传感器)测温始于2000多年前。工业生产自动化流程中，测温点约占全部测量点的一半。

测量温度可分为接触式测量和非接触式测量两大类。接触式测量通过测温元件与被测物体接触而感知物体的温度。接触式测温传感器具有技术成熟、种类多、测量系统简单、精度高等优点；但是测量温度不是很高，对被测温度场有影响。常见的接触式测温传感器主要有热电式、热膨胀式及PN结温度传感器等。非接触式测量通过接收被测物体发出的辐射来获得物体的温度。非接触式测温传感器具有测量温度高、不受物体温度场影响、测量速度快等优点；但是测量误差比较大。非接触式测温传感器有光学高温传感器、热辐射式温度传感器等。

热电式温度传感器是一种将温度变化转换为电量变化的装置。在各种热电式温度传感器中，以把温度转换成电势和电阻的方法最为普遍。其中最常用的是热电偶和热电阻，热电偶是将温度变化转换为电势变化，热电阻是把温度变化转换为电阻值的变化。这两种热电式温度传感器目前已经在工业生产中得到广泛应用。本章主要介绍温度传感器中的热电偶温度传感器和热电阻温度传感器。

9.1 热电偶温度传感器

热电偶在温度的测量中应用十分广泛，具有结构简单、使用方便、精度高、热惯性小、测温范围宽、测温上限高、可测量局部温度和便于远程传送等优点。其输出信号易于传输和变换，它还可以用来测量一个点的温度，可以测量液体、固体表面的温度，其热容量较小，也应用于动态温度的测量。

9.1.1 热电效应与热电偶工作原理

1821年，德国物理学家赛贝克用两种不同金属组成闭合回路，并用酒精灯加热其中一个接触点(称为接点)，发现放在回路中的指南针发生了偏转，如图9-1所示。如果用两盏酒精灯同时加热两个接点,指南针的偏转角反而减小。显然,指南针的偏转说明了回路中有电势产生,并有电流在回路中流动,电流的强弱与两个接点的温差有关。

当两种不同材料的导体 A 和 B 组成闭合回路,且两个导体的连接点的温度不同时,回路中将产生电势,这种现象称为热电效应或赛贝克效应。

利用热电效应制成的将温度信号转换为电信号的器件称为热电偶。组成热电偶的导体称为热电极,放置在被测环境中的一端(T 端)称为工作端,另一端(T_0 端)称为参考端或冷端或自由端,热电偶的工作原理如图 9-2 所示。

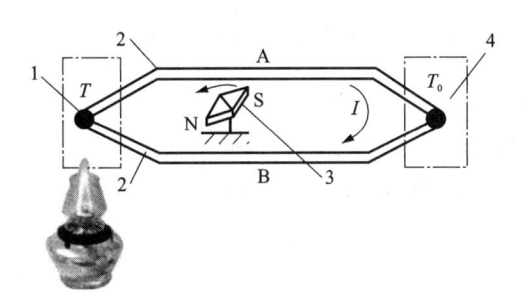

图 9-1 热电效应

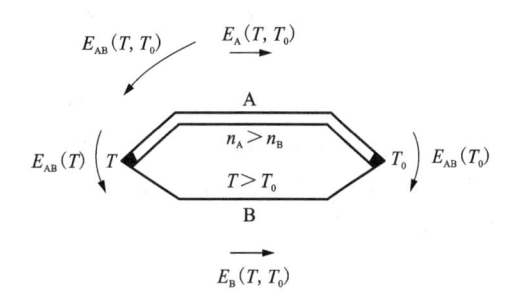

图 9-2 热电偶的工作原理

热电偶产生的热电势 $E_{AB}(T, T_0)$ 由接触电势和温差电势组成。

1. 接触电势(珀尔帖电势)

两种不同导体接触,因两者的自由电子密度不同,触点处会发生电子迁移扩散。失电子的呈正电位,得电子的呈负电位。扩散平衡时在两导体的接触处形成稳定电势,即接触电势,如图 9-3 所示,其大小为:

$$E_{AB}(T) = (kT/e)\ln(N_A/N_B) \quad (9-1)$$

式中:$E_{AB}(T)$ 为导体 A、B 接点在温度 T 时形成的接触电势;e 为单位电荷,$e=1.6\times10^{-19}$ C;k 为波尔兹曼常数,$k=1.38\times10^{-23}$ J/K;N_A、N_B 分别为温度 T 时导体 A、B 的电子密度。

由式(9-1)可知,接触电势的大小与温度和材料电子密度有关。温度越高,接触电势越大,两金属电子密度比值越大,接触电势也越大。

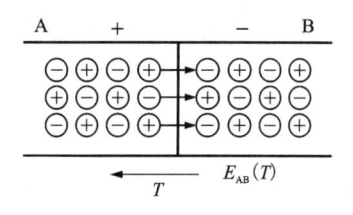

图 9-3 接触电势

2. 温差电势(汤姆逊电势)

在同一导体中,若其两端温度不同,则温度高端的自由电子向低端迁移,使单一金属两端因电荷聚集产生不同电位而形成电势,这种电势称温差电势,如图 9-4 所示,其大小为:

$$E_A(T, T_0) = \int_{T_0}^{T} \sigma_A dT \quad (9-2)$$

式中:$E_A(T, T_0)$ 是导体 A 两端温度为 T、T_0 时形成的温差电势;T 和 T_0 分别是温度高、低端的绝对温度;σ_A 为汤姆逊系数,表示导体 A 两端的温度差为 1 ℃时所产生的温差电势,例如

0 ℃时，铜的 $\sigma_A = 2\ \mu V/℃$。

3. 回路总电势

导体 A、B 组成的闭合回路，其接触点（接点）温度分别为 T、T_0，若 $T > T_0$，则存在两个接触电势 $E_{AB}(T)$、$E_{AB}(T_0)$ 和两个温差电势 $E_A(T, T_0)$、$E_B(T, T_0)$，该回路总电势为：

$$E_{AB}(T, T_0) = E_{AB}(T) - E_{AB}(T_0) - E_A(T, T_0) + E_B(T, T_0)$$

$$= \frac{kT}{e}\ln\frac{N_{AT}}{N_{BT}} - \frac{kT_0}{e}\ln\frac{N_{AT_0}}{N_{BT_0}} - \int_{T_0}^{T}(\sigma_A - \sigma_B)dT \quad (9-3)$$

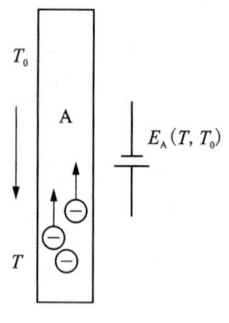

图 9-4 温差电势

式中：N_{AT}、N_{AT_0} 分别为导体 A 在接点温度为 T 和 T_0 时的电子密度；N_{BT}、N_{BT_0} 分别是导体 B 在接点温度为 T 和 T_0 时的电子密度；σ_A、σ_B 分别是导体 A 和 B 的汤姆逊系数。

实践证明，在热电偶回路中起主要作用的是两个接点的接触电势，因而单一导体的温差电势忽略不计，则

$$E_{AB}(T, T_0) \approx E_{AB}(T) - E_{AB}(T_0) \quad (9-4)$$

从以上分析可知，热电偶回路的热电势只与组成热电偶的材料及两端温度有关，与热电偶的长度、粗细无关。只有用不同性质的导体（或半导体）才能组合成热电偶；相同材料不会产生热电势，当 A、B 两个导体为同种材料时，$E_{AB}(T, T_0) = 0$。只有当热电偶两端温度不同且组成热电偶两导体材料不同时才能有热电势产生。

即导体材料确定后，热电势大小只与热电偶两端的温度有关，则有 $E_{AB}(T, T_0) = f(T) - f(T_0)$。若 $f(T_0) = C$（常数），则回路的总热电势只与 T 有关且为 T 的单值函数，即 $E_{AB}(T, T_0) = f(T) - C$。

实际应用中测出回路总电势后，并不用公式计算温度，而是根据热电势测量值查热电偶的分度表得到对应温度。

为便于使用，将自由端温度 T_0 取为 0 ℃，将热电偶工作端温度与热电势的对应关系列成表格（例如表 9-1），该表称为热电偶的分度表。

表 9-1 热电偶的分度表

工作温度/℃	热电势/mV	
	EU-2	K
-50	-1.86	-1.889
-40	-1.50	-1.527
300	12.21	12.207
310	12.62	12.623

9.1.2 热电偶的工作定律

使用热电偶测温，应将以下几条基本定律作为理论依据。

1. 中间导体定律

若在热电偶回路中插入中间导体，无论插入导体的温度分布如何，只要中间导体两端温度相同，则对热电偶回路的总电势无影响，这就是中间导体定律。

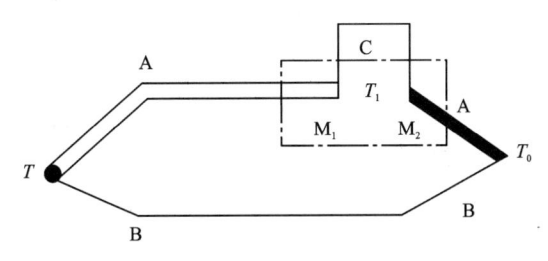

中间导体定律如图 9-5 所示，即有

$$E_{ABC}(T, T_0) = E_{AB}(T) - E_{AB}(T_0) + E_{AC}(T_1) + E_{CA}(T_1)$$
$$= E_{AB}(T) - E_{AB}(T_0) = E_{AB}(T, T_0) \tag{9-5}$$

根据上述原理，在热电偶回路接入电位计(E)，只要保证电位计与热电偶的连接点温度相等，就不影响回路原来的热电势，接入方式如图 9-6 所示。中间导体定律为测量手段提供了依据。

图 9-5 中间导体定律

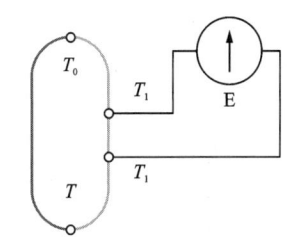

图 9-6 热电偶回路接入电位计

利用热电偶进行测温时，连接导线、显示仪表和接插件等均可看成中间导体，只要保证这些中间导体两端的温度各自相等，则对热电偶的热电势没有影响。因此，中间导体定律对热电偶的实际应用是十分重要的。在使用热电偶时，只有尽量使上述元器件两端的温度相等，才能减少测量误差。

2. 中间温度定律

热电偶在接点温度为 T、T_0 时的热电势 $E_{AB}(T, T_0)$ 等于热电偶在 (T, T_n) 和 (T_n, T_0) 时的热电势 $E_{AB}(T, T_n)$ 与 $E_{AB}(T_n, T_0)$ 之和，这就是中间温度定律。如图 9-7 所示，即

$$E_{AB}(T, T_0) = E_{AB}(T, T_n) + E_{AB}(T_n, T_0) \tag{9-6}$$

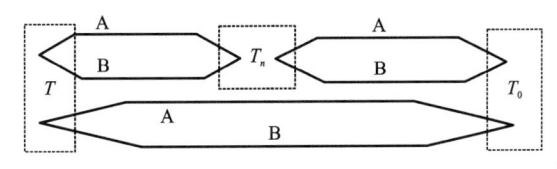

图 9-7 中间温度定律

中间温度定律提供了冷端温度不为零时，热电偶的分度依据和测温的方法。例如：$T_n = 0\ ℃$时，有

$$E_{AB}(T, T_0) = E_{AB}(T, 0) + E_{AB}(0, T_0) = E_{AB}(T, 0) - E_{AB}(T_0, 0) = E_{AB}(T) - E_{AB}(T_0)$$
$$\tag{9-7}$$

根据这一定律，只要给出自由端为 0 ℃时的热电势-温度关系，就可以求出冷端为任意温度 T_0 时的热电偶的热电势。

推论*：连接导体定律

在热电偶回路分别引入与电极 A、B 有相同热电特性的材料 A′、B′[$E_{AA'}(T)=E_{BB'}(T)$，即所谓补偿导线)，保持 A′、B′两端接点的温度分别相等，回路总电势为

$$E_{AB}(T, T_0) = E_{AB}(T) - E_{AB}(T_0) \tag{9-8}$$

只要 T、T_0 不变，接入 A′和 B′后不管接点温度 T_n 如何变化，都不影响总热电势。热电偶补偿导线连接图如图 9-8 所示。

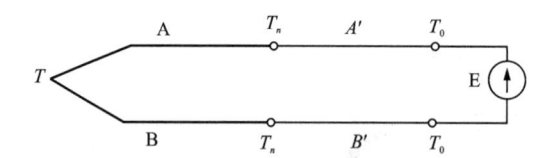

图 9-8　热电偶补偿导线连接图

3. 参考电极定律

若已知热电极 A、B 与参考电极 C 组成的热电偶在接点温度为 (T, T_0) 时的热电势分别为 $E_{AC}(T, T_0)$ 与 $E_{BC}(T, T_0)$，则相同温度下，由 A 和 B 两种电极配对后的热电势 $E_{AB}(T, T_0)$ 可按下式计算：

$$E_{AB}(T, T_0) = E_{AC}(T, T_0) - E_{BC}(T, T_0) \tag{9-9}$$

这就是参考电极定律，如图 9-9 所示。

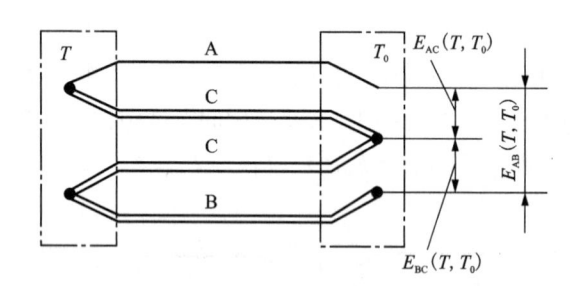

图 9-9　参考电极定律

标准电极 C 通常用纯度很高、物理化学性能非常稳定的铂制成，称为标准铂热电极。利用标准电极定律可大大简化热电偶的选配工作，只要已知任意两种电极分别与标准电极配对的热电势，即可求出这两种热电极配对的热电偶的热电势，而不需要测定。

【例 9-1】　当 T 为 100 ℃、T_0 为 0 ℃时，铬合金-铂热电偶的 $E(100\ ℃, 0\ ℃) = 3.13\ \text{mV}$，铝合金-铂热电偶的 $E(100\ ℃, 0\ ℃) = -1.02\ \text{mV}$，求铬合金-铝合金组成热电偶的热电势 $E(100\ ℃, 0\ ℃)$。

解:设铬合金为 A,铝合金为 B,铂为 C。
且 $E_{AC}(100\ ℃, 0\ ℃) = 3.13\ mV$,$E_{BC}(100\ ℃, 0\ ℃) = -1.02\ mV$,
则 $E_{AB}(100\ ℃, 0\ ℃) = 4.15\ mV$。

4. 均质导体定律

由两种均质金属组成的热电偶的电势大小与热电极的直径、长度及沿热电极长度方向上的温度分布无关,只与热电极材料和温度有关;而焊接同一种均质材料(导体或半导体)的两端而形成的闭合回路,无论导体截面及温度分布如何,将不产生接触电势,而温差电势相抵消,回路中总电势为零,这个定律称为均质导体定律。如果材质不均匀,则当热电极上各处温度不同时,由于温度梯度的存在,将产生附加热电势,造成测量误差。因此,热电偶必须由两种不同的均质导体或半导体构成。

9.1.3 热电偶的测量电路

热电偶的测量电路如图 9-10 所示。图 9-10(a)所示为基本测温电路,一支热电偶配一台显示仪表直接测量温度。图 9-10(b)所示为测量温差电路,将两支型号相同的热电偶反向串联,直接测量温差电势。即

$$E_{AB}(T, T_0) = E_{AB}(T_1, T_0) - E_{AB}(T_2, T_0) \tag{9-10}$$

(a) 基本测温电路

(b) 测量温差电路

(c) 测量平均温度的并联电路

(d) 测量平均温度的串联电路

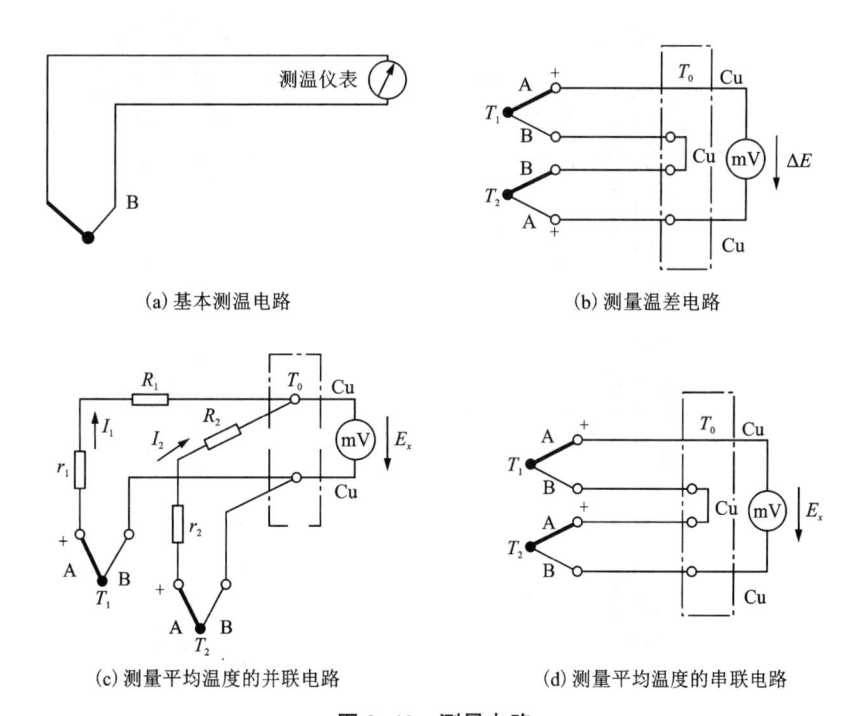

图 9-10 测量电路

图 9-10(c)所示为测量平均温度的并联电路,利用同型号的热电偶并联,测量各点的平均电势。R_1、R_2 为均衡电阻,其作用是为了减少热电偶内阻 r_1、r_2 不相等的影响。

$$E_{AB}(T, T_0) = \frac{E_{AB}(T_1, T_0) + E_{AB}(T_2, T_0)}{2} \tag{9-11}$$

图 9-10(d)所示为测量平均温度的串联电路。它是利用同类型的热电偶依次将正、负极相串联起来,此时回路总的热电势等于两支热电偶的热电势之和(即对应得到的是两点的温度之和,如果再除以 2,就可得到两点的平均温度),即

$$E_{AB}(T, T_0) = E_{AB}(T_1, T_0) + E_{AB}(T_2, T_0) \tag{9-12}$$

9.1.4 热电偶的结构、主要特性种类和特点

1. 热电偶的结构

工程上实用的热电偶大多由热电偶热端、绝缘套管、保护套管和接线盒等部分组成,如图 9-11 所示。

①热电极。热电偶常以热电极材料种类命名。
②绝缘套管(绝缘子)用来防止两热电极短路。
③保护套管作用是使热电极与被测介质隔离,使之免受化学侵蚀或机械损伤。
④接线盒供连接热电偶和测量仪表之用。

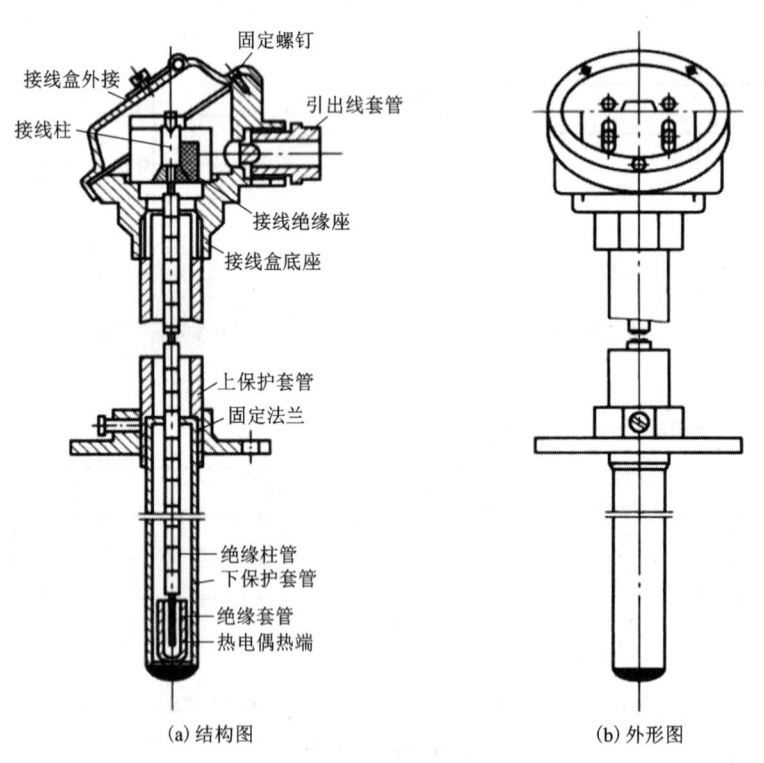

图 9-11 热电偶的结构

2. 热电偶的主要特性

稳定性：描述热电偶特性的相对稳定的重要参数。热电偶的稳定性有长期稳定性和短期稳定性之分。

均匀性：指热电极的均匀程度。若热电极材料不均匀，而热电极又处于不均匀温度中，则会产生附加的不均匀电势。

时间常数(热惰性)：指被测介质从一个温度跃变到另一个温度时，热电偶测量端的温度上升到整个阶跃温度的63%所需的时间。

绝缘电阻：热电极与保护套管以及两电极之间的电阻，分为常温下的绝缘电阻和高温下的绝缘电阻。

热偶丝电阻率：应符合相应的要求(表9-2)

表9-2 热偶丝电阻率

热偶丝名称	20 ℃时的电阻率/$(\Omega \cdot mm^2 \cdot m^{-1})$
铂铑$_{10}$	0.196
铂	0.098
镍铬	0.680
镍硅	0.250
考铜	0.470
铁	0.130
康铜	0.450

3. 热电偶的种类

为适应不同生产对象的测温要求，热电偶常见的结构形式有普通型热电偶、铠装型热电偶和薄膜热电偶等。

(1) 普通型热电偶

普通型结构的热电偶在工业上使用最多，它通常由热电极加上绝缘套管、保护套和接线盒构成。安装连接时，可采用螺纹或法兰方式连接；根据使用条件，可制成密封式普通型或高压固定螺纹型。普通型热电偶的结构如图9-12(a)所示。

(2) 铠装型热电偶

铠装型热电偶也称缆式热电偶，是将热电偶丝与电熔氧化镁绝缘物熔铸在一起，外面再套不锈钢管等构成。这种热电偶耐高压、反应时间短、坚固，是主要由热电极、绝缘材料和金属套管组合加工而成的坚实组合体。铠装型热电偶的主要特点：动态响应快；外径很细(1 mm)，测量端热容量小；绝缘材料和金属套管经过退火处理，有良好的柔性；结构坚实，机械强度高，耐压、耐强烈振动和冲击；适用于多种工作条件。铠装型热电偶的结构如图9-12(b)所示。

(3) 薄膜热电偶

薄膜热电偶是用真空蒸镀、化学涂层等方法将热电偶材料蒸镀到绝缘基板上制成的热电偶。由于热电偶可做到很薄(厚度在 0.01~0.1 μm),测表面温度时不影响被测表面的温度变化,其本身热容量小,动态响应快,故适合用于测量微小面积和瞬时变化的温度。薄膜热电偶的结构如图 9-12(c)所示。

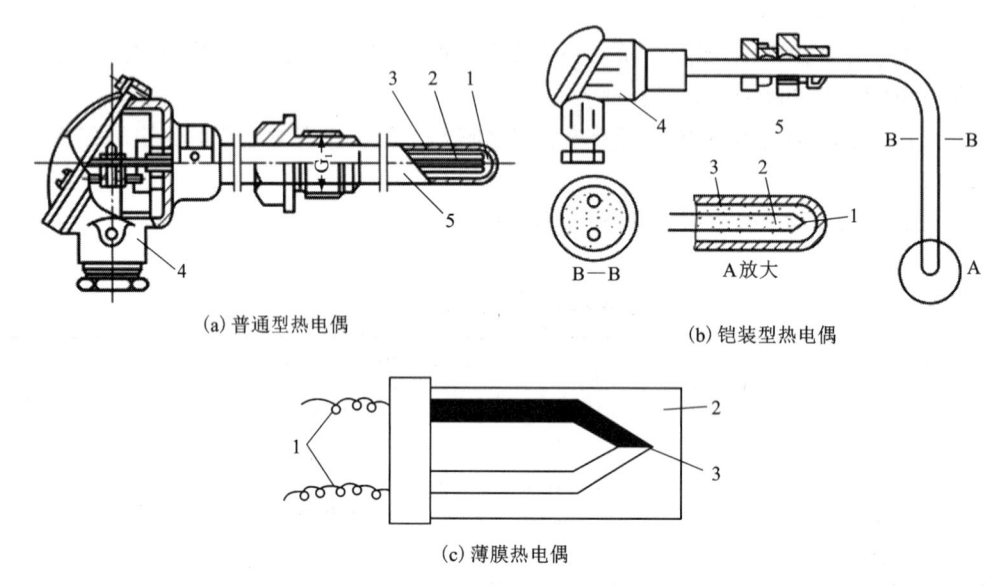

(a) 普通型热电偶

(b) 铠装型热电偶

(c) 薄膜热电偶

(a) 1—工作端;2—热电极;3—绝缘套管;4—接线盒;5—外层保护管。
(b) 1—热电极;2—绝缘材料;3—金属套管;4—接线盒;5—固定装置。
(c) 1—引线;2—绝缘片;3—工作端。

图 9-12 热电偶结构图

除此之外,还有用于测量圆弧形固体表面温度的表面热电偶和用于测量液态金属温度的浸入式热电偶等。

国际电工委员会(IEC)推荐了 8 种类型的热电偶作为标准热电偶,即 T、E、J、K、N、B、R 和 S 型。表 9-3 列出了其中 7 种,其中 T、E、K、S 四种应用最广。

表 9-3 各种类型的热电偶

适用范围		测温范围/℃	热电势/mV	优点
高温(K)		−200~+1200	−5.981/200 ℃,+48.828/+1200 ℃	工业用最多 适应氧化性气氛,线性度好
中温	(E)	−200~+800	−8.82/−200 ℃,+61.02/800 ℃	热电势大
	(J)	−200~+750	−7.89/−200 ℃,+42.28/750 ℃	热电势大 适应还原性气氛
低温(T)		−200~+350	−5.603/−200 ℃,+17.816/+350 ℃	适合用于−200~+100 ℃ 适应弱氧化性气氛

续表9-3

适用范围		测温范围/℃	热电势/mV	优点
超高温	(B)	+500~+1700	+1.241/+500 ℃，+12.426/+1700 ℃	可用于高温 适应氧化、还原性气氛
	(R)	0~+1600	0/0 ℃，+18.842/1600 ℃	
	(S)	0~+1600	0/0 ℃，+16.771/1600 ℃	

4. 热电偶的特点

热电偶的主要特点如下。

①结构简单，制造容易，使用方便，热电偶的电极不受大小和形状的限制，可按照需要进行配置。

②因为输出信号为电势，测量时，不用外加电源。输出灵敏度一般为 μV/℃，室温下的典型输出为毫伏数量级。

③测量范围广，温度范围为-269~1800 ℃。

④测量精度高，热电偶与被测对象直接接触，不受中间介质的影响。

⑤便于远距离测量、自动记录及多点测量。

9.1.5 冷端补偿

热电偶的热电势大小不仅与热端温度有关，而且与冷端温度有关，当冷端温度恒定，通过测量热电势的大小可以得到热端的温度。上面的分度表就是以冷端温度为 0 ℃ 时统计出来的，但在实际测温中，冷端温度经常随环境温度的变化而变化，不仅不是 0 ℃ 而且不是恒定的，这样的测量结果当然是不准确的，为了使测量结果准确，需要对冷端进行处理，以消除误差，经常采取以下几种方法来进行修正或补偿。

1. 计算修正法

用参比端的实际温度 T_H 作为热端温度，查表得到热电偶的相应热电势，并按式(9-13)进行计算校正。

$$E_{AB}(T, T_0) = E_{AB}(T, T_H) + E_{AB}(T_H, T_0) \tag{9-13}$$

【例 9-2】 用铜-康铜热电偶测一温度 T，参比端在室温环境 T_H 中，测得热电势 $E_{AB}(T, T_H)$ = 1.999 mV，用室温计测出 T_H = 21 ℃，查该种热电偶的分度表得 $E_{AB}(21, 0)$ = 0.832 mV，所以：

$$E_{AB}(T, 0) = E_{AB}(T, 21) + E_{AB}(21, 0) = 1.999 + 0.832 = 2.831(mV) \tag{9-14}$$

再次查分度表，与 2.831 mV 对应的热端温度 T = 68 ℃。

此方法采用公式对热电偶回路的电势进行修正，实际上是根据中间导体定律得出的方法。具体步骤是通过分度表可查到自由端温度 t_n 和冷端温度 t_0(0 ℃)之间的热电势，再测出被测端温度 t 和实际自由端温度 t_n 之间的热电势，二者相加即为被测端温度 t 和冷端温度。

2. 采用补偿导线延伸冷端

采用补偿导线延伸冷端如图 9-13 所示。实际测量时，为了让冷端(自由端)免受被测介质温度和周围环境的影响，常用补偿导线，将热电偶的冷端延引到远离高温区的地方，使新的冷端温度相对稳定。当测量端与工作端距离较远时，利用补偿导线可节约贵金属，减少热电偶回路的电阻，而且便于铺设安装。

3. 冷端恒温——冰点法

冰点法如图 9-14 所示。把热电偶冷端置于冰水混合物容器里，使 $T_0 = 0\ ℃$。此法限于实验中使用。为避免冰水导电引起两连接点短路，必须把连接点分别置于两个玻璃试管里，浸入同一冰点槽，使其相互绝缘。

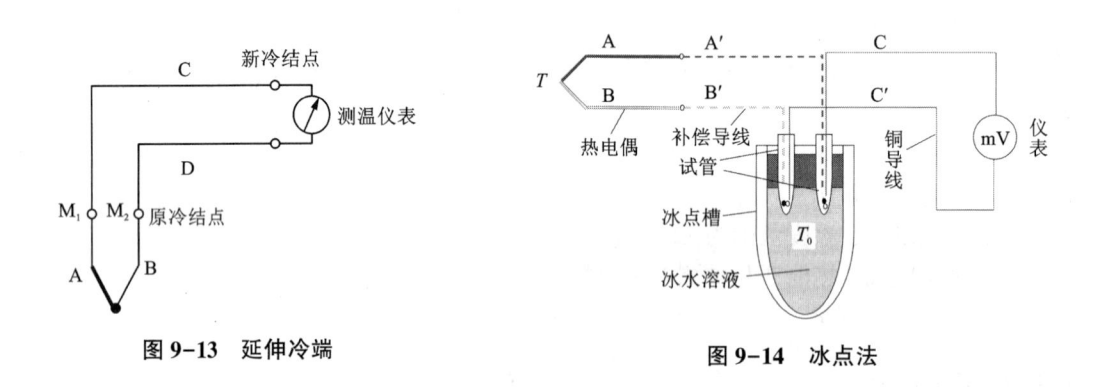

图 9-13　延伸冷端

图 9-14　冰点法

4. 零点迁移法

零点迁移补偿法适用于冷端不是 0 ℃ 但十分稳定（如恒温或有空调）的场所。零点迁移法的实质是在测量结果中人为加一恒定值。冷端温度稳定，则 $E_{AB}(T_H,0)$ 是常数，通过指示仪表调整零点，加上某个适当的值而实现补偿。例如，用动圈仪表配合热电偶测温时，如果把仪表的机械零点调到室温 T_H 的刻度上，在热电势为零时，指针指示的温度值并不是 0 ℃ 而是 T_H。热电偶的冷端温度已是 T_H，则只有当热端温度 $T=T_H$ 时，才能使 $E_{AB}(T,T_H)$ 为零，这样，指示值就和热端的实际温度一致。此法简便、有效，只要冷端温度总保持在 T_H 不变，指示值就正确。

5. 冷端补偿器法

冷端补偿器（图 9-15）法利用不平衡电桥产生的电势补偿热电偶因冷端温度变化导致的热电势变化。不平衡电桥由 R_1、R_2、R_3（锰铜丝绕制）、R_{Cu}（铜丝绕制）四个桥臂和桥路电源组成。设计 R_{Cu} 的初始阻值使电桥保持平衡，即在 0 ℃ 下使电桥平衡（$R_1 = R_2 = R_3 = R_{Cu}$），此时 $U_{ab} = 0$，电桥对仪表读数无影响。当冷端温度 T_0 上升，R_{Cu} 的阻值随之增大，$E_{AB}(T,T_0)$ 就会上升，即 a 点电压 U_a 升高，使得 U_{ab} 升高。冷端补偿器在 0~40 ℃ 或 -20~20 ℃ 范围有较好补偿作用。

使用时，选择 R_{Cu} 的阻值使电桥保持平

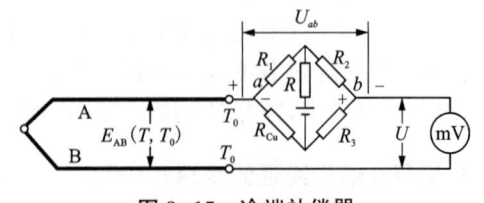

图 9-15　冷端补偿器

衡，电桥输出 $U_{ab}=0$。当冷端温度升高时，R_{Cu} 值随之增大，电桥失去平衡，U_{ab} 相应增大，此时热电偶电势 E_x 由于冷端温度升高而减小。若 U_{ab} 的增量等于热电偶电势 E_x 的减小量，回路总电势 U_{ab} 的值就不会随热电偶冷端温度变化。

需要注意的有以下两点。

①不同材质的热电偶所配的冷端补偿器的限流电阻 R 不一样，互换时必须重新调整。

②桥臂 R_{Cu} 必须和热电偶的冷端靠近，使它们处于同一温度之下。

9.2 热电阻传感器

热电阻传感器是利用电阻随温度变化特性制成的传感器，主要用于对温度和与温度有关的参量进行检测。通常将热电阻传感器分为金属热电阻和半导体热电阻，有时前者称为热电阻，后者称为热敏电阻。

9.2.1 金属热电阻

利用金属导体的电阻与温度成一定函数关系的特性而制成的感温元件，当被测温度变化时，导体的电阻随温度而变化，通过测量电阻值的变化得出温度变化。热电阻材料主要有铂、铜、镍、铟、锰等，用最多的是铂(Pt)和铜(Cu)。

1. 铂电阻

在国际实用温标中，铂电阻的物理、化学性质非常稳定，是目前制造热电阻的最好材料。铂电阻除用作一般工业测温外，主要作为标准电阻温度计，广泛地应用于温度的基准、标准的传递。

铂电阻传感器主要制成标准电阻温度计，测量范围为 $-200\sim 650\ ℃$。

在 $0\sim 650\ ℃$ 时，铂电阻阻值与温度的关系为

$$R_t = R_0(1 + At + Bt^2) \tag{9-15}$$

在 $-200\sim 0\ ℃$ 时为：

$$R_t = R_0[1 + At + Bt^2 + C(t-100)t^3] \tag{9-16}$$

式中：R_0、R_t 温度分别为 $0\ ℃$ 及 $t\ ℃$ 时的铂电阻的阻值；$A = 3.96847\times 10^{-3}/℃$；$B = -5.847\times 10^{-7}/℃^2$；$C = -4.22\times 10^{-12}/℃^4$。

铂电阻的纯度用百度电阻比 R_{100}/R_0 表示，R_{100} 表示在标准大气压下水处于沸点时铂的电阻值。国际温标规定，作为基准器的铂电阻，其 R_{100}/R_0 不得小于 1.3925。我国工业用铂电阻分度号为 Pt50 和 Pt100，其 $R_{100}/R_0 = 1.391$。

2. 铜电阻

铜易提纯，在 $-50\sim 150\ ℃$ 时性能稳定，输入输出接近线性。其输入输出关系($-50\sim 150\ ℃$)为

$$R_t = R_0[1 + At + Bt^2 + Ct^3] \tag{9-17}$$

式中：$A = 4.28899\times 10^{-3}/℃$；$B = -2.133\times 10^{-7}/℃$；$C = 1.233\times 10^{-9}/℃$。

铜电阻的电阻率较低，电阻体积较大，热惯性大，且温度高于 100 ℃时易氧化，适用于温度较低和无侵蚀性介质中。铜电阻国家标准的 R_0 有 100 Ω、50 Ω、53 Ω 等几种。

由于铂是贵重金属，因此，在一些测量精度要求不高且温度较低的场合，普遍采用铜电阻进行温度的测量，测量范围一般为-50~150 ℃。在此温度范围内线性关系好，灵敏度比铂电阻高，容易提纯、加工且价格便宜。但是铜有一个缺点就是易于氧化，一般只用于 150 ℃以下的低温测量和没有水分及无侵蚀性介质的温度测量。与铂相比，铜的电阻率低，所以铜电阻的体积较大。铜热电阻与温度的关系是线性的。

3. 其他热电阻

铁和镍这两种金属的电阻温度系数较高，电阻率较大，可制成体积小、灵敏度高的电阻温度计，但由于易氧化、化学稳定性差、不易提纯和非线性等严重缺点，应用较少。

由于铂电阻和铜电阻用于测量低温和超低温时性能不理想，故在近年来一些新颖的热电阻如铑铁电阻、铟电阻、锰电阻、碳电阻等逐步成为测量低温和超低温的理想热电阻。

9.2.2 热电阻结构

热电阻温度传感器的结构比较简单，一般用直径为 0.02~0.07 mm 的铂丝按规律绕在云母、石英或陶瓷支架上而制成。铂丝绕组的端头与银线相焊，并套瓷管加以绝缘保护。普通工业用热电阻温度传感器的外形如图 9-16(a)所示、结构如图 9-16(b)所示，由热电阻、连接热电阻的内部导线、保护管、绝缘管、接线座等组成。

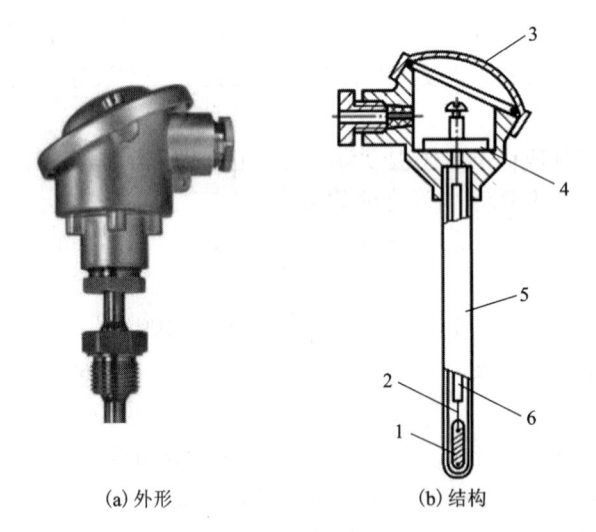

(a) 外形 (b) 结构

1—热电阻；2—内部导线；3—盖；4—接线座；5—保护管；6—绝缘管。

图 9-16 热电阻温度传感器

9.2.3 测量电路

电阻温度计(传感器)由热电阻与测量电路组成，它属于接触式测温计，当其与被测介质接触时，最后达到热平衡时的温度值即为被测对象的温度。

1. 二线制测温电路

如图 9-17 所示为二线制热电阻的测温原理。温度变送器通过导线 L1、L2 给热电阻施加激励电流 I，测得电势 V_1、V_2。

图 9-17 中，R_t—热电阻；R_{L1}—导线 L1 的等效电阻；R_{L2}—导线 L2 的等效电阻。

经计算可得 R_t，具体如下

$$\frac{V_1 - V_2}{I} = R_t + R_{L1} + R_{L2} \tag{9-18}$$

$$R_t = \frac{V_1 - V_2}{I} - (R_{L1} + R_{L2}) \tag{9-19}$$

由于导线电阻 R_{L1}、R_{L2} 无法测得故未被计入热电阻的电阻值中，因此测量结果将产生附加误差。例如，在 100 ℃时，Pt100 热电阻的热电阻率为 0.379 Ω/℃，这时若导线的电阻值为 2 Ω，则会引起的测量误差为 5.3 ℃。

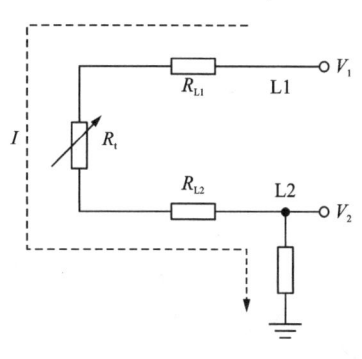

图 9-17 二线制热电阻的测温原理

2. 三线制测温电路

三线制是实际应用中最常见的接法。如图 9-18 所示为三线制热电阻的测温原理。图 9-18 中，R_t—热电阻；R_{L1}—导线 L1 的等效电阻；R_{L2}—导线 L2 的等效电阻；R_{L3}—导线 L3 的等效电阻。增加一根导线用以补偿连接导线的电阻引起的测量误差。三线制要求三根导线的材质、线径、长度一致，且工作温度相同，使三根导线的电阻值相同，即 $R_{L1} = R_{L2} = R_{L3}$。通过导线 L1、L2 给热电阻施加激励电流 I，从而测得电势 V_1、V_2、V_3。导线 L3 接入高输入阻抗电路，$I_{L3} = 0$。

图 9-18 三线制热电阻的测温原理

热电阻的阻值 R_t 可经计算得到，具体如下

$$\frac{V_1 - V_2}{I} = R_t + R_{L1} + R_{L2} \tag{9-20}$$

$$\frac{V_3 - V_2}{I} = R_{L2} \tag{9-21}$$

$$R_{L1} = R_{L2} = R_{L3} \tag{9-22}$$

$$R_t = \frac{V_1 - V_2}{I} - 2R_{L2} = \frac{V_1 + V_2 - 2V_3}{I} \tag{9-23}$$

由此可得，三线制接法可补偿连接导线的电阻引起的测量误差。

3. 四线制测温电路

四线制是热电阻测温的理想接线方式。如图 9-19 所示为四线制热电阻的测温原理，通过导线 L1、L2 给热电阻施加激励电流 I，从而测得电势 V_3、V_4。将导线 L3、L4 接入高输入阻

抗电路，则 $I_{L3}=0$、$I_{L4}=0$，因此 V_4-V_3 等于热电阻的两端电压。

热电阻的电阻值：

$$R_t = \frac{V_4 - V_3}{I} \qquad (9-24)$$

由此可得，四线制测量方式不受连接导线电阻的影响。

4. 电桥电路

电桥电路是最常用的测温电路，如图9-20中 R_1、R_2、R_3 和 R_t（R_q、R_m）是组成电桥的四个桥臂，其中 R_t 是热电阻，R_q 和 R_m 是锰铜电阻且分别是调零和调满刻度时的调整电位器。

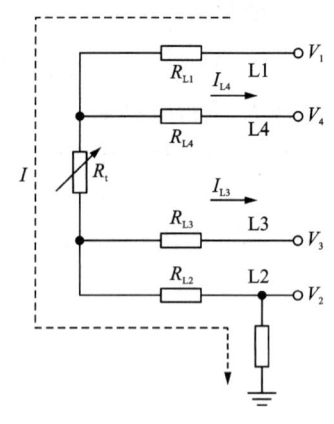

图 9-19 四线制热电阻的测温原理

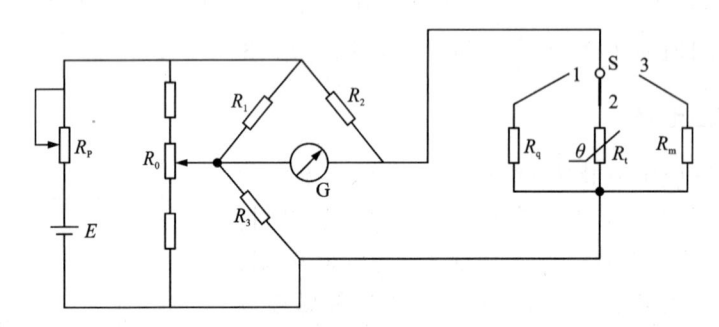

图 9-20 电桥测温电路

若热电阻与指示仪表相距甚远，则连接导线的电阻 r 会因温度影响而发生改变，将造成测温误差。为减小此误差，可用三线或四线连接法（图9-21），由于将两根引线分别接入两个相邻桥臂中，从而消减了温度的影响。

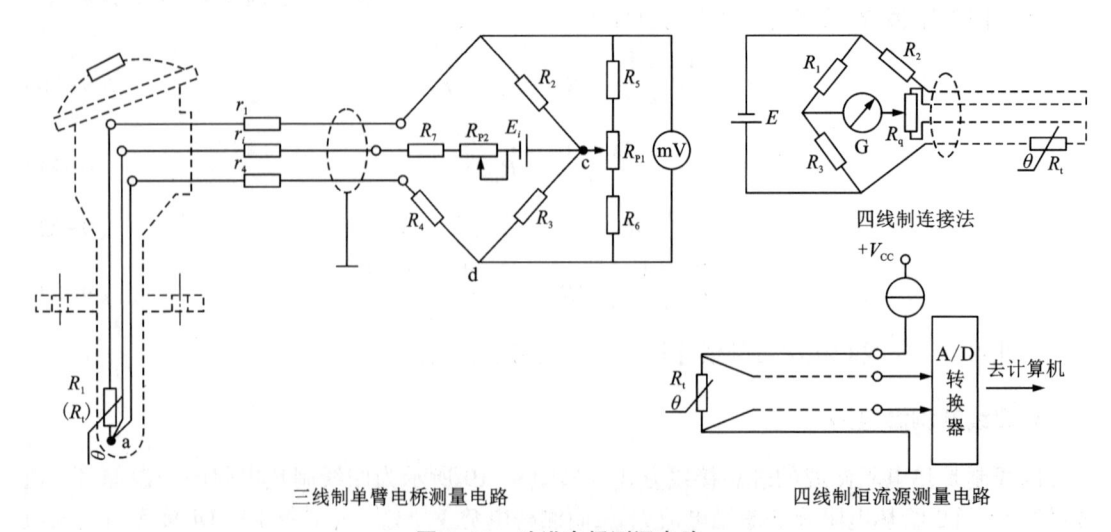

三线制单臂电桥测量电路　　四线制恒流源测量电路

图 9-21 改进电桥测温电路

对于三、四线制热电阻，温度变化时只要导线长度和电阻温度系数都相同，其电阻变化将不会影响后续测量。

9.3 半导体热敏电阻

热敏电阻是利用某种半导体材料的电阻率随温度变化而变化的性质制成的。半导体热敏电阻具有以下特点：

①热敏电阻上的电流随电压的变化不服从欧姆定律。
②电阻温度系数绝对值大，灵敏度高，测试线路简单，甚至不用放大也可输出几伏电压。
③体积小，重量轻，热惯性小。
④本身电阻值大，适用于远距离测量。
⑤制作简单，寿命长。
⑥热敏电阻非线性严重，复现性和互换性均较差。

9.3.1 热敏电阻的温度特性

按半导体电阻-温度特性，热敏电阻可分为三类：即负温度系数（NTC）热敏电阻，正温度系数（PTC）热敏电阻和临界温度系数（CTR）热敏电阻。它们的温度特性曲线如图9-22所示。

PTC热敏电阻即正温度系数热敏电阻，指正温度系数很大的半导体材料或元器件，它是一种具有温度敏感性的半导体电阻，它的电阻值随着温度的升高呈阶跃性增加，温度越高，电阻值越大。突变型PTC热敏电阻随温度升高到某一值时电阻急剧增大，如图9-22曲线3所示；NTC热敏电阻是一种氧化物的复合烧结体，其电阻值随温度的增加而减小，如图9-22曲线1所示。其特点是电阻温度系数大、结构简单、体积小、电阻率高、热惯性小，易于维护、制造简单、使用寿命长，能进行远距离控制，其缺点是互换性差，非线性严重。CTR热敏电阻构成材料是钒、钡、锶、磷等元素氧化物的混合烧结体，是半玻璃状的半导体，其骤变温度随添加锗、钨、钼等的氧化物而变，到达该温度时，电阻急剧下降，如图9-22曲线4所示，CTR可应用在控温报警等方面。

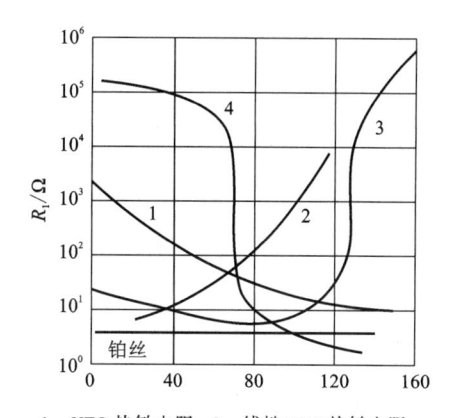

1—NTC热敏电阻；2—线性PTC热敏电阻；
3—突变性PTC热敏电阻；4—CTR热敏电阻。

图9-22 温度特性曲线

9.3.2 热敏电阻的基本参数

①标称电阻R_{25}（冷阻）。标称电阻值是热敏电阻在25±0.2 ℃时的阻值。
②材料常数$B_N(B_P)$。表征负（正）温度系数热敏电阻器材料的物理特性常数。
B_N值取决于材料的激活能ΔE，有$B_N=\Delta E/2k$函数关系，式中k为波尔兹曼常数。一般B_N越大，则电阻值越大，绝对灵敏度越高。在工作温度范围内，B_N值并非常数，而是随温度

升高略有增加。

③电阻温度系数 $\alpha(\%/℃)$。热敏电阻的温度变化 1 ℃时电阻值的变化率。

④耗散系数 H。热敏电阻温度变化 1 ℃所耗功率变化量。在工作范围内,环境温度变化 H 随之变化,与热敏电阻的结构、形状和所处介质的种类及状态有关。

⑤时间常数 τ。热敏电阻器在零功率测量状态下,当环境温度突变时电阻器的温度变化量从开始到最终变量的 63.2% 所需时间。它与热容量 c 和耗散系数 H 之间的关系 $\tau=c/H$。

⑥功率灵敏度 K_G。热敏电阻器在工作点附近消耗功率 1 mW 时所引起电阻值的变化,即在工作范围内,K_G 随环境温度的变化略有改变。

⑦热容 c。温度变化 1 ℃所需吸收或释放的热量,J/℃。

⑧最高工作温度、最低工作温度。规定技术条件下长期连续工作允许的上下限温度。

9.4 热电传感器的应用

1. 热电偶测量炉温

图 9-23 所示为常用炉温测量采用的热电偶测量系统图。图 9-33 中由毫伏(mV)定值器给出设定温度的相应 mV 值,若热电偶的热电势与定值器的输出(mV)值有偏差,则说明炉温偏离给定值,此偏差经放大器送入调节器,再经过晶闸管触发器去推动晶闸管执行器,从而调整炉丝的加热功率,消除偏差,达到温控的目的。

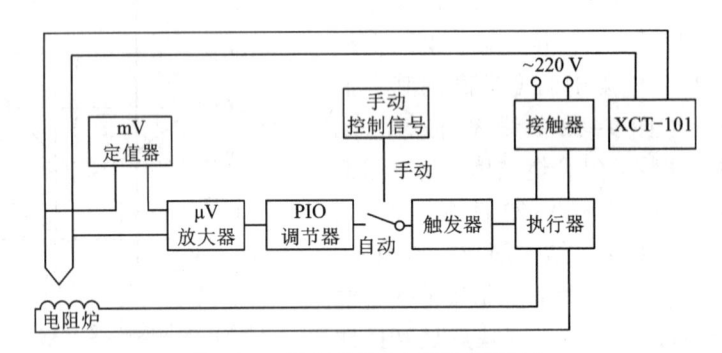

图 9-23 炉温的热电偶测量系统图

2. 双金属温度传感器室温测量的应用

图 9-24 所示为铂电阻 Pt100 作为感温元件的室内温度测量电路,包括电桥和放大电路及转换电路,当温度变化时,其阻值发生变化,电桥失去平衡,产生的电势差经放大器进行放大,再加到 A/D 转换器上,输出的数字信号与微机或其他设备相连。

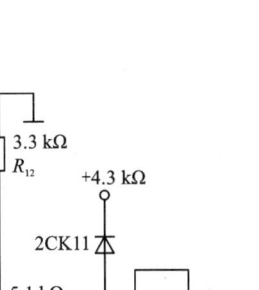

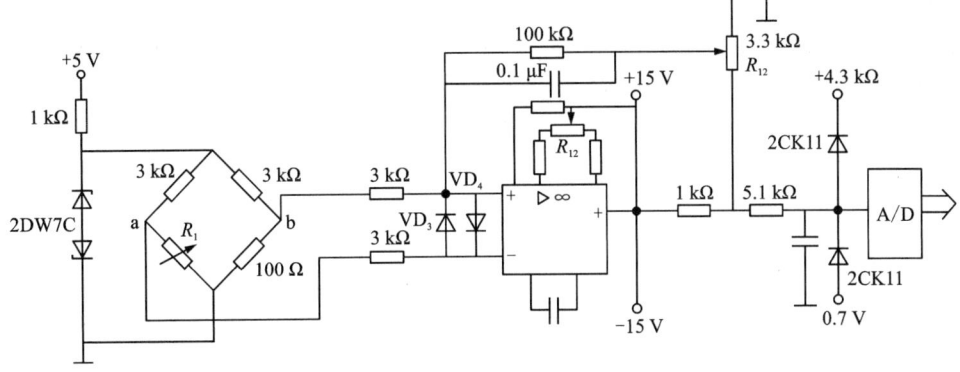

图 9-24 双金属温度传感器室温测量原理

3. 热敏电阻用于电动机过热保护

将突变型热敏电阻埋设在被测物中,并与继电器串联,给电路加上恒定电压。当周围介质温度升到某一数值时,电路中的电流可以由十分之几毫安变为几十毫安,因此继电器动作,从而实现温度控制或过热保护。

热敏电阻在家用电器中用途十分广泛,如空调与干燥器、热水取暖器、电烘箱体温度检测等都会用到热敏电阻。例如,将由热敏电阻传感器组成的热敏继电器作为电动机过热保护装置,如图 9-25 所示。把 3 只特性相同的 RRC6 型热敏电阻(经测试阻值在 20 ℃时为 10 kΩ, 100 ℃时为 1 kΩ, 110 ℃时为 0.6 kΩ)放在电机三相绕组中,紧靠绕组,每组各放 1 只,滴上万能胶固定。当电机正常运行时,温度较低,热敏电阻阻值大,T 截止,继电器 K 不动作。当电机过负荷或断相或一相通地时,电机温度急剧升高,热敏电阻阻值急剧减小,小到一定值,三极管 T 完全导通或饱和,继电器 K 吸合,断开电动机控制电路,从而起到保护电动机的作用。

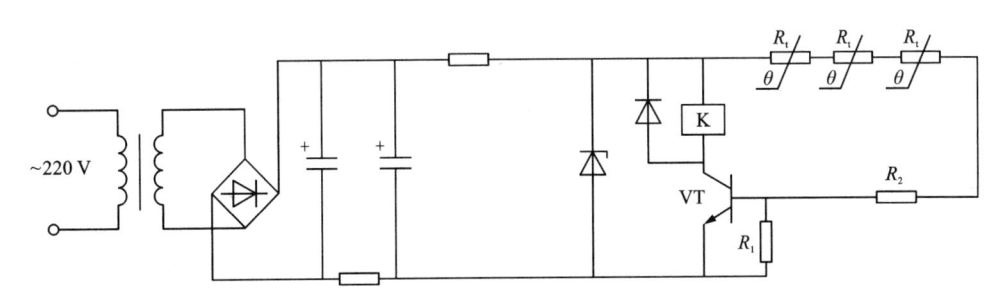

图 9-25 热敏电阻用于电动机过热保护

4. 变电所开关柜在线测温装置

开关柜是变电站、电厂重要的电气设备之一。长期运行时,开关柜中的断路器与开关柜之间的连接插头等部位会因制造、运输、安装不良及老化引起接触电阻过大而发热,如果这些发热部位因温度无法监测而得不到及时检修,那么会导致开关柜烧毁,进而造成火灾和大面积停电事故。

开关柜在线测温装置原理如图 9-26 所示,整个装置由蓝牙发射模块的热电偶传感器、蓝牙接收模块的温度显示器、以太网、主站终端组成。

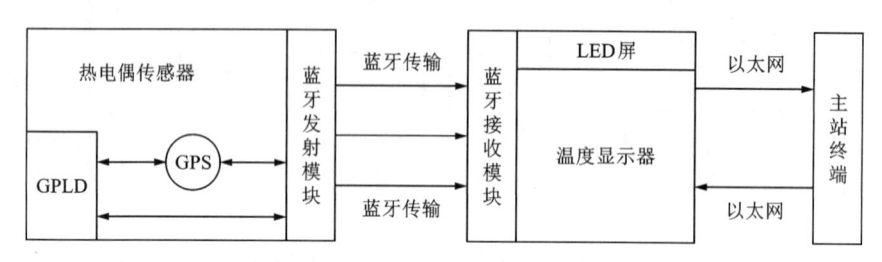

图 9-26　开关柜在线测温装置原理图

电偶传感器安装在被测点,采用接触式获取各测点温度值;采集的温度数据通过蓝牙发射模块与处于寻呼扫描模式的安装在开关柜面板上的蓝牙接收模块相连,连接成功后,内置在温度传感器的蓝牙接收模块接收温度数据,如此便可实现模块间数据的传输。温度数据可以在温度显示器的 LED 屏上显示,显示器装有灯光显示装置,正常时显示绿灯,不正常时为红灯不停闪烁;同时,温度数据通过变电所内以太网传输到站内终端系统,终端主机可设置参数,当温度大于设定阈值范围时便发出报警信号。传感器内置 GPS 芯片作为同步时钟,保证数据的同步采集,CPLD 逻辑控制模块通过接收同步秒脉冲 1PPS 的控制信号,并经过一定的逻辑运算产生同步数字信号,从而实现站内终端的实时监控,可更快、更准确地发现温度异常,以便及时排除开关柜故障。

习　题

1. 解释热电效应、热电势、接触电势和温差电势。
2. 热电偶测温原理是什么?热电偶回路产生热电势的必要条件是什么?
3. 电极定律与中间导体定律之间的内在联系是什么?参考电极定律的实用价值如何?
4. 热电偶冷端温度对热电偶的热电势有什么影响?为消除冷端温度影响可采取哪些措施?
5. 将一灵敏度为 0.08 mV/℃ 的热电偶与电压表相连接,电压表接线端是 50 ℃,若电位计上读数是 60 mV,则热电偶的热端温度是多少?
6. 用一种由材料 A-材料 C 构成的热电偶测量燃烧炉温度时,其冷端温度为 30 ℃,在分度表上 $E_{AC}(30℃,0℃)=2.62$ mV。当 $T=400$ ℃ 时,直流电位计上测得的热电势为 $E_{AC}=42.28$ mV。同时由分度表得到材料 B-材料 C 的热电偶在 400 ℃ 的热电势为 $E_{BC}=-2.38$ mV。

(1) 求 $E_{AC}(400℃,0℃)$。
(2) 求 $E_{AB}(400℃,0℃)$。

7. 试比较热电偶、热电阻、热敏电阻三种热电式传感器的特点,并说明热电偶为何适合用于中、高温?而热电阻适合用于测量中、低温?

第 10 章

光电传感器

在自然界中，光是重要的信息媒体。通过一定的方法把物体对光学量的反应测量出来，就可以直接或间接反映物体的一些特性。光电传感器是将光信号转换成电信号的光敏器件，可用于检测直接引起光强变化的非电量，如光强、辐射测温、气体成分分析等；也可用来检测能转换成光量变化的其他非电量，如零件线度、表面粗糙度、位移、速度、加速度等。光电传感器具有响应快、性能可靠、抗干扰能力强、体积小、功耗低、灵敏度高、能实现非接触测量等优点，因而在检测和控制领域获得广泛应用。

10.1 光电效应

某些材料吸收光能后转换为该材料中某些电子的能量，从而产生的电效应称为光电效应。光电效应是光敏元实现光电转换的物理基础，光电传感器的工作原理是基于一些物质的光电效应。光电效应一般分为外光电效应、光电导效应和光生伏特效应。

10.1.1 外光电效应

在光照射下，物体内的电子逸出物体表面向外发射的现象称为外光电效应，也叫光电发射效应。其中，向外发射的电子称为光电子，能产生光电效应的物质称为光电材料。基于外光电效应的光电器件有光电管、光电倍增管等。

光子是具有能量的粒子，每个光子的能量 $E=h\nu$，其中，$h=6.626\times10^{-34}$ J·s，是普朗克常数；ν 是光的频率。根据爱因斯坦假设，一个电子只接受一个光子的能量，要使一个电子从物体表面逸出，光子能量必须大于该物体的表面逸出功，超过逸出功的能量表现为逸出电子的动能。

光电子的产生取决于其能量是否大于物体的表面电子逸出功。不同物质有不同的逸出功，即每种物质都有其对应的光频阈值，称为红限频率或波长限。光频率低于红限频率，光子能量不足以使物体内的电子逸出，因而小于红限频率的入射光，光强再大也不产生光电子发射；反之，入射光频率高于红限频率，即使光微弱，也有光电子射出。入射光的频谱成分不变时，产生的光电流与光强呈正比。光强愈大，则光子数目越多，逸出电子数也就越多。

10.1.2 内光电效应

在光照射下,物体内的电子不能逸出物体表面,而使物体的电导率变化或产生光生电势的现象称为内光电效应。此现象多发生于半导体内。

根据工作原理的不同,内光电效应可分为光电导效应和光生伏特效应。

1. 光电导效应

在光作用下,电子吸收光子能量后,使导电性能加强,从键合状态过渡到自由状态,引起材料电导率变化的现象称光电导效应。

当光照射到半导体材料上时,价带中的电子受到能量大于或等于禁带宽度的光子轰击,并使其有价带越过禁带跃入导带,如图 10-1 所示,使材料中导带内的电子和价带内的空穴浓度增加,从而使电导率变大。

为实现能级的跃迁,入射光能量必须大于光电导材料的禁带宽度 E_g。材料的光导性能决定了禁带的宽度,对于一种光电导材料,只有波长小于波长限 λ_0 的光照射,才能产生电子能级的跃迁,从而使电导率增加。

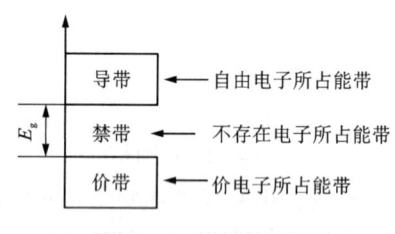

图 10-1 能级的跃迁

2. 光生伏特效应

光生伏特效应是光作用下使物体内产生一定方向的电势的现象。光生伏特效应有两种效应:势垒效应和丹倍效应。

光照射 PN 结的结区使两端产生电势。入射到 PN 结势垒区的光子激发产生的自由电子和价带的自由空穴在结内电场作用下运动,电子被推向 N 区,空穴被推向 P 区,从而使 P 区带正电、N 区带负电。光电子在 N 区积累,空穴在 P 区积累,使 PN 结两端形成电位差,从而产生光生电势。若用导线连接 P 区和 N 区,则电路中有光电流流过。这就是势垒效应,如图 10-2 所示。

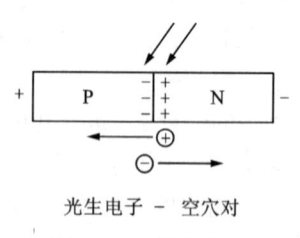

图 10-2 势垒效应

半导体的光敏面受光照不均匀时,光照部分吸收光子能量产生光电子,使该区域电子浓度高于未照部分,出现浓度梯度,形成载流子的扩散运动。由于电子的迁移率高于空穴,电子首先流向未光照部分,使光照部分带负电,未照部分带正电,产生电子-空穴对,形成光电势。这就是丹倍效应。

10.2 光电器件

10.2.1 外光电效应器件

基于外光电效应工作原理制成的光电器件，一般都是真空的或充气的光电器件，如光电管和光电倍增管。

1. 光电管的结构及原理

光电管由一个涂有光电材料的阴极和一个阳极构成，并且将阴极和阳极密封在一只真空玻璃管内。阴极通常是用逸出功小的光敏材料涂敷在玻璃泡内壁上做成，阴极发射光电子；阳极通常用金属丝弯曲成矩形或圆形，阳极吸收电子，置于玻璃管的中央。光电管的结构如图 10-3(a) 所示。一般阴极具有一定的几何形状，用以有效地吸收最大光强，例如部分为球面或半圆筒状，其凹面上镀有光电发射材料。

(a) 光电管　　(b) 外光电效应

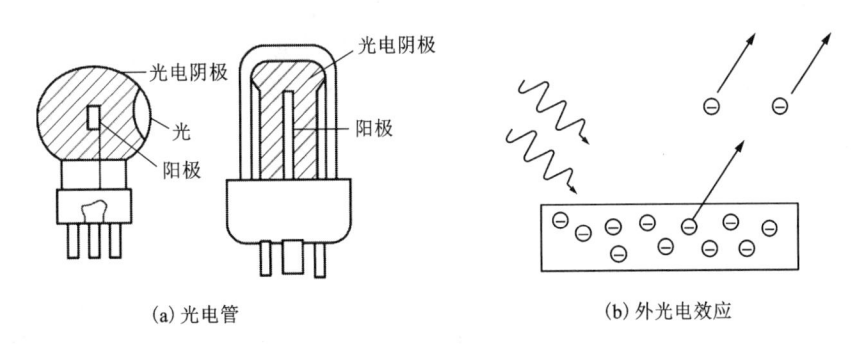

图 10-3　光电管和外光电效应

当光照射在阴极上时，阴极发射出光电子，被具有一定电位的中央阳极所吸引，在光电管内形成空间电子流，如图 10-3(b) 所示。在外电场作用下将形成电流 I，称为光电流。光电流的大小与光电子数成正比，而光电子数又与光照度成正比。

由于材料的逸出功不同，所以不同材料的光电阴极对不同频率的入射光有不同的灵敏度，人们可以根据检测对象是可见光还是紫外光而选择不同阴极材料的光电管。目前紫外光电管在工业检测中多用于紫外线测量、火焰监测等，可见光较难引起光电子的发射。实用光电发射材料应该具有以下 3 个条件。

① 光吸收系数大。
② 光电子在体内传输到体外的过程中能量损失小，使逸出深度大。
③ 电子亲和势较低，使表面的逸出概率高。

2. 光电倍增管的结构及原理

光电倍增管由光阴极、次阴极(倍增电极)及阳极三部分组成，如图 10-4 所示。它利用二次电子释放效应将光电信号进行放大。光照射到阴极上产生光电子，光电子在真空中电场的作用下被加速投射到倍增极上。一个光电子可以多次加速，使激发倍增极后的电子数目得到倍增，一般有 11 个左右的倍增极。

光电倍增管的性能参数如下。

①灵敏度。灵敏度是光电倍增管将光辐射转换为电信号能力的一个重要参数，包括阳极灵敏度和阴极灵敏度。阳极灵敏度是指在一定工作电压下阳极输出电流与照射到阴极面上光通量的比值；阴极灵敏度是指光电阴极本身的积分灵敏度。

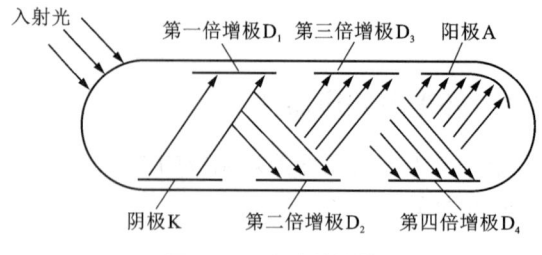

图 10-4 光电倍增管

②放大倍数。光电倍增管的放大倍数也称为电流增益。在一定工作电压下，放大倍数是光电倍增管的阳极电流和阴极电流的比值。

③光电特性。阳极电流随着光通量而增加，而且在很宽范围内是线性的，因此适合测量辐射光通量较大的场合。

光电倍增管的灵敏度比光电管高出几万倍，在星光下就可以产生可观的电流，光通量在 $10^{-6} \sim 10^{-4}$ lm（流明）的区间里，其输出电流均能保持线性。因此，光电倍增管可用于微光测量，如探测高能射线产生的辉光等。但由于光电倍增管是玻璃真空器件，体积大、易破碎，工作电压高达上千伏，所以目前已逐渐被新型半导体光敏元件所取代。

10.2.2 内光电效应器件

1. 光敏电阻

(1) 结构及原理

光敏电阻又称光导管，是基于光电导效应原理制成的器件，几乎都用半导体材料制成，结构较简单，如图 10-5 所示。光敏电阻是涂于玻璃底板上的一薄层半导体物质，半导体的两端装有金属电极，金属电极与引出线端相连接，通过引出线接入电路。光敏电阻没有极性，使用时即可以加直流电，也可以加交流电。

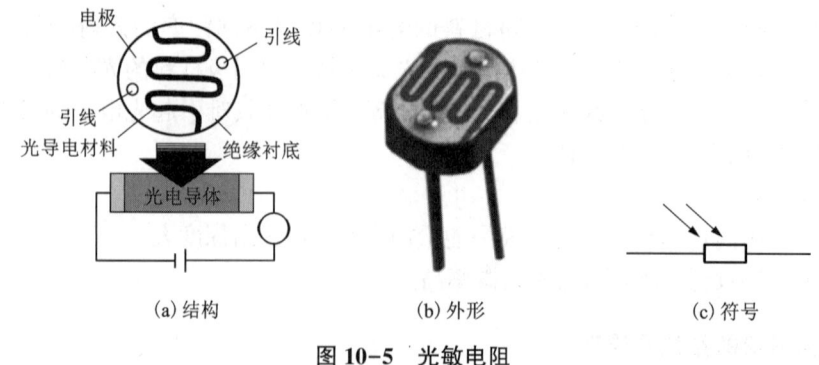

图 10-5 光敏电阻

光敏电阻在室温条件下，全暗（无光照射）后经过一定时间测得的电阻值称暗电阻，此时在给定电压下流过的电流称暗电流。无光照时，光敏电阻的阻值很高，即暗电阻很大。当其受到一定波长范围的光照射时，光子的能量大于材料的禁带宽度，价带中的电子吸收光子能量后跃迁到导带，激发出导电的电子-空穴对，使电阻降低；光敏电阻在某一光照下的阻值称为该光照下的亮电阻。此时流过的电流为亮电流。光愈强，激发出的电子-空穴对越多，电阻值越低；光照停止，自由电子与空穴复合，导电性能下降，电阻恢复原值。

光敏电阻具有很高的灵敏度，光谱响应的范围宽，体积小，质量轻，性能稳定，机械强度高，寿命长，价格低，被广泛地应用于自动检测系统中。

（2）基本特性

①光电流。亮电流与暗电流之差。暗电阻越大、亮电阻越小，也即暗电流越小，光电流越大，性能越好。光敏电阻容易受温度的影响，温度升高，暗电阻减小，暗电流增加，灵敏度下降。

②光照特性。在一定外加电压下，光敏电阻的光电流与光通量的关系曲线，称为光敏电阻的光照特性，如图 10-6 所示。光通量是光源在单位时间内发出的光量总和，单位是 lm。不同的光敏电阻的光照特性是不同的，但多数情况下曲线是非线性的，所以光敏电阻不宜做定量检测元件，而常在自动控制中用作光电开关。

③光电特性。在光敏电阻两极电压固定不变时，光照度与电阻及电流间的关系称为光电特性，如图 10-7 所示。光照度 E 是光源照射在被照物体单位面积 dA 上的光通量 Φ，即 $E = d\Phi/dA$，单位是 lx（勒克斯）；从图 10-7 可以看出，当光照度大于 100 lx 时，它的光电特性非线性就十分严重了。

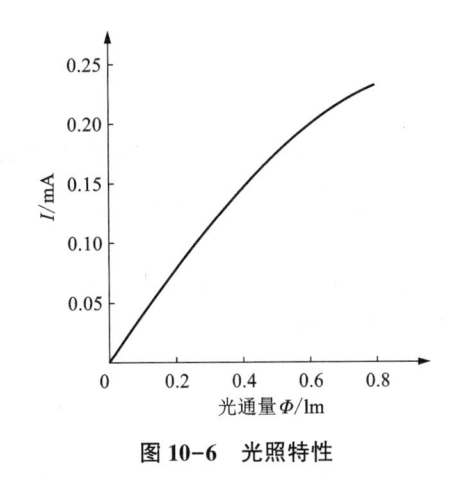

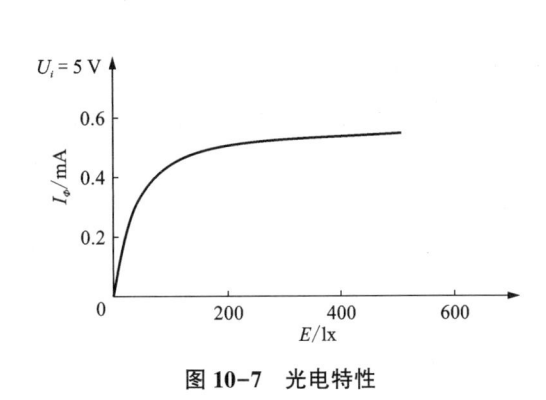

图 10-6　光照特性

图 10-7　光电特性

④频率特性。当光敏电阻受到光照射时，光电流要经过一段时间才能达到稳态值，而在停止光照后，光电流也经过一定时间恢复暗电流值，这是光敏电阻的时延特性。不同材料的光敏电阻的时延特性不同，因此它们的频率特性也不同。由于光敏电阻的时延比较大，所以它不能用在要求快速响应的场合。

⑤稳定性。初制成的光敏电阻，由于体内机构工作不稳定，以及电阻体与其介质的作用还没有达到平衡，因此性能是不够稳定的。但在人为地加温、光照及加负载后，经过 1~2 周的老化，性能可达稳定。光敏电阻的使用寿命在密封良好、使用合理的情况下，几乎是无限长的。

2. 光敏二极管

光敏二极管是基于内光电效应原理制成的光敏元件。光敏二极管的结构与一般二极管类似，它的PN结装在透明管壳的顶部，可以直接受到光照射，其外形如图10-8(a)所示。光敏二极管在电路中一般处于反向工作状态。其结构与符号如图10-8(b)、(c)所示。光敏二极管在没有光照射时反向电阻很大，暗电流很小；当有光照射光敏二极管时，在PN结附近会产生光生电子-空穴对，在P区内电场作用下定向运动形成光电流，且随着光照度的增强光电流增大。所以，在不受光照射时，光敏二极管处于截止状态；受光照射时，光敏二极管处于导通状态。光敏二极管主要用于光控开关电路及光耦合器中。

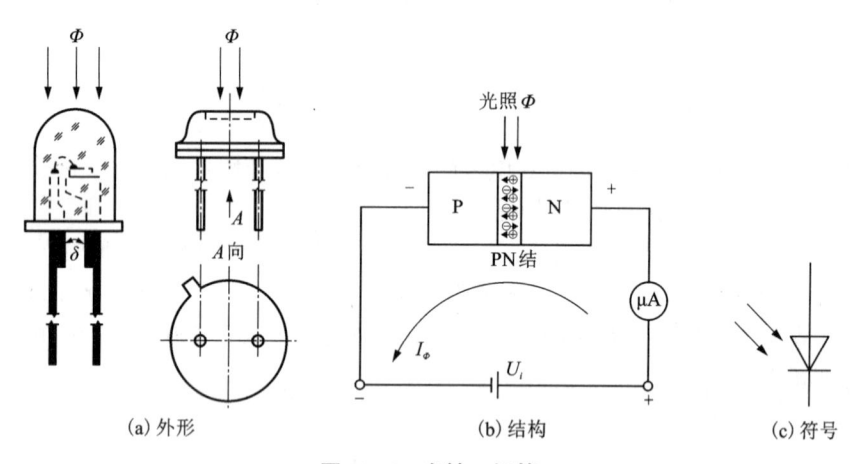

(a) 外形　　(b) 结构　　(c) 符号

图 10-8　光敏二极管

当有光照射在光敏二极管上时，光敏二极管与普通二极管一样，有较小的正向电阻和较大的反向电阻；当无光照射时，光敏二极管正向电阻和反向电阻都很大。用欧姆表检测时，先让光照射在光敏二极管管芯上，测出其正向电阻，其阻值与光照强度有关，光照越强，正向阻值越小；然后用一块遮光黑布挡住照射在光敏二极管上的光线，测量其阻值，这时正向电阻应立即变得很大。有光照和无光照下所测得的两个正向电阻值相差越大越好。

3. 光敏三极管

(1) 结构及原理

光敏三极管有PNP型和NPN型两种，其结构与一般三极管相似，有电流增益，其发射极一般很大，以扩大光照射面积，一般不接基极引线，也有带基极引线的，如图10-9所示。

当集电极加正电压，基极开路时，集电极处于反偏状态。当光照射在集电极的结区时产生电子-空穴对，在内电场作用下，光生电子被拉到集电极，基区留下空穴，使基极与发射极

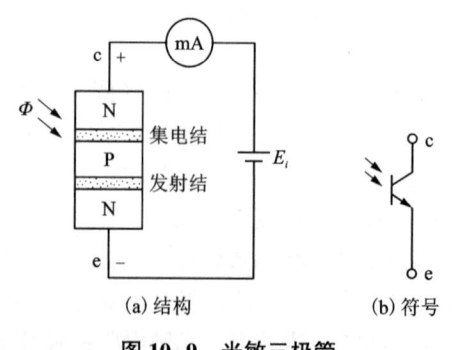

(a) 结构　　(b) 符号

图 10-9　光敏三极管

间的电压升高,大量电子流向集电极,形成输出电流,集电极电流为光电流的 β 倍。

因此,光敏三极管比光敏二极管的灵敏度高得多;但光敏三极管的频率特性比光敏二极管差,暗电流也大。

(2)基本特性

①光谱特性。光敏三极管对于不同波长的入射光,其相对灵敏度 K_r 是不同的。图 10-10 所示为光敏三极管对应 3 种波长的光谱特性曲线:曲线 1 是常规工艺硅光敏晶体管的光谱特性;曲线 2 是滤光玻璃引起的光谱特性紫偏移;曲线 3 是滤光玻璃引起的光谱特性红偏移。由于锗管的暗电流比硅管大,故一般锗管的性能比较差。因此,在探测可见光或炽热状态物体时,都采用硅管;当探测红外光时,锗管比较合适。

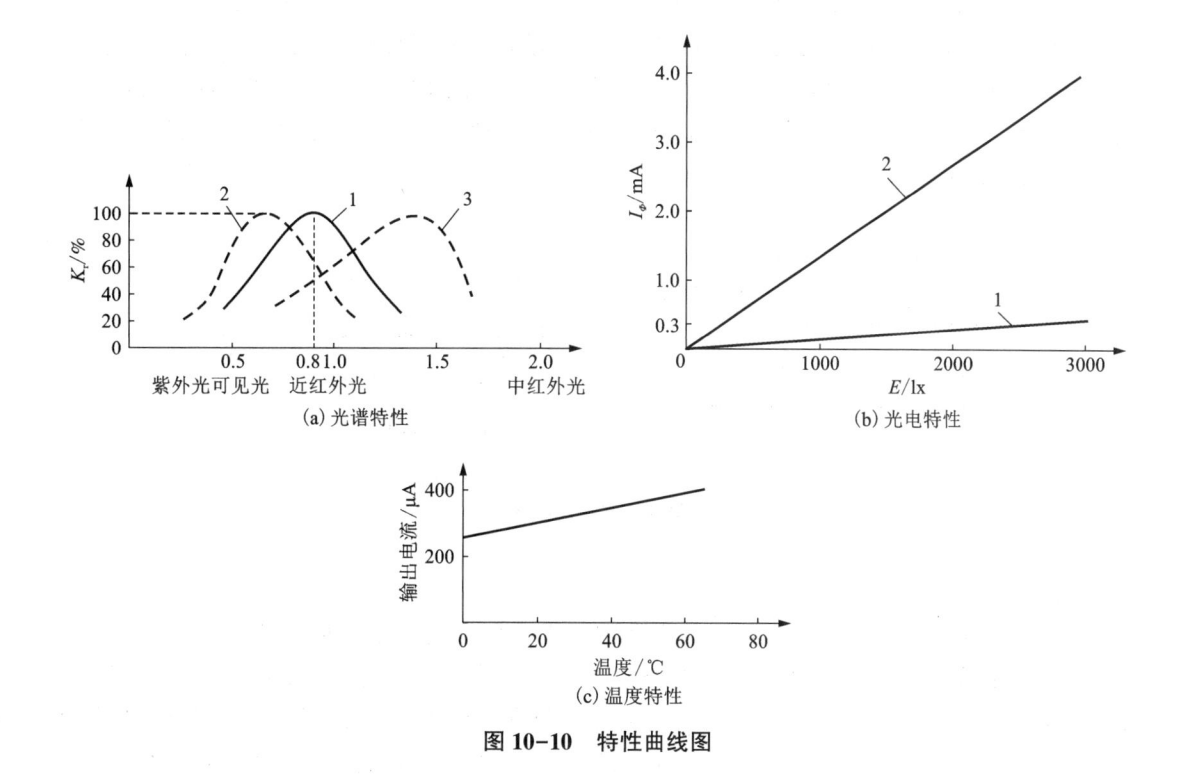

图 10-10 特性曲线图

②伏安特性。光敏三极管在不同光照度 E_e 下的伏安特性,与一般三极管在不同的基极电流时的输出特性一样,只要将入射光在发射极与基极之间的 PN 结附近所产生的光电流看作基极电流,就可将光敏三极管看作一般的三极管。

③光电特性。图 10-10(b)所示为光敏二极管和光敏三极管的光电特性曲线:直线 1 是光敏二极管光电特性;直线 2 是光敏三极管光电特性。其输出电流为 I_Φ,与光照度 E 之间的关系可近似看作线性关系。由图 10-10(b)可以看出,光敏三极管的灵敏度高于光敏二极管。

④温度特性。温度特性表示温度与暗电流及输出电流之间的关系。图 10-10(c)所示为锗管的温度特性曲线。由图 10-10(c)可见,温度变化对输出电流的影响较小,输出电流主要是由光照度所决定的;而暗电流随温度变化很大,所以在应用时应在线路上采取措施进行温度补偿。

4. 光电池

光电池能将入射光能量转换成电压和电流,属于光生伏特效应元件,是自发电式有源器件。它既可以作为输出电能的器件,也可以作为一种自发电式的光电传感器,用于检测光的强弱,以及能引起光强变化的其他非电量。光电池的种类很多,其中应用最多的是硅光电池、硒光电池、砷化钾光电池和锗光电池等;具有性能稳定、频率特性好、光谱范围宽、能耐高温辐射等优点。

(1) 结构及原理

硅光电池是在一块 N 型硅片上,用扩散法掺入一些 P 型杂质(例如硼)形成 PN 结,其结构如图 10-11(a) 所示。光照射在 PN 结上时,若光子能量大于半导体材料禁带宽度,则在 PN 结内会产生电子-空穴对,在 PN 结内建电场作用下,空穴移向 P 区,电子移向 N 区,使 P 区带正电,N 区带负电,使 PN 结两端产生电势。当光照到 PN 结时,若在两级间串接负载,电路中将产生电流,其电路、符号如图 10-11(b)、(c) 所示。光照下光电池直接将光能转变为电势,实质是电压源。

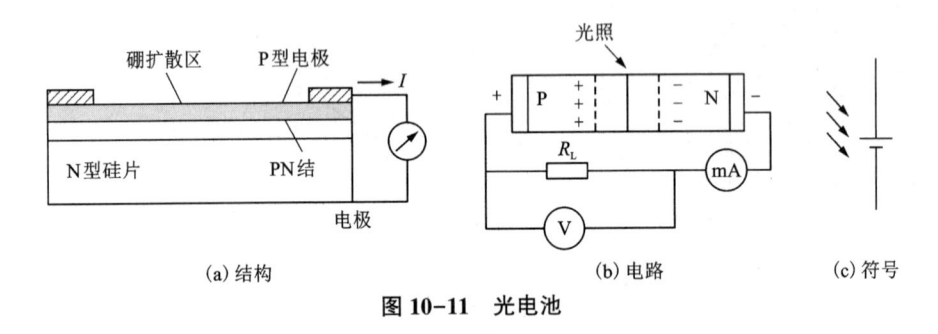

图 10-11 光电池

(2) 基本特性

① 光谱特性。光电池的基本特性参数反映了其工作性能。光电池的相对灵敏度 K_r 与入射光波长之间的关系称为光谱特性。图 10-12(a) 所示为硒光电池和硅光电池的光谱特性曲线。由图 10-12(a) 可知,不同材料光电池的光谱峰值位置是不同的,硅光电池的光谱峰值在 $0.4 \sim 1.1 \, \mu m$ 范围内,而硒光电池的光谱峰值在 $0.34 \sim 0.67 \, \mu m$ 范围内。在实际使用时,可根据光源性质选择光电池。但要注意,光电池的光谱峰值不仅与制造光电池的材料有关,而且也与使用温度有关。

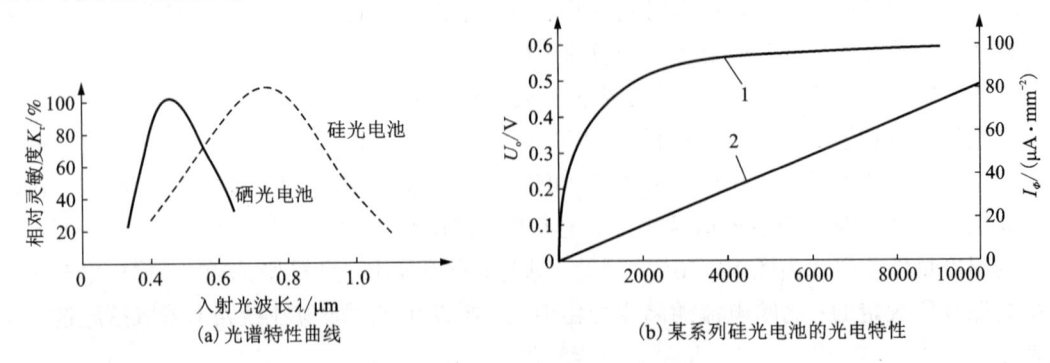

图 10-12 光电池的特性曲线

②光电特性。硅光电池的负载电阻不同，输出电压和电流也不同。图 10-12(b) 中的曲线 1 是某光电池负载开路时的开路电压特性曲线，曲线 2 是负载短路时的短路电流特性曲线。开路电压与光照度的关系是非线性的，近似于对数关系。由实验测得，负载电阻越小，光电流与光照度之间的线性关系越好。当负载短路时，光电流在很大程度上与光照度呈线性关系，因此当测量与光照度呈正比的其他非电量时，应把光电池作为电流源使用，当被测非电量是开关量时，可以把光电池作为电压源使用。

③光照特性。光生电势 U 与光照度 E_e 之间的特性曲线称为开路电压曲线；光电流密度 J_e 与光照度 E_e 之间的特性曲线称为短路电流曲线。图 10-13 所示为硅光电池的光照特性曲线。由图 10-13 可知，短路电压在很大范围内与光照度呈线性关系，这是光电池的主要优点之一；开路电压与光照度之间的关系是非线性的，并且在光照度为 2000 lx 的照射下趋于饱和。因此，把光电池作为敏感元件时，应该把它当作电流源使用，也就是利用短路电压与光照度呈线性关系的特点。由实验可知，负载电阻越小，光电流与光照度之间的线性关系越好，线性范围越宽，对于不同的负载电阻，可以在不同的光照度范围内使光电流与光照度保持线性关系。所以，把光电池作为敏感器件时，所用负载电阻的大小应根据光照的具体情况而定。

④温度特性。光电池的温度特性是描述光电池的开路电压、短路电压随温度 t 变化的曲线，如图 10-14 所示。由于它关系到应用光电池设备的温度漂移，影响到测量精度或控制精度等主要指标，因此它是光电池的重要特性之一。由图 10-14 可以看出，开路电压随温度增加而下降，而短路电压随温度上升而增加。因此，用光电池作为敏感器件时，在自动检测系统设计时就应考虑温度的漂移，需要采取相应的补偿措施。

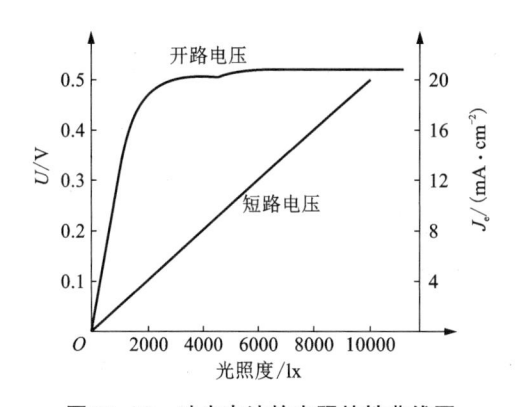

图 10-13 硅光电池的光照特性曲线图

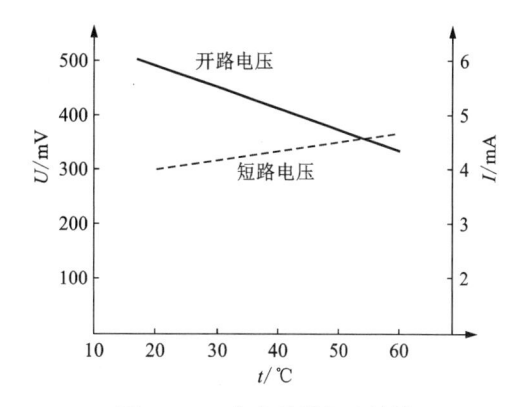

图 10-14 光电池的温度特性

10.3 光电器件的基本应用电路

1. 光敏电阻基本应用电路

在图 10-15(a) 中，光敏电阻与负载电阻串联后，接到电源上。当无光照时，光敏电阻 R_Φ 很大，R_L 上的压降 U_o 很小。随着入射光增大，R_Φ 减小，U_o 随之增大。图 10-15(b) 的情况恰好与图 10-15(a)相反,入射光增大,U_o 反而减小。

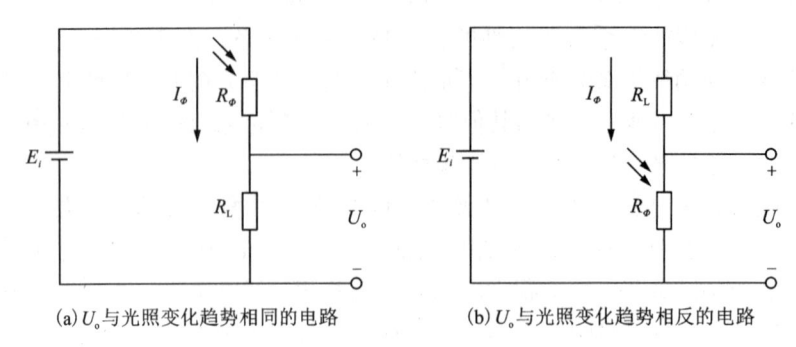

(a) U_o 与光照变化趋势相同的电路　　(b) U_o 与光照变化趋势相反的电路

图 10-15　光敏电阻基本应用电路

2. 光敏二极管基本应用电路

光敏二极管在应用电路中必须反向偏置;否则其电流就与普通二极管的正向电流一样,不受入射光的控制。在图 10-16 中,利用反相器可将光敏二极管的输出电压转换成 TTL 电平。

3. 光敏三极管基本应用电路

光敏三极管在电路中必须遵守集电结反偏、发射结正偏的原则,这与普通三极管工作在放大区时条件是一样的。图 10-17 展示了两种常用的光敏三极管电路,表 10-1 是它们的输出状态比较表。

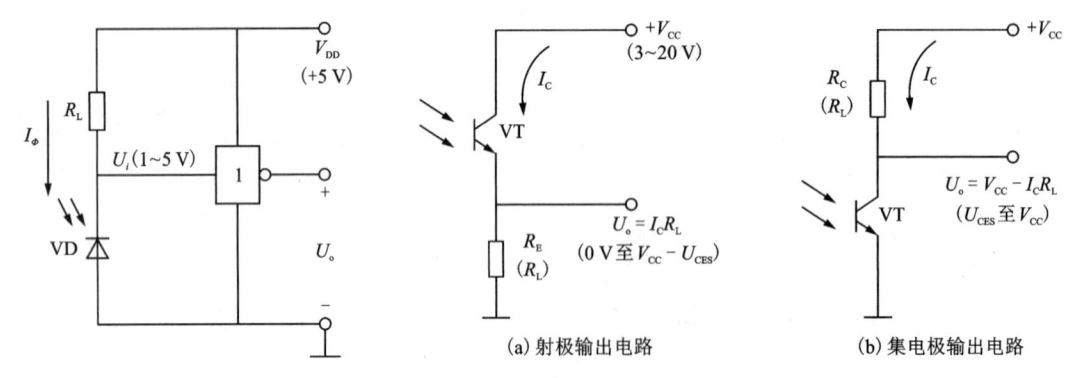

图 10-16　光敏二极管的应用电路示例　　图 10-17　光敏三极管的两种常用电路

表 10-1　输出状态比较表

电路形式	无光照时			强光照时		
	三极管状态	I_C/A	U_o/V	三极管状态	I_C/A	U_o/V
射极输出电路	截止	0	0 (低电平)	饱和	$(V_{CC}-0.3)/R_L$	$V_{CC}-U_{CES}$ (高电平)
集电极输出电路	截止	0	V_{CC} (高电平)	饱和	$(V_{CC}-0.3)/R_L$	U_{CES} (0.3 V,低电平)

从表 10-1 可以看出，射极输出电路的输出电压变化与光照的变化趋势相同，而集电极输出电路恰好相反。

4. 光电池基本应用电路

为了得到光电流与光照度呈线性的特性，要求光电池的负载必须短路（负载电阻趋向于零），可是，这在直接采用动圈式仪表的测量电路中是很难做到的。采用集成运算放大器组成的 I/U 转换电路就能较好地解决这个矛盾。图 10-18 是光电池的短路电流测量电路。由于运算放大器的开环放大倍数 $A_{od} \to \infty$，所以 $U_{AB} \to 0$，A 点为地点（虚地）。从光电池的角度来看，相当于 A 点对地短路，所以其负载特性属于短路电流的性质。又因为运放反相端输入电流 $I_A \to 0$，所以 $I_{Rf} = I_\Phi$，则输出电压 U_o 为

$$U_o = - I_\Phi R_f \tag{10-1}$$

从式（10-1）可知，该电路的输出电压 U_o 与光电流 I_Φ 呈正比，从而达到电流与电压转换的目的。若希望 U_o 为正值，可将光电池极性调换。若光电池用于微光测量时，I_Φ 可能较小，则应增加一级放大电路，并在第二级使用电位器 R_P 微调总的放大倍数，如图 10-18 中右边的反相比例放大器电路所示。

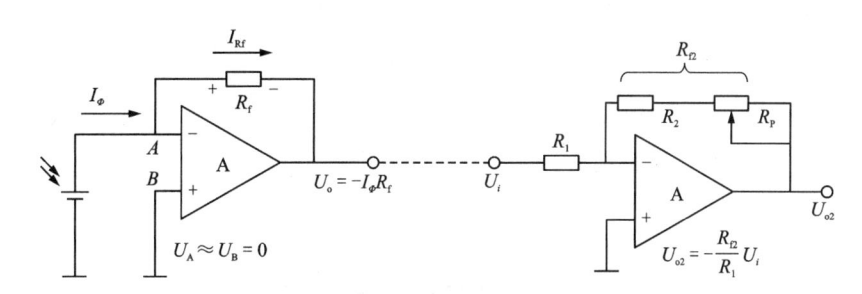

图 10-18 光电池的短路电流测量电路

5. 光电耦合

光电耦合器利用发光元件与光敏元件封装成一体而构成电-光-电转换器。信号电压加到光电耦合器输入端，使发光器发光，光敏管受光照而产生光电流，使输出端产生相应电信号，从而实现电—光—电的传输和转换。

根据结构与用途不同，光电耦合器分为光电隔离器和光电开关两类。光电隔离器主要用于实现电路间的电气隔离和消除噪声影响；光电开关主要用于物位检测等场合。

光电隔离器是将 LED 和光敏晶体管封装在同一管壳内组成的，在装配上要使 LED 辐射能量能有效地耦合到光敏晶体管上。

实际应用中的型号还有不少其他形式，如发光二极管-光敏电阻、发光二极管-光敏三极管、发光二极管-光敏可控硅等组合形式。其中以发光二极管-光敏三极管为基本形式的器件应用最为广泛。其可以构成发光二极管与复合三极管、达林顿管、集成电路等组合，应用范围非常广。光电隔离器的 4 种基本组合如图 10-19 所示。

选用哪种形式的光电隔离器要根据使用要求和目的来确定。LED-光敏三极管形式常用于一般信号隔离，信号频率一般在 100 kHz 以下；LED-复合管或达林顿管的形式常用在低功

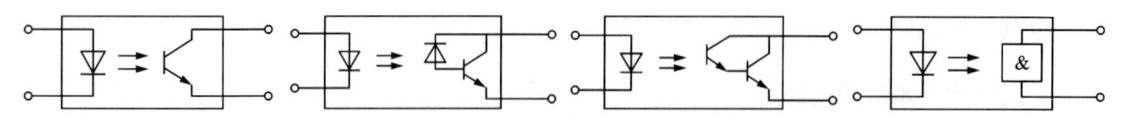

图 10-19　光电隔离器的 4 种基本组合

率负载的直接驱动等场合；LED-光控晶闸管形式常用在大功率的隔离驱动场合。当然在实用中都应尽量选用结构简单的组合形式的器件，且无论选用何种组合形式，均要使发光元件与接收元件的工作波长相匹配，保证器件具备较高的灵敏度。

【例 10-1】　将输入与输出端两部分电路的地线分隔开，并各自使用一套电源供电，如图 10-20 所示。这样信息可通过光电转换，实现单向传输。由于光电隔离器输入与输出端间绝缘电阻非常大，寄生电容却很小，所以干扰信号很难从输出端反馈到输入端，从而起到隔离作用。

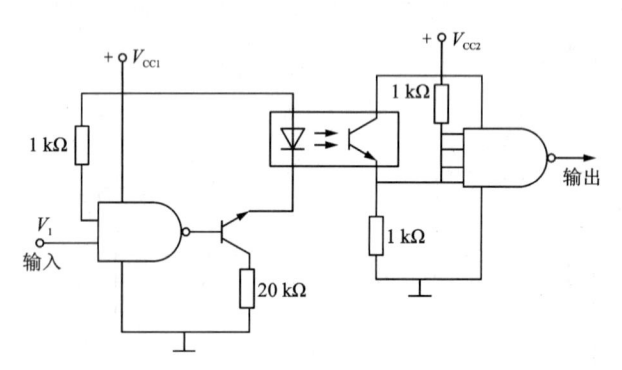

图 10-20　传输隔离电路示意图

【例 10-2】　计算机与外设互连电路如图 10-21 所示，通过光电耦合器可以将计算机输出信号方便地转化为 12 V。同时，来自外围如机械系统的信号可以通过光电隔离器将信号耦合入计算机。

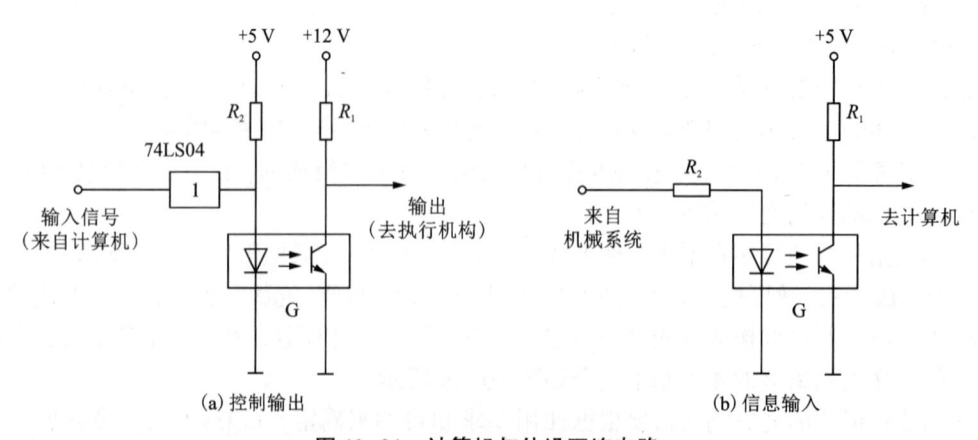

(a) 控制输出　　(b) 信息输入

图 10-21　计算机与外设互连电路

10.4 光电传感器的应用

1. 光电传感器式太阳跟踪

太阳能光发电是通过太阳能电池(组)将太阳能转化为电能,发电形式已经广泛应用于航空航天领域。阳光直射太阳能电池板时,太阳能的利用率最高。为了尽量保证太阳直射电池板,一般采用太阳自动跟踪系统。

跟踪方法有光电传感器跟踪控制,即通过安装在太阳电池板上的一组或多组可见光传感器,对接收到光信号的强度进行分析比较,确定是否需要调整方向。光电传感器共4组,顶部的S1、S2和S3、S4,底部的X1、X2和X3、X4,每组由特性相近的光电传感器组成,每组中的2个光电传感器按照以圆心为对称点对称排列,这样可在顶部和底部分别形成水平和垂直方向上的十字形,如图10-22所示。

当同一组内的2个光电传感器的检测结果相近时,认为在该方向上已经达到平衡,即跟踪到位。排除阴天和夜晚的情况,如果水平和垂直方向上2组传感器检测值分别接近时,太阳能电池板(由2组光电传感器构成的平面)此时正对太阳,跟踪成功。调整时,太阳能电池板向检测结果小的一方运转。顶部的2组检测器和底部的2组光电传感器,各有不同的作用。底部的2组光电传感器用于精确定位使用,只有当4个检测器中的一个被阳光照射时,底部的2组检测器才起作用。顶部的2组检测器用于太阳能电池板的初步跟踪,主要弥补当电池板与太阳夹角过大时,阳光无法直接照射到底部的2组光电传感器时的判断"死角"。

控制系统主要由光电传感器单元、跟踪控制单元、机械传动单元组成,如图10-23所示。光电传感器单元主要实现光电信号的转换、放大、传输。跟踪控制单元主要进行光电信号的数字转换、比较处理、限位开关状态获取、气象监测信号获取和电机控制。

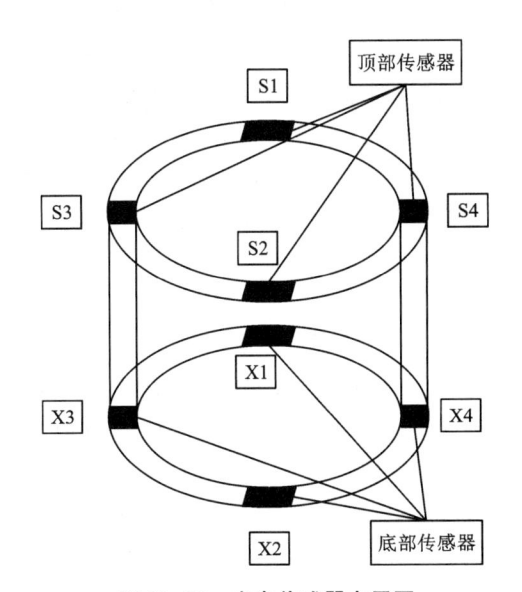

图 10-22 光电传感器布局图

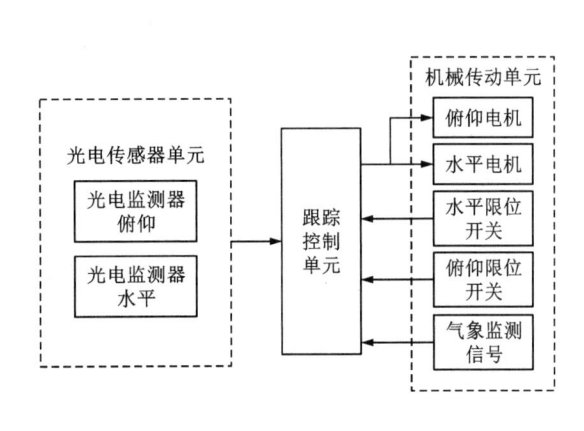

图 10-23 控制系统原理框图

2. 烟尘浊度监测仪

烟道里的烟尘浊度是通过光在烟道中传输时信号的变化来检测的。若烟道浊度增加,则光源发出的光被烟尘颗粒吸收和折射的量会增加,到达光检测器上的光会减少,因而光检测器输出信号的强弱便可反映烟道浊度的变化。图 10-24 所示为吸收式烟尘浊度监测仪组成框图。

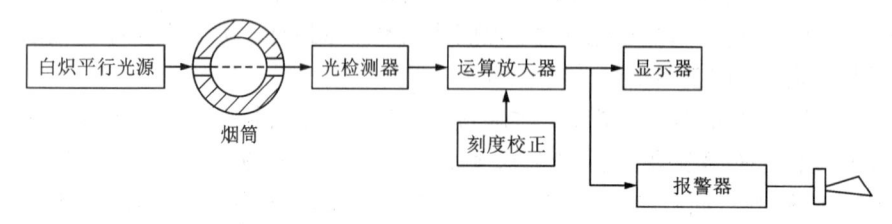

图 10-24 吸收式烟尘浊度监测仪组成框图

图 10-24 中,为了检测出烟尘中对人体危害性最大的亚微米颗粒的浊度和避免水蒸气及二氧化碳对光源衰减的影响,应选取可见光作为光源(400~700 nm 波长的白炽光)。光检测器选择光谱响应范围为 400~600 nm 的光电管,以获取随浊度变化的相应电信号。为了提高检测灵敏度,应采用具有高增益、高输入阻抗、低零漂、高共模抑制比的运算放大器,对信号进行放大。刻度校正被用来进行调零与调满刻度,以保证测试的准确性。显示器用来显示浊度瞬时值。报警器由多谐振荡器组成,当运算放大器输出浊度信号超过规定值时,多谐振荡器工作,输出信号经放大后推动扬声器发出报警信号。

3. 光电式转速表

转速是指每分钟内旋转物体转动的圈数,单位是 r/min。光电式转速表属于反射式光电传感器,它可以在距被测物数十毫米外非接触地测量其转速。由于光电器件的动态特性较好,所以可以用于高转速的测量而又不干扰被测物的转动,图 10-26 是它的工作原理。图 10-25(a)所示为透光式,在待测转速轴上固定一带孔的调制盘,在调制盘一边由白炽灯产生恒定光,透过盘上小孔到达光敏二极管或光敏三极管组成的光电转换器上,并转换成相应的电脉冲信号,该脉冲信号经过放大整形电路输出整齐的脉冲信号,转速通过该脉冲频率测定。图 10-25(b)所示为反射式,在待测转速的盘上固定一个涂有黑白相间条纹的圆盘,它们具有不同的反射信号,并可将其转换成电脉冲信号。

4. 水浊度监测仪

水样本的浊度是水文资料的重要内容之一,图 10-26 所示为光电式浊度计原理图。光源发出的光线经过半反半透镜分成两路强度相等的光线:一路光线穿过标准水样 8(有时也采用标准衰减器),到达光电池 9,产生作为被测水样浊度的参比信号;另一路光线穿过被测水样 5 到达光电池 6,其中一部分光线被样品介质吸收,样品水样越混浊,光线衰减量越大,到达光电池 6 的光通量就越小。两路光信号分别转换成电压信号 U_1、U_2,由运算器计算出 U_1 与 U_2 的比值,并进一步计算出被测水样的浊度。

(a) 透光式　　　　(b) 反射式

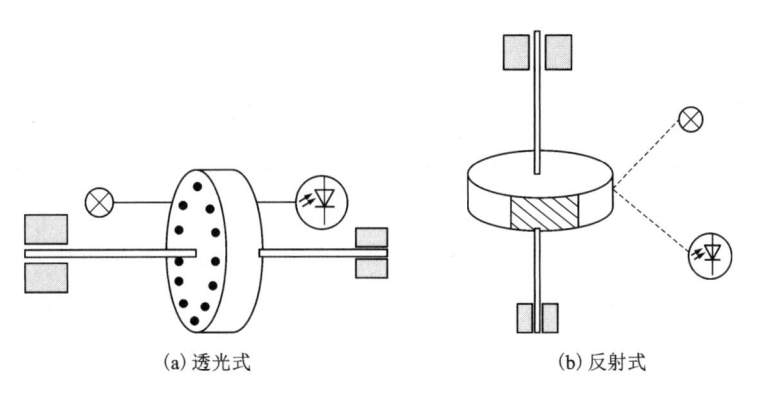

图 10-25　光电式转速表原理

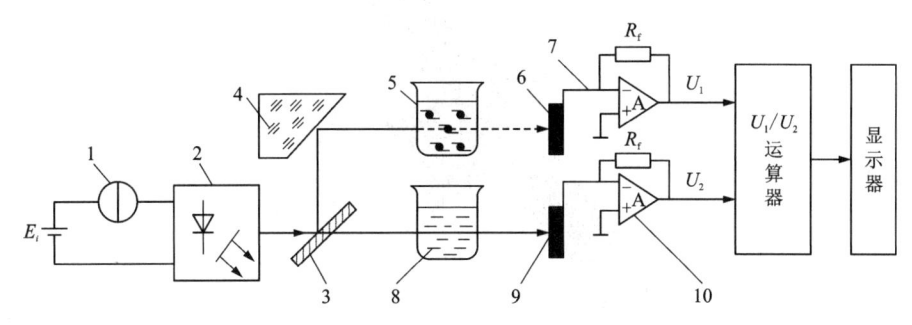

1—恒流源；2—半导体激光器；3—半反半透镜；4—反射镜；5—被测水样；
6，9—光电池；7，10—电流/电压转换器；8—标准水样。

图 10-26　光电式浊度计原理图

采用半反半透镜 3、标准水样 8 及光电池 9 作为参比通道的好处有：当光源的光通量因种种原因有所变化或环境温度变化引起光电池灵敏度发生改变时，由于两个通道的结构完全一样，所以在最后运算 U_1/U_2 值(其值的范围是 0~1)时，上述误差可自动抵消，减小了测量误差。检测技术中经常采用类似上述的方法，因此从事测量工作的人员必须熟练掌握参比和差动的概念。略加改动上述装置，还可以制成光电比色计，用于血红蛋白测量、化学分析等。

5. 电冰箱照明灯故障检测器电路

如图 10-27 所示是电冰箱照明灯故障检测器电路。此检测器可检测电冰箱的照明工作情况。M5232L、VT、C 等组成一个光控音频振荡器，在有光照时，音频振荡器停振，B 无声；当无光照射时，音频振荡器开始振荡，B 发声。使用时，只需将检测器放到冰箱的照明灯下面，关闭箱门后，B 应发声，如不发声，说明照明灯没有熄灭，可判断照明电路或照明开关出了故障，应及时修理。

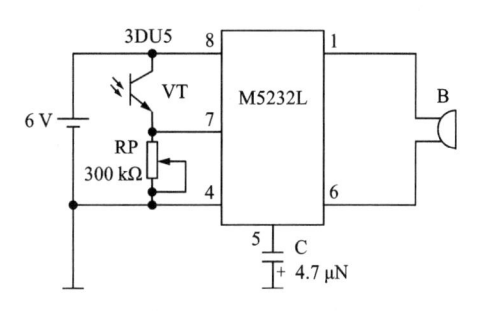

图 10-27　电冰箱照明灯故障检测器电路

习 题

1. 光电效应有哪几种？与之对应的光电器件有哪几种常见形式？各有哪些用途？

2. 试比较光敏电阻、光电池、光敏二极管和光敏三极管的工作原理与性能差异，如何正确选用这些器件，举例说明，并简述理由。

3. 东方红一号卫星是1970年4月24日中国自行研制并成功发射的第一颗人造卫星，随着科技的发展，现在我国的人造卫星上常用硅光电池作为电源（图10-28），请说明其原理是什么。

图 10-28　硅光电池应用于人造卫星

4. 如图10-29所示为利用硅光电池实现路灯自动控制的电路，图10-29(a)为控制电路原理图，图10-29(b)为主电路。VT_1、VT_2为三极管，K为继电器，K_M线圈为交流接触器，B为硅光电池，R_P为调节电位器，其原理是什么？

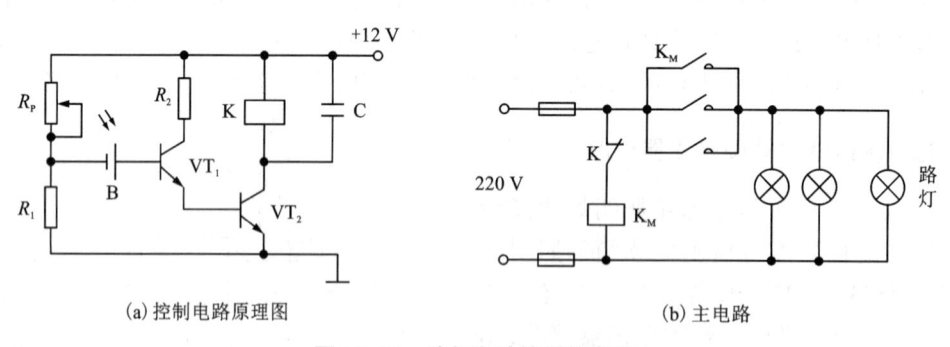

(a) 控制电路原理图　　(b) 主电路

图 10-29　路灯自动控制的电路

5. 要对高压断路器局部放电（会发出光）的情况进行监测，采用哪种传感器进行监测？并描述监测原理。

6. 列举日常生活中的两个光电传感器的应用例子，并说明原理。

第 11 章

光纤传感器

光纤是光通信系统中远距离传输光波信号的载体。光纤传感器是基于光导纤维的传感器。光纤传感器是 20 世纪 70 年代中期发展起来的一项新技术,它是伴随着光纤及光通信技术的发展而逐步形成的。

在传光的过程中,光纤易受外界因素如压力、温度、电磁场等变化的影响,使光纤中光波参数如光强、相位、频率等发生变化。测出光波参数的变化,可得到相应的被测量。光纤中传播的光可用方程描述为

$$E = E_0 \cos(\omega t + \Phi) \tag{11-1}$$

式中:E_0 为光波振幅;ω 为光波频率;Φ 为初相角。即 E 中含 5 个参数信息——光强 E_0^2、频率 ω、波长 $\lambda = 2\pi c/\omega$(c 为光速)、相位($\omega t + \Phi$)和偏振态。

被测量在传感头(通常为调制器)内与光相互作用,改变上述 5 个参数之一,如改变光强,称强度调制型光纤传感器,依次类推,有 5 种调制型光纤传感器。光纤传感器能用于温度、压力、应变、位移、速度、加速度、磁、电、声、pH 等各种物理量的测量,具有极为广泛的应用前景。

光纤传感器相对于各种传统传感器而言,具有灵敏度高、抗电磁干扰能力强、耐腐蚀、电绝缘性好和光路可弯曲等优点。

11.1 光纤

11.1.1 光纤的结构与种类

光纤通常由纤芯、包层及外套组成,如图 11-1 所示。纤芯处于光纤中心部位,由玻璃、石英、塑料等材料制成,为圆柱体,直径为 5~150 μm。围绕着纤芯的一层叫包层,材料也是玻璃、塑料等材料,但其折射率小于纤芯。纤芯和包层构成一个同心圆双层结构,能使光功率封闭在里面传输。外表面的外套起保护支撑光纤的作用。

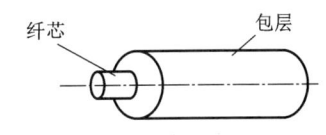

图 11-1 光纤的基本结构

正常情况下，大部分光能沿纤芯传输，在包层中也有沿径向衰减的光波存在。因此，纤芯和包层材料都必须是低损耗的。

光主要在纤芯中传输，光纤的导光能力主要取决于纤芯和包层的性质，即它们的折射率。纤芯的折射率大于包层的折射率，而且纤芯和包层构成一个同心圆双层结构，所以，可以保证入射到光纤内的光波集中在光芯内传输。

光纤按纤芯折射率分为阶跃型、渐变型和单孔型。

1. 阶跃型光纤

纤芯和包层折射率如图11-2(a)所示。中心光线沿光纤轴线传播，通过轴线的子午光线（只在一个包含光纤轴线的平面内不断反射前进）呈锯齿形轨迹。

阶跃型光纤的特点是带宽窄，适于小容量、短距离通信。

2. 渐变型光纤(自聚焦光纤)

纤芯折射率渐变如图11-2(b)所示。传播中光自动从折射率小的界面处向中心汇聚，其轨迹类似正弦波曲线。渐变型光纤的特点是带宽较宽，适于中容量、中距离通信。

3. 单孔型

以不同角度入射的光在光纤中形成不同传输模式。光纤按传输模式数分为单模和多模光纤。沿光纤轴传播的叫基模，相继还有一次模、二次模等。纤芯直径很小，只许通过一个基模的光纤称单模光纤，又称单孔型光纤。其纤芯直径很小($4\sim10\ \mu m$)，由于只传输基模，光以电磁场模的原理传导，能量损失小，其传输频带很宽，传输容量大，适用于大容量、长距离通信。单孔型光纤如图11-2(c)所示。

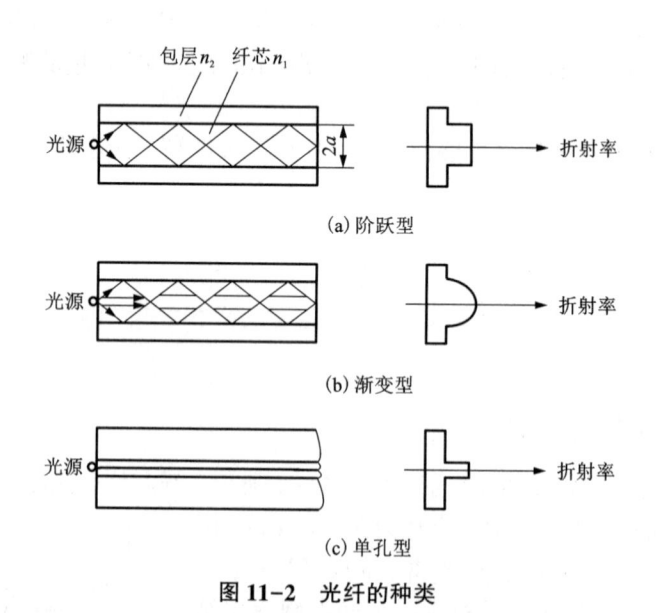

图 11-2 光纤的种类

若允许光以多个特定角射入光纤并在其中传播，称多模式。一定波长下能以多模式传输的光纤称多模光纤,其纤芯直径较大,一般为 50~75 μm,包层直径 100~200 μm。多模光纤传输性能较差,带宽窄,传输容量较小。

11.1.2 光纤的传光原理

根据几何光学原理,如图 11-3 所示,当光以较小入射角 θ_1(小于临界角 θ_c)由光密介质 1(纤芯)射向光疏介质 2(包层)(即折射率 $n_1>n_2$)时,一部分入射光以折射角 θ_2 折射入介质 2,其余部分以 θ_1 反射回介质 1。

(a) $\theta_1<\theta_c$ (b) $\theta_1=\theta_c$ (c) $\theta_1>\theta_c$

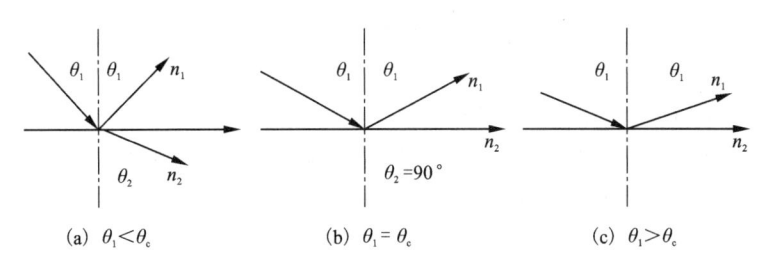

图 11-3 光折射和反射

依据光折射和反射的斯涅尔(Snell)定律,有:

①当 θ_1 角逐渐增大至 $\theta_1=\theta_2$ 时,透射入介质 2 的折射光也逐渐折向界面,直至沿界面传播($\theta_2=90°$)。对应于 $\theta_2=90°$ 时的入射角 θ_1 称为临界角 θ_c。

②当 $\theta_1>\theta_c$ 时,光线不再折射入介质 2,而在介质 1 内产生连续向前的全反射,直至由终端面射出。

实际关心光以多大角度射入光纤时,能使折射光完全在纤芯中传播,即图 11-3 中光线入射角 θ_0 什么情况下使 $\theta_1>\theta_c$。

假设光从空气(折射率 n_0)射入纤芯(折射率 n_1)端面,包层的折射率为 n_2,根据 Snell 定律有

$$n_0\sin\theta_0 = n_1\sin(90-\theta_1) = n_1\cos\theta_1 \tag{11-2}$$

要形成全反射,须满足 $n_1\sin\theta_1 \geq n_2$。由上述关系式可得

$$\sin\theta_0 \leq \sqrt{n_1^2-n_2^2}/n_0 \tag{11-3}$$

因此,入射角的最大值为

$$Q_{0\max} = \arg\sin(\sin\theta_0 \leq \sqrt{n_1^2-n_2^2}/n_0) \tag{11-4}$$

定义 $\sin\theta_{0\max}$ 为光纤的数值孔径(N_A),则

$$N_A = \sin\theta_0 \leq \sqrt{n_1^2-n_2^2}/n_0 \tag{11-5}$$

空气的折射率 n_0 为 1,光纤的 N_A 值由材料的折射率决定。N_A 大,则 $\theta_{0\max}$ 大,因此 N_A 代表了光纤的集光能力。

11.1.3 光纤的特性

1. 光纤损耗

光纤损耗指光纤传输光时,随传输距离增加其功率逐渐减小的现象。损耗用损耗系数 α

表示。设 P_i 和 P_o 分别为光纤入射端和出射端的光功率,则有
$$\alpha = (10/L)\log(P_i/P_o) \tag{11-6}$$
光纤产生损耗的主要原因是光纤材料的吸收(变热能);散射作用(材料不均或尺寸缺陷引起);光纤在使用过程中由于连接、弯曲(影响全反射)而损失附加光功率。

2. 光纤色散

光纤色散指随着光纤中传输光信号的距离增加,不同成分的光传输时延不同而引起的脉冲展宽效应。色散用时延差表示,即光脉冲中不同模式或不同波长成分传输同样距离而产生的时差。色散主要影响系统的传输容量及中继距离。

色散类型有以下几种。
①模式色散-多模式传播时延不同而产生。
②材料色散-光纤折射率随波长变化使模式内不同波长的光时延不同。
③波导色散-波导结构参数与波长有关而产生。

11.2 光纤传感器

11.2.1 光纤传感器的组成

光纤传感器系统主要由光发送器、敏感元件、光接收器、信号处理系统及光纤等主要部分组成(图11-4)。

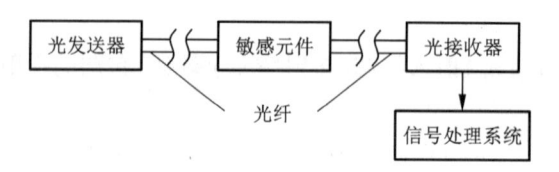

图11-4 光纤传感器组成

光发送器相当于一个光源,光纤是传输介质负责信号的传输;由光发送器发出的光,经光纤引导到调制区,被测参数通过敏感元件的作用,使光学性质(如光强、波长、频率、相位、偏振态等)发生变化,成为被调制光,再经光纤送到光接收器,经过信号处理系统处理而获得测量结果。信号处理电路的功能是还原外界信息,相当于解调器。在检测过程中,用光作为敏感信息的载体,用光纤作为传输光信息的介质,通过检测光纤中光波参数的变化以达到检测外界被测物理量的目的。

11.2.2 光纤传感器的类型

光纤传感器种类繁多,应用范围极广,发展极为迅速。到目前为止,已相继研制出六七十种不同类型的光纤传感器。从广义上讲,凡是采用光纤的传感器均可称为光纤传感器,其分类方法如下。

①按测量对象的不同，光纤传感器可分为光纤温度传感器、光纤浓度传感器、光纤电流传感器、光纤流速传感器等。

②光纤传感器按光纤在传感器中所起的作用不同，可分为功能型光纤传感器和非功能型光纤传感器。

③光波在光纤中传输光信息，把被测物理量的变化转变为调制的光波，即可检测出被测物理量的变化。光波在本质上是一种电磁波，因此它具有光的强度、频率、相位、波长和偏振态5个参数。相应地，根据被调制参数的不同，光纤传感器可以分为5类，即强度调制型光纤传感器、频率调制型光纤传感器、相位调制型光纤传感器、波长调制型光纤传感器、偏振调制型光纤传感器。以下主要介绍强度调制型光纤传感器和相位调制型光纤传感器。

11.3 光纤传感器的工作原理

光源发出的光经由光纤送入调制区，在调制区内，外界被测参数与调制区的光相互作用，使光的性质，如光强、波长(颜色)、频率、相位、偏振态等发生变化，成为被调制的信号光，再经光纤送入光敏器件、解调器而获得被测参数，这就是光纤传感器的工作原理。

11.3.1 强度调制型光纤传感器

强度调制型光纤传感器是应用较多的光纤传感器。强度调制型光纤传感器的结构比较简单，可靠性高，但灵敏度稍低。图11-5展示了强度调制型光纤传感器的几种形式。

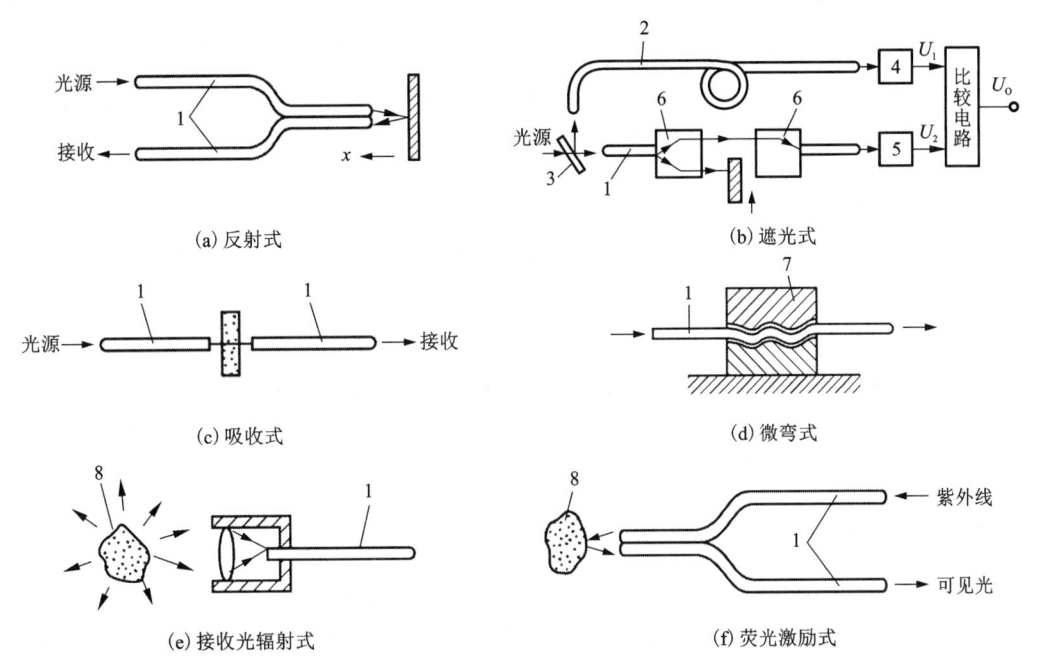

(a) 反射式

(b) 遮光式

(c) 吸收式

(d) 微弯式

(e) 接收光辐射式

(f) 荧光激励式

1—传感臂光纤；2—参考臂光纤；3—半反半透镜(分束镜)；4—光电探测器A；
5—光电探测器B；6—透镜；7—变形器；8—荧光体。

图11-5 强度调制型光纤传感器的一般结构

1. 反射式

反射式的基本结构如图 11-5(a)所示。当被测表面前后移动时引起反射光强发生变化,利用该原理,可进行位移、振动、压力等参数的测量。

2. 遮光式

遮光式的基本结构如图 11-5(b)所示。不透光的被测物部分遮挡在两根传感臂光纤的聚焦透镜之间,当被测物上、下移动时,引起另一根传感臂光纤接收到的光强发生变化。利用该原理,也可进行位移、振动、压力等参数的测量。

3. 吸收式

吸收式的基本结构如图 11-5(c)所示。透光的吸收体遮挡在两根光纤之间,当被测物理量引起吸收体对光的吸收量发生改变时,使光纤接收到的光强发生变化。利用该原理,可进行温度等参数的测量。

4. 微弯式

微弯式的基本结构如图 11-5(d)所示。将光纤放在两块齿形变形器之间,当变形器受力时,将引起光纤发生弯曲变形,使光纤损耗增大,光电检测器接收到的光强变小。利用该原理,可进行压力、力、重量、振动等参数的测量。

5. 接收光辐射式

接收光辐射式的基本结构如图 11-5(e)所示。在这种形式中,被测物本身为光源,传感器本身不设置光源。根据光纤接收到的光辐射强度来检测与辐射有关的被测量。这种结构的典型应用是利用黑体受热发出红外辐射来检测温度,还可用于检测放射线等。

6. 荧光激励式

荧光激励式的基本结构如图 11-5(f)所示。在这种形式中,传感器的光源为紫外线。紫外线照射到某些荧光物质上时,就会激励出荧光。荧光的强度与材料自身的各种参数有关。利用这种原理,可进行温度、化学成分等参数的测量。

由图 11-5 可以看出,大部分强度调制型光纤传感器都属于传光型,对光纤的要求不高,但希望耦合进入光纤的光强尽量大些,所以一般选用较粗芯径的多模光纤,甚至可以使用塑料光纤。强度调制型光纤传感器的信号检测电路比较简单。

11.3.2 相位调制型光纤传感器

相位调制是通过被测能量场的作用,使光纤内传播的光波相位发生变化,再利用干涉测量技术把相位变化转换为光强度变化,从而检测出待测的物理量。相位调制型光纤传感器有时被称为干涉型光纤传感器。图 11-6 是双路光纤干涉仪的原理图。

将测量臂输出的光与不受被测量影响的另一根光纤(也称为参考臂)的参考光做比较,根据比较结果可以计算出被测量。

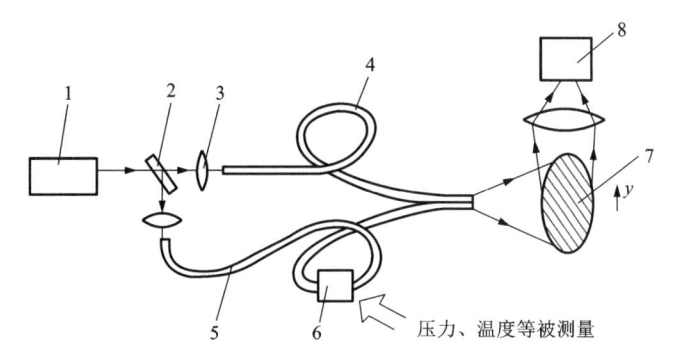

1—ILD；2—分束镜；3—透镜；4—参考光纤（参考臂）；5—传感光纤（测量臂）；
6—敏感头；7—干涉条纹；8—光电读出器。

图 11-6　双路光纤干涉仪原理图

双路光纤干涉仪必须设置两条光路：一路光通过敏感头，受被测量影响；另一路光通过参考光纤，它的光程是固定的。在两路光的会合投影处，测量臂传输的光与参考臂传输的光将因相位不同而产生明暗相间的干涉条纹。当外界因素使传感光纤中的光产生光程差 Δl 时，干涉条纹将发生移动，移动的数目 $m=\Delta l/\lambda$（λ 为光的波长）。所谓的外界因素可以是被测的压力、温度、磁致伸缩、应变等物理量。根据干涉条纹的变化量，就可检测出被测量的变化，常见的检测方法有条纹计数法等。

相位调制型光纤传感器的灵敏度极高，并具有大的动态范围。一个好的光纤干涉系统可以检测出 10^{-4} rad 的微小相位变化。例如，在相位调制型光纤温度传感器中，温度每变化 1 ℃，就可使长 1 m 的光纤中光的相位变化 100 rad，所以该系统理论上可有 10^{-6} ℃ 的分辨力，这样的分辨力是其他传感器所难以具有的。当然，环境参数的变化也必然对这样灵敏的系统造成干扰，因此系统必须考虑适当的补偿措施，如采用差动结构。相位调制型光纤传感器的结构比较复杂，且需要使用激光（ILD）及单模光纤。

11.4　光纤传感器的应用

1. 测量液位

光纤液位传感器是利用强度调制型光纤反射式原理制成的，其工作原理如图 11-7 所示。

LED 发出的红光被聚焦射入入射光纤中，在光纤中经长距离全反射后，到达球形端面。有一部分光线透出端面，另一部分经端面反射回出射光纤，被另一根接收光纤末端的光敏二极管 VD 接收（图中未画出）。

液体的折射率比空气大，当球形端面与液体接触时，通过球形端面的光透射量增加而反射量

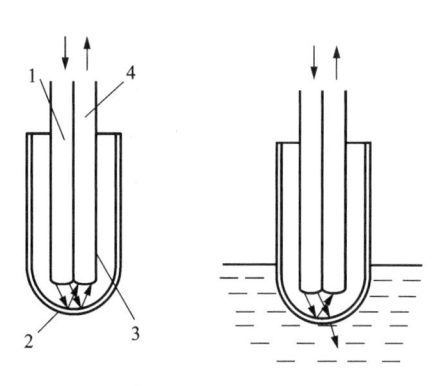

1—入射光纤；2—透明球形端面；
3—包层；4—出射光纤。

图 11-7　光纤液位测量工作原理图

减少，由后续电路判断反光量是否小于阈值，就可判断传感器是否与液体接触。该光纤液位传感器的缺点是，液体在透明球形端面的黏附现象会造成误判。另外，不同液体的折射率不同，对反射光的衰减量也不同。因此，必须根据不同的被测液体调整相应的阈值。

光纤液位传感器高压变压器冷却油液面检测报警电路，如图 11-8 所示。

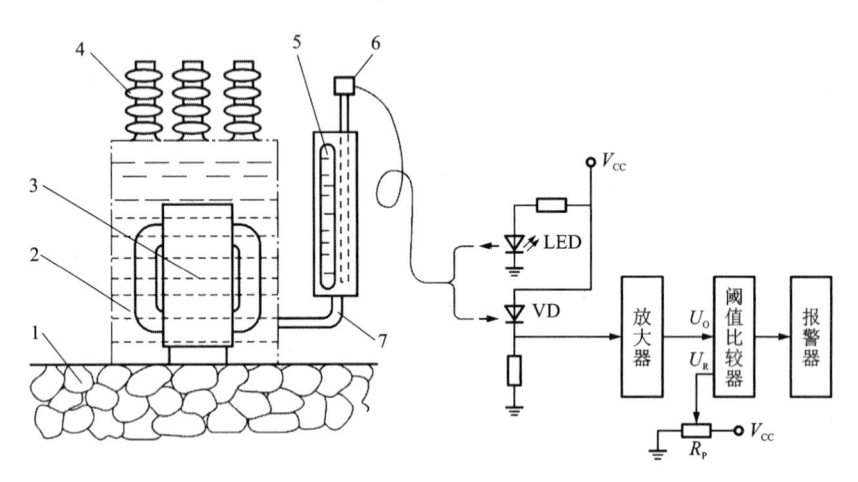

1—鹅卵石；2—冷却油；3—高压变压器；4—高压绝缘子；5—冷却油液位指示窗口；6—光纤液位传感器；7—连通器。

图 11-8　光纤液位传感器用于高压变压器冷却油的液位检测

当变压器冷却油液面低于光纤液位传感器的球形端面时，出射光纤的接收光敏二极管接收的光量将减少。当 $U_\circ$ 小于阈值 U_R 时，报警器报警。因为光纤传感器不会将高电压引入计算机控制系统，所以绝缘问题容易解决。

如果要检测上、下限油位，可设置两个光纤液位传感器。

2. 测温

光纤温度传感器就是一种适合用于远距离防爆场所的环境温度检测传感器。光纤温度传感器是利用强度调制型光纤荧光激励式原理制成的，如图 11-9 所示。

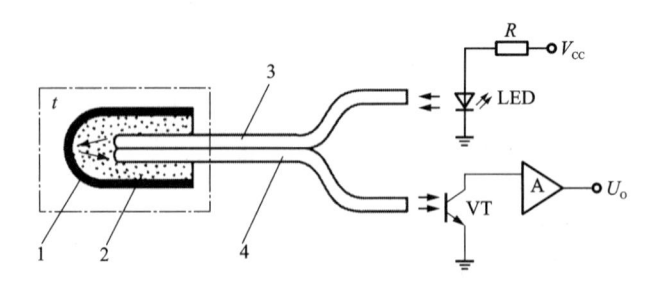

1—感温黑色壳体；2—液晶；3—入射光纤；4—出射光纤。

图 11-9　光纤温度传感器

LED 将 0.64 μm 的可见光耦合投射到入射光纤中。感温壳体左端的空腔中充满彩色液晶，入射光经液晶散射后耦合到出射光纤中。当被测温度 t 升高时，液晶的颜色变暗，出射光纤得到的光强变弱,经光敏三极管及放大器后,得到的输出电压 U_o 与被测温度 t 成某一函数关系。

对于被测温度较高的情况可利用光纤高温传感器测量。光纤高温传感器包括端部掺杂质的高温蓝宝石单晶光纤探头、光电探测器和辐射信号处理系统,如图 11-10 所示。

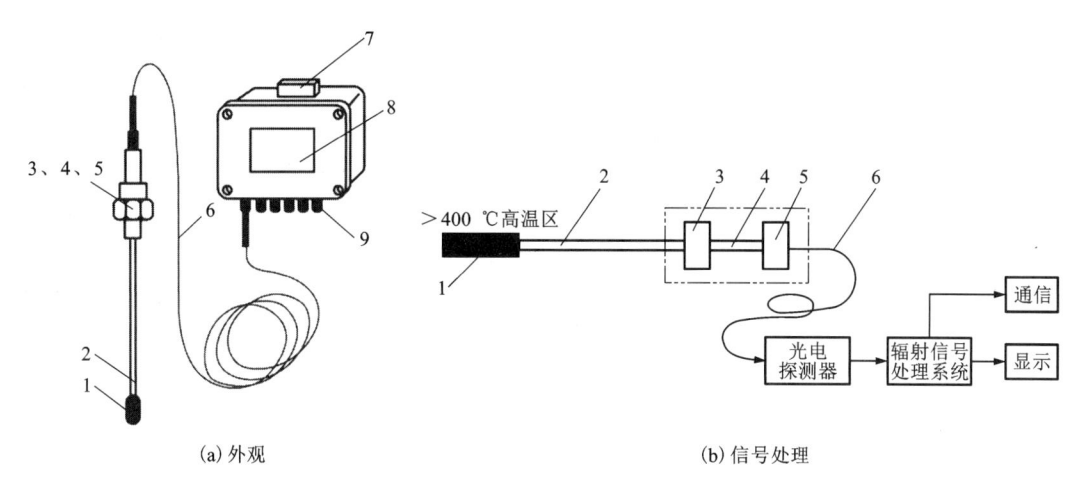

(a) 外观　　(b) 信号处理

1—黑体腔;2—蓝宝石高温光纤;3—光纤耦合器;4—低温耦合光纤;5—滤光器;
6—传导光纤;7—通信接口;8—辐射信号处理系统及显示器;9—多路输入端子。

图 11-10　光纤高温传感器外观

当光纤温度传感器端部达到 400 ℃时,由于黑体腔被加热而引起热辐射(红外光),蓝宝石光纤收集黑体腔的红外热辐射、红外线经蓝宝石高温光纤传输并耦合进入低温光纤,然后射入末端的光敏二极管(两者轴线对准)。光敏二极管接收到的红外信号经过光电转换、信号放大、线性化处理、A/D 转换、微机处理后给出待测温度。为实现多点测量,加入多路开关,通过微机控制,选择测点顺序。

该光纤高温传感器的测温上限可达 1800 ℃。在 800 ℃以上时,灵敏度优于 1 ℃时的;在 1000 ℃以上时,可分辨温度优于 0.1 ℃时的。因此,在现代的质量控制及工艺过程控制中具有广泛的应用。

3. 电机故障监测

对于中小容量的电机,一般采用红外测温仪测量温度,但是红外测温仪不能连续、实时地监测电机内部绕组、铁芯等的温度状况。目前,电机振动监测通常采用加速度传感器,由于加速度传感器需要有电才能工作,不仅易受电磁干扰,而且受温度影响较大,故在检测信号时容易出错。在强电磁干扰环境中,传统温度和加速度传感器不能准确反映待测点的温度和振动异常,且电力系统对电力设备的可靠性和安全运行提出了更高的要求,因此,常规检测设备已不能满足电力系统当前的需要。

根据对电机温度和振动测量的需求以及光纤传感器的特点,可选择适合监测电机温度和振动的光纤传感器,构成基于光纤传感器的电机故障监测系统。

由于电机运行时定子铁芯和线圈温度容易升高,通常在高温高压环境下工作,温度过高会导致线圈的绝缘老化,缩短电机的使用寿命,甚至会使绝缘损坏而发生烧毁电机的事故,因此,必须实时地监测电机温度的变化。电机的振动主要由定子铁芯、定子绕组、机座和转子等以其固有频率自由振动而合成,转子绕组要受到很大的机械应力和电应力作用。因此,转子绕组发生绝缘损坏的概率很大,常导致转子绕组的一点或两点接地故障,所以需要对电机振动情况进行监测,以保证电力系统正常运行。

由于光纤传感器一般是点式测量,而电机需要监测的点较多,所以需要将光纤传感器通过耦合器接到一起,组成光纤传感监测系统,实现在线、实时测量。本书设计的基于半导体吸收式光纤温度传感器和光纤光栅振动传感器的发电机监测系统如图11-11所示。系统主要由半导体吸收式光纤温度传感器、光纤光栅振动传感器、传输光缆、温度调解器、振动调解器、耦合器和显示器组成。温度传感器安装于电机内部,振动传感器安装于电机外部,通过耦合器,传感光纤进入解调系统。温度、振动的变化会导致半导体吸收光强、光纤光栅反射波长的变化,通过测量这些变化量可以判断电机是否存在健康隐患,并对健康隐患进行预警或报警,以便在演变成事故前尽早采取措施对其进行处理。

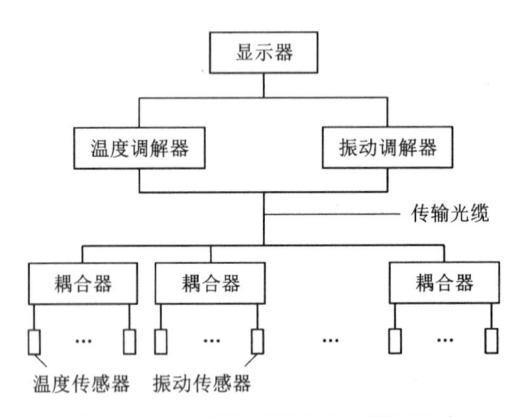

图 11-11 光纤传感器发电机监测系统

光纤温度传感器和振动传感器应选择安装在温度易升高和靠近振源的部位。本系统通过把光纤传感器紧密贴附在电机温度敏感的地方,如电机的绕组上,并用导热胶将其固定;将振动传感器安装在发电机的外侧,使其能感受到发电机的振动,并根据测得的数据解调出发电机的振动特性。通过光纤传感器透射光强的强弱以及光纤光栅反射波长的解调可得到电机各个部位温度、振动的分布情况,从而获取电机待测点的物理信息。计算机根据获取的温度、振动信息完成高级分析功能,对测得的数据进行处理,由系统给出状态报告,设定报警阈值,超过阈值后对故障隐患进行报警,达到对电机进行监控的目的,从而完成对电机故障在线监测的工作。

4. 电池容量检测

蓄电池是电动汽车的能量来源,为确保电池组性能良好并延长电池使用寿命,需对电池进行必要的管理和控制,从而快速、准确和可靠地获得电池荷电状态,这是电池管理系统中最基本和最首要的任务和关键技术,也是人们关注和研究的重要课题。由于电池荷电状态不能直接测量,传统的方法只能通过其外在特性如电压、电流、内阻、温度等参数的变化来估计电池的剩余电量。电池的有效容量受到放电电流、电解液温度、自放电和非恒定电流放电条件下恢复效应等因素的影响,从而增加了电量检测的复杂度和快速检测速度。

采用光纤传感器,基于光学方法和化学方法,通过直接测量蓄电池溶液浓度,获取电池剩余电量。利用反射光强度随着液体浓度的变化而改变的原理,而蓄电池的电解液浓度与蓄电池容量有一一对应关系,通过直接测量蓄电池溶液浓度,来检测蓄电池电解液浓度的方法,实现在线快速检测蓄电池的剩余容量,光纤传感器其结构如图 11-12 所示,检测系统结构如图 11-13 所示。

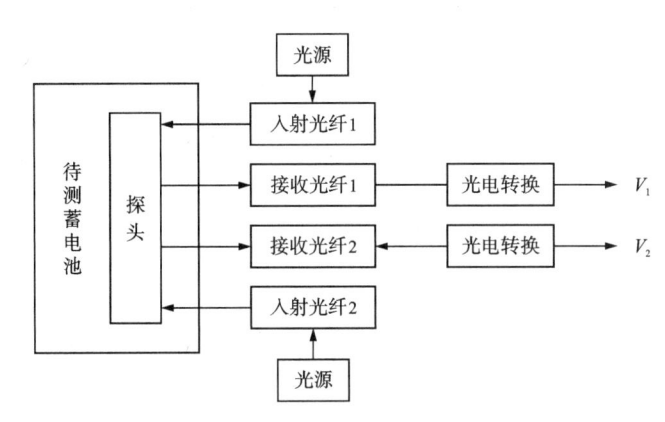

图 11-12 反射式光纤传感器的基本结构

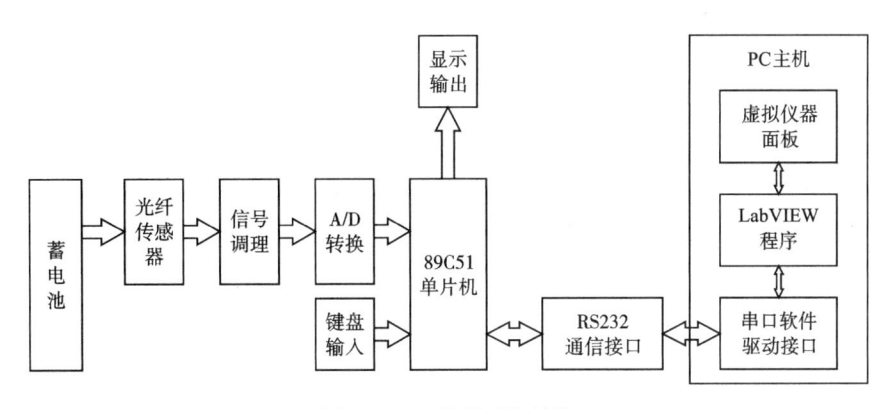

图 11-13 检测系统结构

选用了近红外波长为 760 nm 的光源,当接收光纤接收到的光强信号经光电转换后,经信号调理放大处理,再传输到 A/D 进行数据采集和计算机处理。

光在不同介质中的传播速度是不同的,当物质的原子组成一定时,折射率随物质密度而变化,并且已有研究表明,一般来说气体的折射率与其浓度具有部分或全部线性关系,所以,可以选择其呈线性区域作为测量区域用于计算光在液体中的折射率。

定义液体浓度 C 与密度 ρ 的关系为 $C=\rho/M$。式中:M 为被测溶液的相对分子量,则液体的折射率 n 与液体密度 ρ 的线性关系为

$$n = a + b\frac{\rho}{M} \tag{11-7}$$

式中：a、b 为常数（不同的液体 a、b 为特定的常数）。根据式（11-7），说明液体浓度或密度直接影响液体的折射率，进而影响光在液体中的传播速度。从检测电解液密度确定蓄电池容量的方法可知，蓄电池容量与电解液密度有一一对应关系，而电解液密度又和电解液浓度有特定对应关系，所以只要通过传感器检测光在液体中的传播来反映电解液浓度，即可检测出蓄电池的容量。

5. 位移测量

利用反射式光纤位移传感器测微小位移的原理图如图 11-14（a）所示。反射式光纤位移传感器利用光纤传送和接收光束实现无接触测量。光源经一束多股光缆把光传送到传感器端部，并发射到被测物体上；另一束多股光缆把被测物反射出来的光接收并传递到光敏元件上。这两束多股光缆在接近目标之前会合成 Y 形。会合是指将两束光缆里的光纤进行分散混合。

图 11-14（a）中用白圈代表发射光纤，黑点代表接收光纤，将会合后的端面仔细磨平抛光。由于传感器端部与被测物体间距离 d 的变化，因此反射到接收光纤的光通量不同，可以反映传感器与被测物体间距离的变化。

图 11-14（b）是接收相对光强与距离的关系特性曲线，可见峰值左面的线段有很好的线性，可以检测位移。光缆中的光纤往往多达数百根，可测量几百微米的小位移。

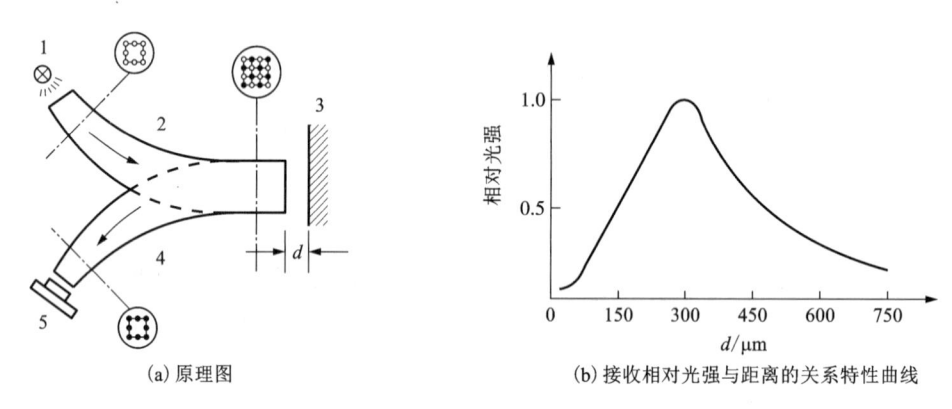

(a) 原理图　　　　(b) 接收相对光强与距离的关系特性曲线

1—光源；2—发射光纤；3—被测物；4—接收光纤；5—光敏元件。

图 11-14　反射式光纤位移传感器

6. 流量测量

光纤旋涡流量传感器是将一根多模光纤垂直地装入流管，当液体或气体流经与其垂直的光纤时，光纤受到流体涡流的作用而振动，振动的频率与流速有关，测出频率便可知流速。

当流体流动受到一个垂直于流动方向的非流线体阻碍时，根据流体力学原理，在某些条件下，在非流线体的下游两侧产生有规则的旋涡，其旋涡的频率 f 近似与流体的流速成正比，即

$$f = \frac{Sv}{d} \tag{11-8}$$

式中：v 为流速；d 为流体中物体的横向尺寸大小；S 为施特鲁哈尔（Strouhal）数，它是一个无

量纲的常数，仅与雷诺数有关。

式(11-8)是旋涡流体流量计测量流量的基本理论依据。由此可见，流体流速与涡流频率呈线性关系。

在多模光纤中，光以多种模式进行传输，在光纤的输出端，各模式的光就形成了干涉花样，这就是光斑。一根没有外界扰动的光纤所产生的干涉图样是稳定的，当光纤受到外界扰动时，干涉图样的明暗相间的斑纹或斑点会发生移动。如果外界扰动是由于流体的涡流而引起时，干涉图样的斑纹或斑点就会随着振动的周期变化来回移动，那么侧出斑纹或斑点就会移动，即可获得对应于振动频率 f 的信号，且根据式(11-8)可推算出流体的流速。

这种流量传感器可测量液体和气体的流量，因为传感器没有活动部件，测量可靠，而且对流体流动不产生阻碍作用，所以压力损耗非常小。这些特点是孔板、涡轮等许多传统流量计所无法比拟的。

7. 电力电缆及架空输电线路舞动/振动监测

电力电缆及架空输电线路舞动是指风对偏心覆冰导线产生的一种低频、大振幅的自激振动现象。其振动振幅为导线直径的 5~300 倍。舞动致使输电线路机械和电气性能急剧下降，易引起相间闪络、金具及绝缘子损坏、导线断股断线、杆塔螺栓松动脱落、塔材损伤甚至倒塔等严重事故，这会造成重大的经济损失和社会影响。导线舞动的成因主要有三种，即导线覆冰的影响；风激励的影响和线路结构及参数的影响。应用科学手段实现对电力电缆及架空输电线路的舞动故障进行检测和定位、及时提醒线路维护人员提前采取预防措施显得十分紧迫和必要。

基于分布式光纤振动传感检测技术的电缆故障定位系统由高压电缆放电试验系统、分布式光纤振动传感系统及计算机综合平台软件组成，如图 11-15 所示。

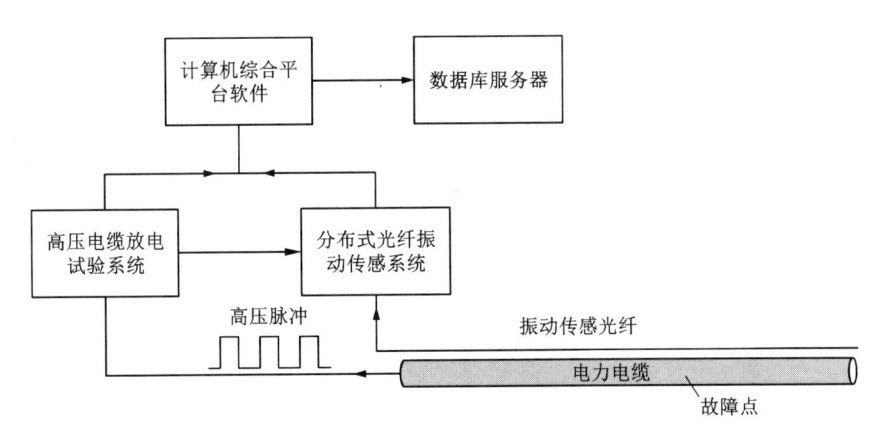

图 11-15 基于分布式光纤振动传感检测技术的电缆故障定位系统

系统通过分布式光纤振动传感系统监测来自高压电缆上方的振动信号，通过振动信号来分析判断故障点的位置。当高压电缆放电试验系统对高压电缆发出高压脉冲信号时，同时会向分布式光纤振动传感系统发出一个上升沿或下降沿信号，以作标记信号。分布式光纤振动传感系统根据高压电缆放电试验系统对脉冲同步信号进行振动信号采集，实时监测高压电缆振动情况,并将监测到的振动信号保存到数据库中。高压电缆放电试验系统放电结束后,由综合平台对分布式光纤振动传感系统采集到的振动信号进行分析,并结合高压电缆放电试验系统放电脉冲情况,对故障点进行定位,并在软件界面显示整段监测光缆的波形图、故障点位置。

习 题

1. 说明光纤传感器的结构特点。
2. 光纤的数值孔径 N_A 的物理意义是什么?N_A 取值大小有什么作用?
3. 已知 n_1 和 n_2 分别是光纤纤芯和包层的折射率,$n_1=1.46$、$n_2=1.45$,如光纤外部介质的 $n_0=1$,求最大入射角 θ_c 的值。
4. 光纤传感器可以对水质进行方便、可靠、连续、现场监控或遥测,其为保护环境、河道免受污染提供依据。请问利用光纤传感器检测水质的原理是什么?
5. 试拟定将一光电开关用于生产流水线上工件计数检测系统(用示意图展示装置结构),并画出计数电路原理示意图及说明工作原理。

第 12 章

化学传感器

12.1 气敏传感器

随着国民经济的快速发展和人们生活水平的提高,对易燃、易爆、有毒、有害气体的及时准确检测要求,从传统工业领域扩展到人们的生活和工作环境。对环境的监测和对食品及环境质量的检测都对气敏传感器提出了更高要求。

气敏传感器是能感受气体并可将其转换成可用输出信号的传感器,主要利用物理效应和化学反应等来测量气体的类别、浓度及成分。

半导体气敏传感器是简单实用的气敏传感器。其中,电阻型的利用气敏元件阻值的改变反映被测气体的浓度;非电阻型的利用半导体的功函数对气体的浓度进行直接或间接测量。实际应用中气敏传感器应满足以下条件。

①具有小的交叉灵敏度,即对被测气体以外的其他气体灵敏度低或不敏感。
②具有较高的灵敏度和较宽的动态响应范围。
③性能稳定,传感器特性不随环境温度、湿度的变化而发生变化。
④重复性好,易于维护等。

12.1.1 半导体气敏传感器的工作机理

半导体气敏传感器的工作机理基于气体在半导体表面的氧化和还原反应导致敏感元件阻值变化。当敏感元件被加热到稳定状态,气体接触半导体表面而被吸附时,被吸附的分子在表面自由扩散,失去运动能量,一部分分子被蒸发,另一部分残留分子因发生热分解而被固定在吸附处(化学吸附)。当半导体的功函数小于吸附分子的亲和力(气体吸附和渗透特性)时,吸附分子从器件夺得电子变成负离子吸附,半导体表面呈现电荷层。氧气等具有负离子吸附倾向的气体被称为氧化性气体或电子接收性气体。

如果半导体的功函数大于吸附分子的离解能,吸附分子向器件释放电子,形成正离子吸附。具有正离子吸附倾向的气体有 H_2、CO、碳氢化合物和醇类,它们被称为还原性气体或电子供给性气体。

当氧化型气体吸附到 N 型半导体上，还原型气体吸附到 P 型半导体上时，半导体载流子减少、电阻值增大；当还原型气体吸附到 N 型半导体上，氧化型气体吸附到 P 型半导体上时，半导体的载流子增多、电阻值下降。

如图 12-1 所示，为气体接触 N 型半导体导致器件阻值变化的情况。由于空气中的含氧量大体恒定，因此氧的吸附量恒定，器件阻值相对固定。若气体浓度变化，其阻值将变化。

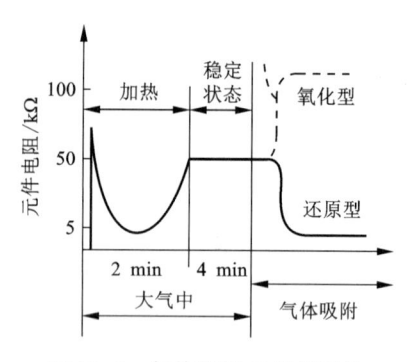

图 12-1 气体接触 N 型半导体导致器件阻值变化

据此特性，可从阻值变化得知吸附气体的种类和浓度。半导体气敏时间（响应时间）一般不超过 1 min。N 型材料有 SnO_2、ZnO、TiO 等，P 型材料有 MoO_2、CrO_3 等。

12.1.2 半导体气敏传感器的主要参数

1. 气敏元件固有电阻 R_0 和工作电阻 R_S

固有电阻 R_0：电阻型气敏元件在常温下洁净空气中的电阻值。

工作电阻 R_S：电阻型气敏元件在一定浓度的被测气体中的电阻值。

2. 灵敏度

灵敏度表征对被测气体的敏感程度，通常用气敏元件在检测某一浓度气体时的电阻值与其在洁净空气中的电阻值之比表示。

由于洁净空气不易获得，常用同种气体在不同浓度下的阻值比表示

$$K = \frac{R_S(c_2)}{R_S(c_1)} \tag{12-1}$$

式中：$R_S(c_2)$ 为检测气体为 S，其浓度为 c_2 时元件的电阻值；$R_S(c_1)$ 为检测气体为 S，其浓度为 c_1 时元件的电阻值。

3. 选择性

选择性表示气敏传感器对被测气体的识别（选择）和对干扰气体的抑制能力，其表示方法为

$$S_{A/B} = \frac{K_A}{K_B} \tag{12-2}$$

式中：$S_{A/B}$ 为在 A、B 混合气体中，传感器对 A 的选择性系数；K_A 为传感器在 A 气体中的灵敏度；K_B 为传感器在 B 气体中的灵敏度。

4. 响应时间

响应时间指从气敏元件与被测气体接触到气敏元件阻值达到稳态值（90%）所需的时间，表示气敏元件对被测气体的响应速度。

5. 恢复时间

恢复时间指从气敏元件与一定浓度的被测气体脱离时刻到其阻值恢复到处于清洁空气中的阻值(90%)所需的时间，表示气敏元件对被测气体的脱附速度，又称脱附时间。

6. 加热电阻和加热功率

气敏元件一般工作在 200 ℃以上高温区。为气敏元件提供必要工作温度的加热电路的电阻(指加热器的电阻值)称为加热电阻，用 R_H 表示。直热式的加热电阻值一般小于 5 Ω；旁热式的加热电阻值大于 20 Ω。

气敏元件正常工作所需的加热电路的功率，称为加热功率，用 P_H 表示，一般为 0.5～2.0 W。

7. 初期稳定时间

非工作状态下长期存放的气敏元件因表面吸附空气中的水分或其他气体，其表面状态会发生变化，在通电后随元件温度升高，发生解吸现象。因此，元件恢复至正常工作状态需要一定的时间。

一般电阻型气敏元件，在刚通电的瞬间，其电阻值将下降，然后再上升，最后达到稳定。由开始通电直到气敏元件阻值达到稳定所需的时间，称为初期稳定时间。达到初始稳定状态的时间及输出电阻值，除与元件材料有关外，还与元件所处大气环境条件有关。达到初始稳定状态以后的敏感元件，才能被用于气体检测。

12.1.3 电阻型半导体气敏传感器的结构

按照半导体的物理性质，半导体气敏传感器分为电阻型和非电阻型的。电阻型半导体气敏传感器利用半导体接触气体时，其他在半导体表面的氧化和还原反应导致敏感元件阻值的改变来检测气体的成分和浓度；非电阻型半导体气敏传感器根据其对气体的吸附和与其的反应，使其某些特性发生变化从而对气体进行直接或间接检测。电阻型半导体气敏传感器在目前使用得较为广泛，按其结构可以分为烧结型、厚膜型和薄膜型。这里主要介绍烧结型和厚膜型两种气敏元件。

1. 烧结型气敏元件

烧结型气敏元件的制作是将一定比例的敏感材料(SnO_2、ZnO 等)和一些掺杂剂(Pt、Pb 等)用水或黏合剂进行调和，经研磨后使其均匀混合。然后将混合好的膏状物倒入模具，埋入加热丝和测量电极，用传统的制陶方法烧结。最后将加热丝和电极焊在管座上，加上特制的外壳就构成了器件。

烧结型气敏元件可分为内热式和旁热式两种。内热式器件的管芯体积较小，加热丝直接埋在金属氧化物半导体材料内，其特点是制作工艺简单，成本低，功耗小。内热式气敏元件如图 12-2 所示，图中数字分别代表电极。

如图 12-3 所示，旁热式气敏元件和管芯是在陶瓷内放置高阻加热丝，在瓷管外涂梳状电极，再在电极外涂气敏半导体材料，这种结构形式其稳定性有了明显的提高。

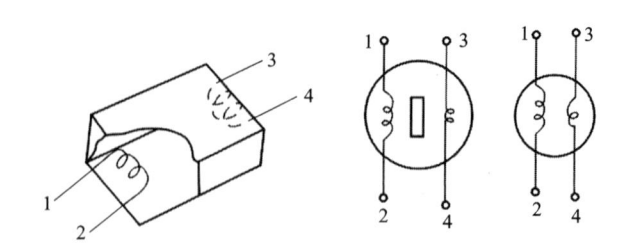

图 12-2 内热式气敏元件

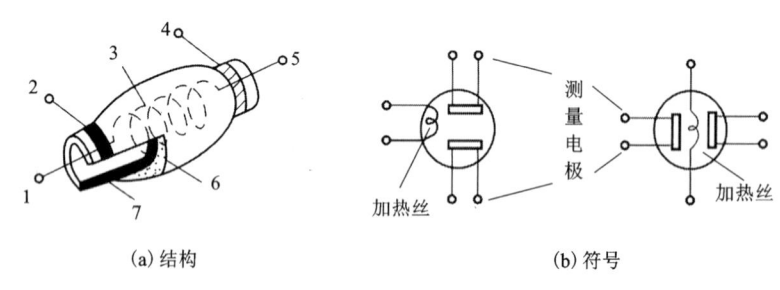

(a) 结构　　(b) 符号

1,2,4,5—电极；3—加热器；6—烧结体；7—陶瓷绝缘管。

图 12-3 旁热式气敏元件

2. 厚膜型气敏元件

厚膜型气敏元件是将 SnO_2 和 ZnO 等材料与硅凝胶混合成厚膜胶，把厚膜胶用丝网印制到装有铂电极的氧化铝绝缘基片上，在 400~800 ℃ 高温下烧结 1~2 h 制成。其优点是一致性好，机械强度高，适合批量生产，其结构如图 12-4 所示。

12.1.4 气敏传感器的应用

1. 烟雾报警器

灵敏度高、设计精良的烟雾报警器则可用于电厂、化工生产企业环境检测等场合。

气体检测电路由电阻式气敏传感器和电压比较器构成，气敏传感器的工作原理如图 12-5 所示。直流 12 V 的电压经电阻 R_2 为稳压管 VS（或直流稳压模块 7805）供电，产生 5~6 V 直流电，5~6 V 电压经过电阻 R_1 连接到气敏传感器，给气敏原件加热。当有气体扩散到气敏元件时，AB 间电阻改变，从而导致可变电阻 R_P 上的电压发生改变，触发后续的电压比较器开始工作。

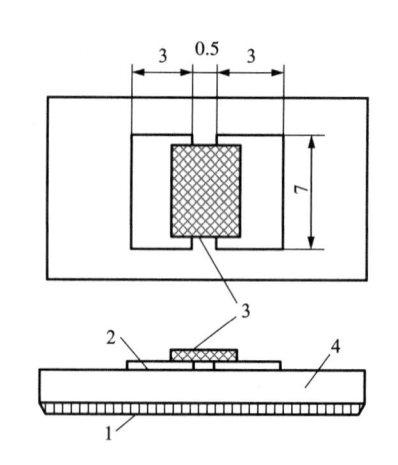

1—加热器；2—电极；3—气敏电阻；4—基片。

图 12-4 厚膜型气敏元件的结构（单位：mm）

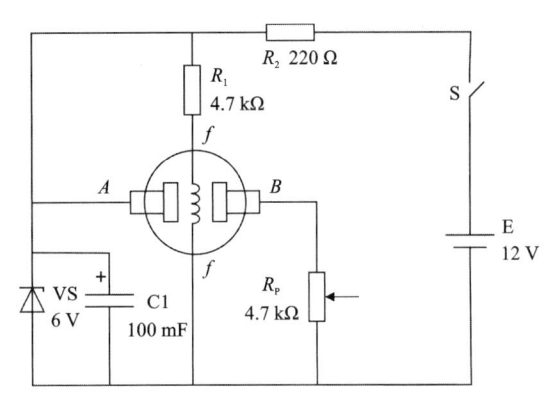

图12-5 气敏传感器工作原理电路

2. 火电厂烟气组分检测

我国的主要发电方式是煤炭发电,火电厂烟气排放量大,环境污染问题严峻。随着国家对火电厂烟气排放的标准不断提高,因此需要多种高性能气敏传感器来实现对火电厂排放烟气的高精度检测。还原氧化石墨烯(rGO)、金属有机框架(MOFs)衍生金属氧化物及异质结型金属氧化物具备优异的气敏特性,在火电厂烟气检测领域具有巨大的发展空间。

将基于 Co_3O_4/In_2O_3、MIL125-TiO_2/rGO 及 ZIF8-ZnO/rGO 的气敏传感器组成气敏传感阵列,将待测气体(NO_2、SO_2、NH_3)通入锥形瓶中,锥形瓶中的气敏传感阵列与气体接触,气体吸附在气敏材料表面,导致气敏传感阵列的各个传感器电阻发生变化。经过信号调节电路把传感器电阻变化转换为电压变化,然后使用 A/D 转换把模拟信号转为数字信号,并传输至处理器,把采集到的数据整理成数组,通过 RS-232 串口总线上传到 PC 机。

3. 矿井瓦斯超极限报警

图 12-6 为简易矿井瓦斯超限报警电路。气敏传感器与 R_1 和 R_P 组成瓦斯气体检测电路,晶闸管 VT 作为触点电子开关,LC179、R_2 和扬声器 B 组成警笛声驱动电路。当无瓦斯或瓦斯浓度很低时,气敏传感器的极间导电率很小,电位器 R_P 滑动触点电压小于 0.7 V,VT 不

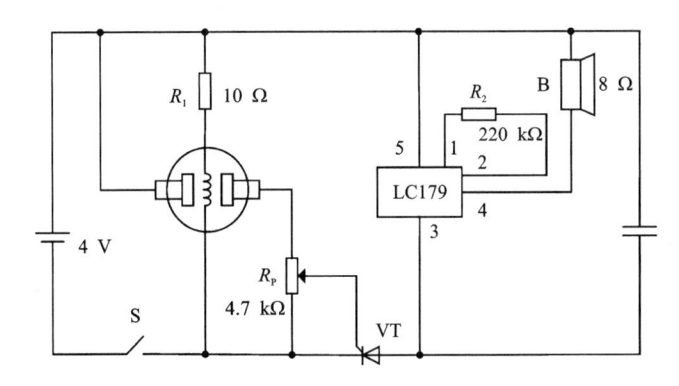

1、2—外接振荡电阻器端;3—负电源端;4—音频输出端;5—正电源端。

图 12-6 简易矿井瓦斯超限报警电路

被触发，处于截止状态，警笛声电路无电源电压不发声；当瓦斯气体超过限定安全标准时，气敏传感器极间导电率迅速增大、电流增加，R_P 滑动触点电压大于 0.7 V 时，V_D 触发导通，电源接通警笛声电路驱动扬声器 B 发声报警。

12.2 湿度传感器

湿度以及湿度的测量和控制对人类日常生活、工业生产、气象预报、物资仓储等都起着极其重要的作用。

12.2.1 湿度的表示方法

通常，湿度是指大气中所含的水蒸气量，常用绝对湿度和相对湿度表示。

绝对湿度是单位体积空气里所含水蒸气的质量，即

$$\rho = \frac{M_V}{V} \tag{12-3}$$

式中：M_V 是待测空气中水蒸气的质量；V 为待测空气总体积；ρ 是待测空气的绝对湿度。

相对湿度是空气中实际所含水蒸气分压 P_v 和相同温度下的饱和水蒸气分压 P_w 的百分比，常用相对湿度表示，即

$$\rho_R = \frac{P_v}{P_w} \times 100\% \tag{12-4}$$

水蒸气压是在一定温度条件下，混合气体中的水蒸气分压（p）。饱和蒸气压是同一温度下混合气体所含水蒸气压的最大值（p_s），温度越高，饱和水蒸气压越大。

在日常生活中，人们对空气的干湿程度的感觉与绝对湿度没有太大的关系，而是与相对湿度密切相关。如水汽的压强远离当时的饱和水气压时，人就感觉空气非常干燥；接近当时的饱和水气压时，人会感觉非常潮湿。因此，一般采用相对湿度来描述空气的干湿程度。

12.2.2 湿度传感器的特性参数

湿度传感器将湿度转换为与其呈比例的电量，例如 PN 结击穿电压、电流放大系数、反向漏电流、MOS 器件的沟道电阻等。湿度传感器的特性参数主要有湿度量程、感湿特性、灵敏度、湿度温度系数、响应时间、湿滞回线和湿滞回差等。

1. 湿度量程

在规定的精度内能够测量的最大湿度范围。全湿度范围用相对湿度（0~100）%RH 表示。由于各种湿度传感器所使用的功能材料不同，以及器件工作所依据的物理效应或化学反应不同，现实中有些传感器达不到 0~100% 的范围。湿度量程以（0~100）%RH 为宜，湿度量程越大，器件实用价值就越大。

2. 感湿特性

湿度传感器的感湿特性是遵循被测相对湿度变化的。以电阻为例，在规定工作湿度范围

内，湿敏器件的电阻随环境湿度变化的关系特性曲线称为阻湿特性曲线，如图 12-7 所示。一般可根据感湿特性曲线确定湿敏器件的灵敏度和最佳工作范围。器件阻值随湿度增加而增大的称为正特性湿敏电阻，如 Fe_3O_4 湿敏电阻。阻值随湿度增加而减小的称为负特性湿敏电阻，如 TiO_2-SnO_2 陶瓷湿敏电阻器。

通过器件的感湿特性曲线还可以去探讨改进器件性能的途径和工作机制。性能良好的湿度传感器的感湿特性曲线，应当在整个相对湿度范围内线性连续变化，而且斜率大小适中。斜率过小，曲线平坦，灵敏度降低；斜率过大则曲线太陡，将造成测量上的困难。

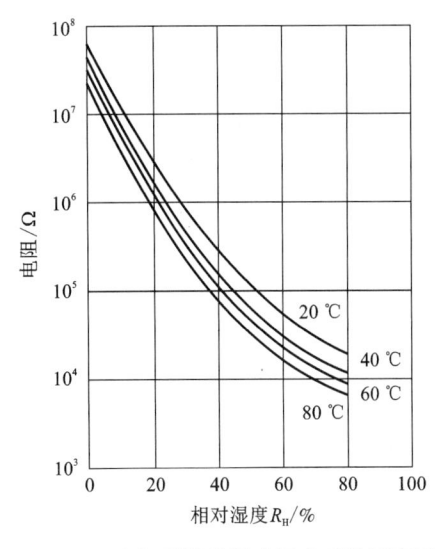

图 12-7 电阻型器件湿度温度系数示意图

3. 灵敏度

湿度传感器的灵敏度就其物理含义而言，应当反映相对于环境湿度的被测湿度作单位变化时所引起的感湿特征量的变化程度。因此，湿度传感器的灵敏度可以表示为输出增量与输入增量之比。

4. 湿度温度系数

湿度传感器的湿度温度系数是表示器件的感湿特性随环境温度而变化的特性参数，环境温度的变化越大，由感湿特征量所表示的环境相对湿度与实际上的环境相对湿度之间的误差就越大。因此湿度温度系数可以定义为：在感湿特征量 K 保持不变的条件下，相对湿度 RH 随环境温度 T 的变化率，它通常用 α 表示，即

$$\alpha = \frac{d(RH)}{d(T)}\bigg|_{K=常数} \tag{12-5}$$

由器件的湿度温度系数 α 值，可以得知由于环境温度变化所引起的测湿误差。

5. 响应时间

当环境湿度发生变化时，湿度传感器的敏感器件将随之发生吸湿或脱湿及动态平衡过程。完成这一过程需要一定的时间，不同的湿度敏感器件完成这一过程所需的时间是不同的。因此，湿度传感器的响应时间指在规定的环境温度下，由起始相对湿度达到稳定相对湿度时，感湿特征量由起始值变化到稳定相对湿度对应值所需要的时间。显然，湿度传感器的响应时间越短，其性能越好。

6. 湿滞回线和湿滞回差

湿敏器件的吸湿特性曲线与脱湿特性曲线不一致而形成的回线称为湿滞回线，如图 12-8 所示。表示传感器在吸湿和脱湿两种情况下，对应同一数值的感湿特征量所对应的相对湿度不一致，其最大差值称为湿滞回差。显然，湿度传感器的湿滞回差越小越好。

7. 电压特性

用湿度传感器测湿度时,所加测试电压不能是直流电压。直流电压引起感湿体内水分子电解,从而使电导率随时间增加而下降,故测试电压采用交流电压。

8. 频率特性

在高湿时,外加测试电压频率对阻值的影响很小,当低湿高频时,随着频率的增加,阻值下降。由于不能使用直流电压,因此测试电压频率不能太低。

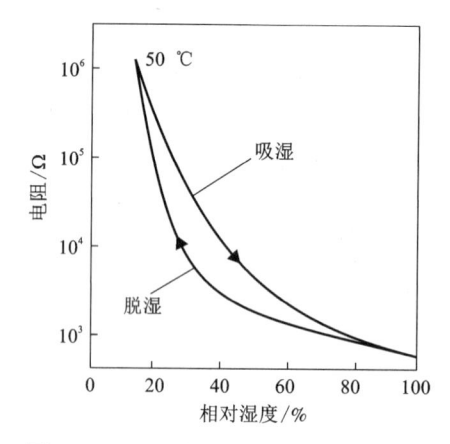

图 12-8 吸湿特性曲线与脱湿特性曲线

12.2.3 半导体陶瓷湿敏电阻导电机理

半导体陶瓷湿敏电阻由不同类型的金属氧化物材料烧结而成,常见的有 $ZnO\text{-}Li_2O\text{-}V_2O_5$ 系、$Si\text{-}Na_2O\text{-}V_2O_5$ 系、$TiO_2\text{-}MgO\text{-}CrO_3$ 系和 Fe_3O_4 系等。其中,前三种的电阻率随湿度增加而下降,称为负湿敏特性。负特性的感湿机理是吸附的水分子俘获电子,使表面电势下降、更多空穴到达表面使表层电阻下降。Fe_3O_4 系的电阻率随湿度增加而增加,称为正湿敏特性。正特性的感湿机理是水分子吸附使得表层电子浓度下降,但还是以电子导电为主。

这类传感器一般经高温烧结而成,呈多孔状,接触空气的表面积大,水蒸气容易进入孔隙中使其电阻率变小。随着相对湿度的增加,这类半导体材料的电阻率可达几个数量级,半导体陶瓷的电阻值急剧下降,基本上按指数规律下降,此类半导体陶瓷湿度传感器由于多孔容易被空气中的粉尘堵塞,因此可将其加热,高温可使粉尘挥发掉。这类传感器的电阻值随温度变化而变化。

半导体陶瓷湿敏电阻热稳定性较好、有较强的抗污能力,且具有响应快、使用温度范围宽(150 ℃以下)、可加热清洗等优点。

12.2.4 常用半导体陶瓷湿敏电阻

常用半导体陶瓷湿敏电阻有烧结型半导体陶瓷湿敏元件、涂覆膜型 Fe_3O_4 湿敏元件和 $ZnO\text{-}Cr_2O_3$ 陶瓷湿敏元件。

1. 烧结型半导体陶瓷湿敏元件

图 12-9 为陶瓷湿敏元件的结构及等效电路示意图。其感湿体是 $MgCr_2O_4\text{-}TiO_2$ 系多孔陶瓷。这种多孔陶瓷的气孔大部分为粒间气孔,气孔直径随 TiO_2 添加量的增加而增大。粒间气孔与颗粒大小无关,相当于一种开口毛细管,易吸附水分。

烧结型半导体陶瓷湿敏元件具有阻值温度、特性好等优点。

2. 涂覆膜型 Fe_3O_4 湿敏元件

涂覆膜型 Fe_3O_4 湿敏元件主要由基片、电极和感湿膜等组成。通过在基片上用丝网印刷

(a) 结构图　(b) 等效电路

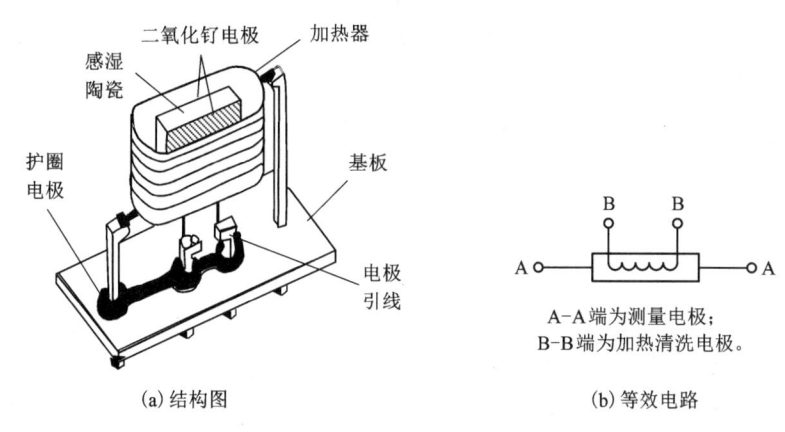

图 12-9　陶瓷湿敏元件

工艺制成梳状金电极，将预先配制的 Fe_3O_4 胶液涂在已有的金电极基片上，然后低温烘干，引出电极。

常温、常压下，涂覆膜型 Fe_3O_4 湿敏元件的性能较稳定，有较强的抗结露能力，在全湿范围内有相当好的湿敏特性，在精度不高时使用；但反应缓慢，有明显的湿滞。

3. ZnO-Cr₂O₃ 陶瓷湿敏元件

$ZnO-Cr_2O_3$ 陶瓷湿敏元件将多孔材料的电极烧结在多孔陶瓷圆片的两个表面上，并焊上铂引线，再将敏感元件装入有网眼过滤的方形塑料盒中用树脂固定。

$ZnO-Cr_2O_3$ 陶瓷湿敏元件的电阻率几乎不随温度改变，老化现象很少。

12.2.5　湿度传感器的测量电路

1. 电源选择

一切电阻式湿度传感器都必须使用交流电源，否则性能会劣化甚至失效。

电解质湿度传感器的电导靠离子的移动实现，在直流电源作用下，正、负离子必然向电源两极运动，产生电解作用，使感湿膜变薄甚至被破坏。在交流电源作用下，正、负离子往返运动，不会产生电解作用，感湿膜不会被破坏。

交流电源的频率在不产生正、负离子定向积累情况下应尽可能低。在高频情况下，测试引线的容抗明显下降，会使湿敏电阻短路。另外，感湿膜在高频下会产生集肤效应，阻值会发生变化，从而影响测湿灵敏度和准确性。

2. 温度补偿

湿敏器件具有正或负的温度系数，温度系数大小不一，工作温区有宽有窄，要考虑温度补偿问题。

半导体陶瓷传感器的电阻与温度的关系一般为指数函数关系，通常其温度关系属于 NTC 型，即

$$R = R_0 \exp[(B/T) - AH] \tag{12-6}$$

式中：H 是相对湿度；T 是绝对温度；R_0 是在 $T=0$ ℃，相对湿度 $H=0$ 时的阻值；A 是湿度常数；B 是温度常数。

$$温度系数 = \frac{1}{R}\frac{\partial R}{\partial T} = -\frac{B}{T^2} \tag{12-7}$$

$$湿度系数 = \frac{1}{R}\frac{\partial R}{\partial H} = -A \tag{12-8}$$

$$湿度温度系数 = \left|\frac{温度系数}{湿度系数}\right| = \left|\frac{\partial H}{\partial T}\right| = \frac{B}{AT^2} \tag{12-9}$$

当传感器湿度温度系数为 0.07% RH/℃、工作温差为 30 ℃、测量误差为 0.21% RH/℃时，不必考虑温度补偿；若湿度温度系数为 0.4% RH/℃时，则会引起 12% RH/℃的误差，必须补偿。

3. 线性化

湿度传感器的感湿特征量与相对湿度的关系不是线性的，这给湿度的测量、控制和补偿带来了困难，故需要通过变换使感湿特征量与相对湿度的关系线性化。

图 12-10 为湿度传感器测量电路原理框图。

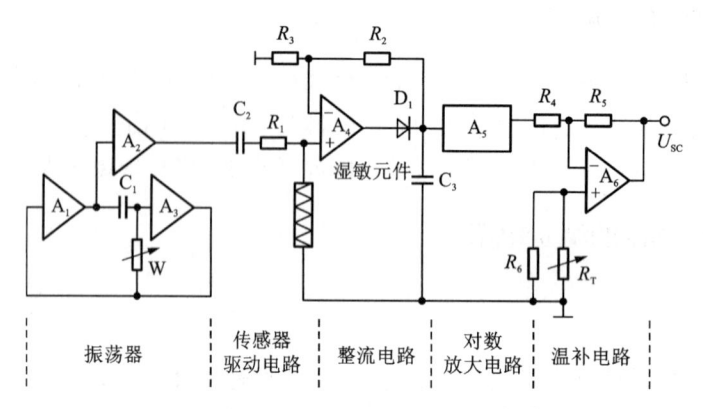

图 12-10 湿度传感器测量电路原理框图

12.2.6 湿度传感器的应用

1. 变电站开关柜局部放电在线监测

为了提高变电站开关柜的运行稳定性，避免出现严重的局部放电故障，可设计一种变电站开关柜局部放电在线监测系统。

局部放电是造成断路器失效的重要原因。局部放电是局部过热、电气元件和机器元件衰老的预兆，局部释放是随机的，会发生电脉冲、电磁辐射及局部过热的情况。由于开关柜局部放电是造成其内部绝缘恶化的重要因素，所以对其进行局部放电测试，可以有效地防止突发事故，从而改善整个系统的稳定性。

湿度是影响开关柜局部放电的关键数据，因此湿度传感器的采集性能对局部放电在线监测系统的性能起着关键作用，本书设计的湿度传感器模块以 HS1101 湿敏电容传感器为核心，可以对开关柜的湿度信息进行快速且精准的采集。湿度传感器电路如图 12-11 所示。

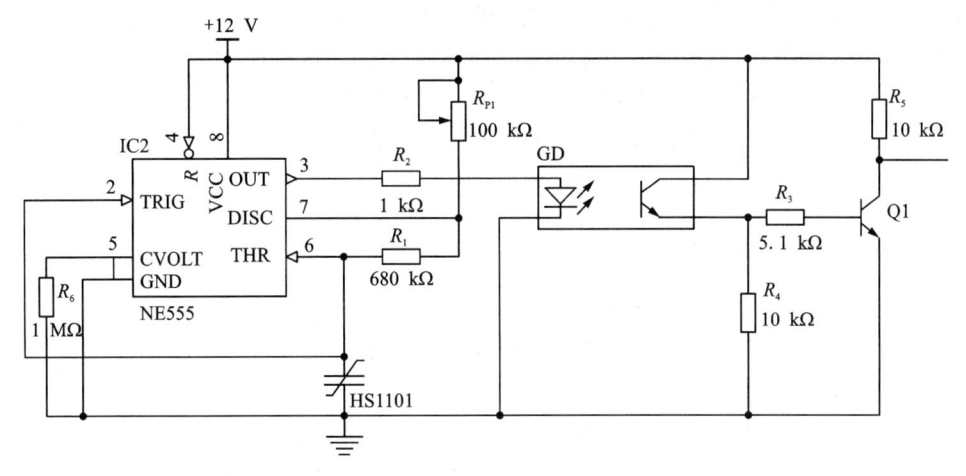

图 12-11　湿度传感器电路

2. 分体式避雷器底座湿度监测

分体式避雷器底座一般由绝缘瓷瓶、绝缘套和金属螺栓组成，运行一段时间后，水分和杂质往往会经由瓷瓶与螺栓之间或瓷瓶与避雷器底座之间的缝隙侵入内部，导致螺栓锈蚀和污秽，而内部绝缘套和瓷瓶也有由于金属螺栓的热胀冷缩而损坏的。出现上述情况后会出现电流泄漏，从而使底座绝缘电阻显著下降的问题。

由于避雷器底座存在很多缺陷，其平台的密封性也较差，所以在雨、雪天时，积水较易流入底座，因此，可在基础钢杆底部安装湿度传感器，检测钢杆内部湿度。

湿度传感器选用的是 DHT12 电容型数字传感器，具有体积小、低功耗、使用简单等优点。如图 12-12 所示，该图为湿度传感器检测电路图。

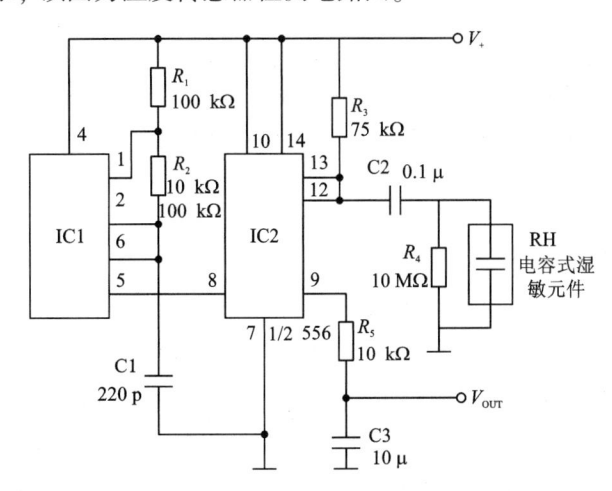

1—接地端；2—低电平触发端；4—电源端；5—电压控制端；7—接地端；
8—触发端；9—输出端；10—复位端；12—阈值端；13—放电端；14—电源端。

图 12-12　湿度传感器检测电路

图 12-12 中，所采用的电路是带有电容的电容型湿度传感器，其中的湿敏元件可作为敏感元件，且是采用有机高分子材料制成的，是由其独特的吸湿性能和膨润性能组成的，属水分子亲和力型湿敏元件。当其吸湿后，介电常数会发生很明显的变化，变为高分子电介质，由此可将其做成电容式湿敏元件。同时，该电路是由 2 个时基电路 IC1、IC2 组成的。图 12-12 中的 556 即双时基电路，其是由 2 个 555 多谐振荡器构成的。与此同时，时基电路 IC1 以及外围元件构成多谐振荡器的主要部分，主要作用是产生触发 IC2 的脉冲，而脉冲发生器是由 IC2 和电容型湿敏元件及外围元件组成，具有调节脉冲宽度的作用，调节脉冲宽度将会影响湿敏元件的电容值的大小，而电容值的大小又进一步决定了空气的相对湿度。

3. 变压器油中水含量检测

变压器在日常工作中主要依靠变压器油来冷却，以起到防腐蚀和绝缘的作用。变压器正常的运行、检修和油质劣化会使水分增加，控制变压器油中微水含量是维护变压器油正常绝缘水平的主要方法之一。

基于变压器油中水含量检测的设备维护方法，可在变压器油中长期放置湿度传感器来实现对变压器中水含量的在线监测。变压器油中水含量在线监测原理如图 12-13 所示。

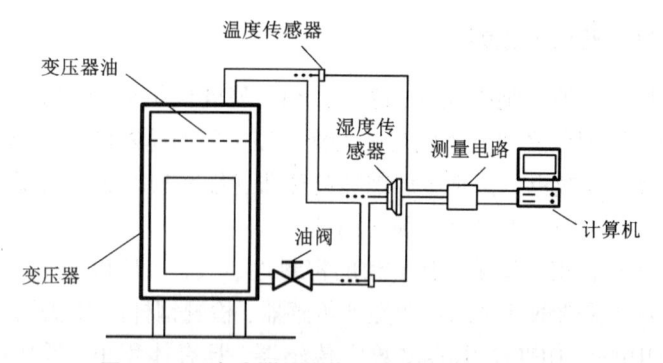

图 12-13 变压器油中水含量在线监测原理图

将湿度传感器安装在靠近变压器箱体底部的油流回路位置，达到真实反映变压器油中水分含量的目的。当湿度传感器放置在变压器油中时，薄膜与变压器油中会存在水分的动态平衡，当油中水含量发生变化时薄膜吸附水分子的数量也会随之发生变化，导致相对介电常数发生变化

3. 自动喷灌控制器

湿度传感器在日常生产中的应用非常广泛，应用湿敏电阻传感器可制成自动喷灌控制器。图 12-14 所示为自动喷灌控制器电路工作原理，它由电源电路、湿度检测电路和控制电路组成。其中，电源电路由电源变压器 T、整流桥、隔离二极管 VD_2、稳压二极管 VS 和滤波电容 C_1 和 C_2 等组成。交流 220 V 电压经 T 降压、整流后，在 C_2 两端产生 6 V 的直流电压。该电压一路供给微型水泵的直流电动机（或直流电磁阀），另一路经 VD_2 降压、VS 稳压和 C_1 滤波后，产生 5.6 V 的电压供给 VT_1、VT_2、VT_3 和继电器 K。

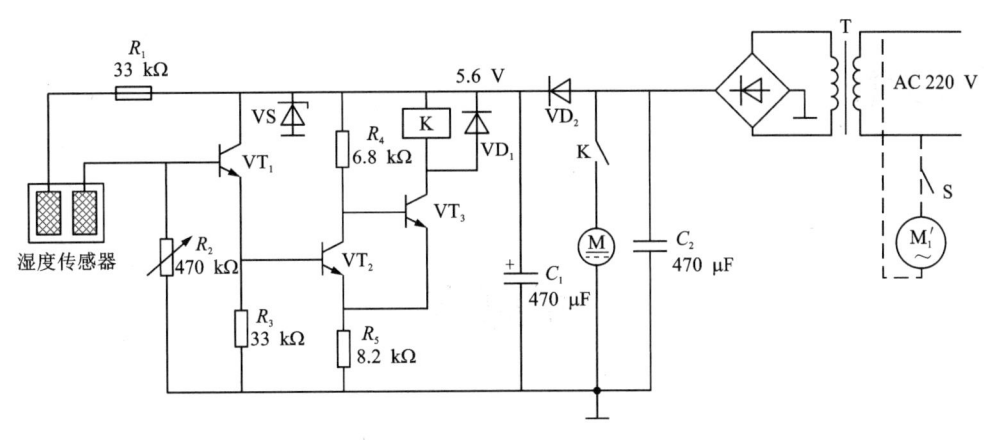

图 12-14 自动喷灌控制器电路工作原理图

习 题

1. 什么是气敏传感器？气敏传感器有哪些分类？简述其特点。
2. 为什么电阻型气敏传感器都附有加热器？
3. 湿度有哪些表示方法？
4. 什么是湿度传感器？简述其特点。
5. 湿敏电阻的工作电源为何必须选交流或换向直流？
6. 煤气泄漏会造成重大的人身伤害和财产损失。请设计一个能实现煤气泄漏自动检测、报警并自动启动通风设备的电路(画出检测示意图、说明检测原理)。

第 13 章

互感器

作为电力系统中一次系统和二次系统之间的联络元件,电压互感器和电流互感器分别用来变换电压和电流。它们广泛存在于交流电路多种测量中,以及各种控制和保护电路中,为测量仪表、保护装置和控制装置提供电压或电流信号,从而反映电气设备的正常运行和故障情况。

13.1 电压互感器

电压互感器是将一次回路的高电压成正比地变换为二次低电压,以供给测量仪表、继电保护及其他类似电器。电压互感器的用途是实现被测电压值的变换,与普通变压器不同的是,其输出容量很小,一般不超过数十伏安或数百伏安。一组电压互感器通常有多个二次绕组供给不同用途,如保护、测量、计量等,绕组数量需根据不同用途和规范要求进行选择。

电压互感器的一次绕组通常并联于被测量的一次电路中,二次绕组通过导线或电缆并接仪表及继电保护等二次设备。电压互感器二次电压在正常运行及规定的故障条件下,应与一次电压成正比,其比值和相位误差不超过规定值。电压互感器的额定一次电压和额定二次电压是作为电压互感器性能基准的一次电压和二次电压。

13.1.1 电压互感器的工作原理及特点

电磁式电压互感器的工作原理和结构与电力变压器相似,原理电路如图 13-1 所示,只是容量较小,通常只有几十伏安或几百伏安,接近于变压器空载运行情况。

电压互感器的一次绕组并联在电网上,二次绕组外部并接测量仪表和继电保护装置等负荷。仪表和继电器的阻抗很大,二次侧负荷电流很小,且负荷一般都比较恒定。所以,运行中电压互感器一次电压不会受二次侧负荷的影响,电压互感器二次电压 U_2 的大小可以反映一次侧电网电压 U_1 的大小。电压互感器一、二次绕组的额定电压 U_{1N}、U_{2N} 之比,称为电压互感器的额定电压比,用 K_u 表示,接近于匝数之比,即

$$K_u = \frac{U_{1N}}{U_{2N}} \approx \frac{U_1}{U_2} = K_N \tag{13-1}$$

电磁式电压互感器用于电压为380 V及以上的交流装置中。其特点如下。

①电压互感器一次绕组并接在电路中，其匝数较多，阻抗很大，因而它的接入对被测电路没有影响。

②二次侧并接的仪表和继电器线圈具有很大阻抗，在正常运行时，电压互感器相当于一个空载运行的降压变压器，其二次电压基本上等于二次电势值，且取决于一次侧的电压值，所以电压互感器在准确度所允许的负载范围内，能够精确地测量一次电压。

③其一次回路电压大小与互感器二次负荷无关，因此电压互感器对二次系统相当于恒压源。

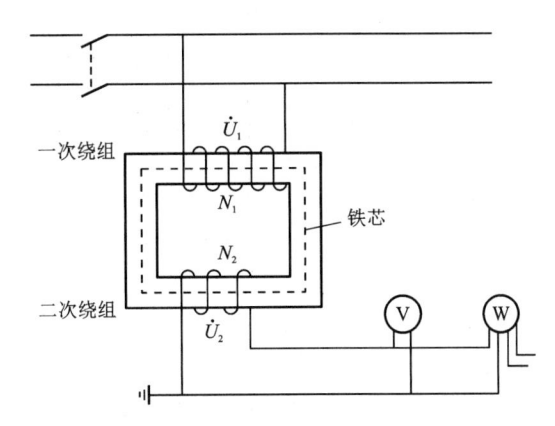

图 13-1 电磁式电压互感器原理电路

13.1.2 电压互感器的分类和型号

电压互感器的分类如下。

①按用途可以分为测量用电压互感器和保护用电压互感器。

②按相数可以分为单相式电压互感器和三相式电压互感器两种。一般20 kV以下制成三相式电压互感器，35 kV及以上均制成单相式电压互感器。

③按变换原理可以分为电磁式电压互感器和电容式电压互感器。电磁式电压互感器又可分为单级式和串级式。在我国，电压35 kV以下时均用单级式电压互感器；电压63 kV以上时用串级式电压互感器；在电压为110~220 kV范围内，采用串级式或电容式电压互感器；电压330 kV以上时只生产电容式电压互感器。

④按绕组数可以分为双绕组式、三绕组式和四绕组式电压互感器三种。三绕组式电压互感器有两个二次绕组，一个为基本二次绕组，另一个为辅助二次绕组。辅助二次绕组供绝缘监察或单相接地保护用。

⑤按安装地点可以分为户内式和户外式两种电压互感器。电压35 kV以下一般制成户内式电压互感器；电压35 kV及以上一般制成户外式电压互感器。

⑥按绝缘方式可以分为干式、浇注式、油浸式和气体绝缘式等几种电压互感器。干式电压互感器多用于低压；浇注式电压互感器用于3~35 kV；油浸式电压互感器多用于35 kV及以上电压等级。

⑦按绝缘水平可以分为全绝缘（互感器高压绕组的两个出线端对地具有相同的绝缘水平）与半绝缘（互感器高压绕组的两个出线端具有不同的绝缘水平，其中一个的绝缘水平是降低的）。

电压互感器的型号用汉语拼音字母及数字表示，型号含义如图13-2所示。

①产品类型，符号为J，表示电压互感器。

②相数，S——三相；D——单相。

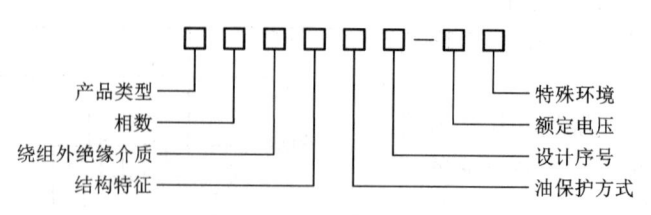

```
产品类型 ─┐ ┌─ 特殊环境
相数 ─┤ ├─ 额定电压
绕组外绝缘介质 ─┤ ├─ 设计序号
结构特征 ─┘ └─ 油保护方式
```

图 13-2 电压互感器的型号含义

③绕组外绝缘介质，G——干式；Q——气体绝缘；Z——浇注绝缘；油浸式不标示。

④结构特征，X——带零序电压绕组；B——三柱带补偿绕组；W——五相三绕组；C——串级式带零序电压绕组；F——测量和保护分开的二次绕组。

⑤油保护方式，N——不带金属膨胀器；带金属膨胀器的不标示。

⑥设计序号，用数字标示。

⑦额定电压，单位为 kV。

⑧特殊环境，GY——高原地区用；W——污秽地区用；TA——干热带地区用；TH——潮热带地区用。

例如，JDX-110 型表示单相、油浸式、带零序电压绕组的 110 kV 电压互感器。

13.1.3 电压互感器的技术参数

①额定一次电压：作为电压互感器性能基准的一次电压值。作为三相系统相间连接的单相电压互感器，其额定一次电压应为国家标准额定线电压；对于接在三相系统相与地间的单相电压互感器，其额定一次电压应为上述值的 $1/\sqrt{3}$，即相电压。

②额定二次电压：额定二次电压按电压互感器使用场合的实际情况来选择，标准值为 100 V；作为三相系统中相与地之间用的单相电压互感器，当其额定一次电压为某一数值除以 3 时，额定二次电压必须除以 $\sqrt{3}$ 以保持额定电压比不变。接成开口三角形的辅助二次绕组额定电压：用于中性点有效接地系统的电压互感器，其辅助二次绕组额定电压为 100 V；用于中性点非有效接地系统的电压互感器，其辅助二次绕组额定电压为 100 V 或 $100/\sqrt{3}$ V。

③额定变比：电压互感器的额定变比是指一、二次绕组额定电压之比，也称额定电压比或额定互感比。

④额定容量：电压互感器的额定容量是指对应于最高准确度等级时的容量。电压互感器在此负载容量下工作时，所产生的误差不会超过这一准确度等级所规定的允许值。

额定容量通常以视在功率的伏安值表示。标准值最小为 10 VA，最大为 500 VA，共有 13 个标准值，负荷的功率因数为 0.8(滞后)。

⑤额定二次负载：保证准确度等级为最高时，电压互感器二次回路所允许接带的阻抗值。

⑥额定电压因数：电压互感器在规定时间内仍能满足热性能和准确度等级要求的最高一次电压与额定一次电压的比值。

⑦电压互感器的准确度等级：指在规定的一次电压和二次负载变化范围内，负载的功率因数为额定值时，电压误差的最大值。测量用电压互感器的准确度等级有 0.1、0.2、0.5、1、

3级,保护用电压互感器的准确度等级规定有3P和6P两种。

电压互感器应能准确地将一次电压变换为二次电压,才能保证测量精确和保护装置正确动作,因此电压互感器必须保证一定的准确度。若电压互感器的二次负载超过规定值,则二次电压就会降低,其结果是不能保证准确的值,使得测量误差增大。

13.1.4 电压互感器的接线形式

电压互感器在电力系统中测量和保护常常需要相电压、线电压、相对地电压和单相接地时出现的零序电压,为了测取这些电压,电压互感器就有了不同的接线方式,最常见的有以下几种,如图13-3所示。

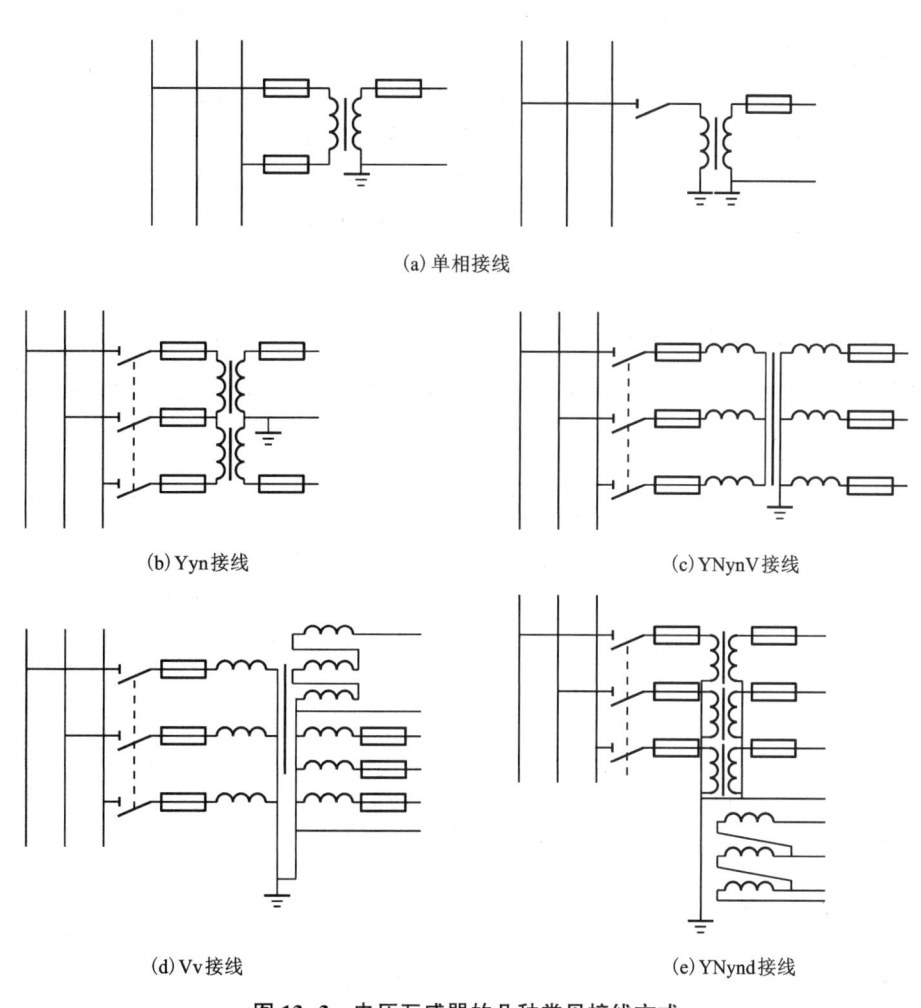

(a) 单相接线

(b) Yyn接线

(c) YNynV接线

(d) Vv接线

(e) YNynd接线

图13-3 电压互感器的几种常见接线方式

①单相电压互感器的接线:如图13-3(a)所示,这种接线可以测量35 kV及以下中性点不直接接地系统的线电压或110 kV以上中性点直接接地系统的相对地电压。

②一台三相三柱式电压互感器的Yyn接线:如图13-3(b)所示,用于测量线电压。由于其一次绕组不能引出,所以不能用来检测电网对地绝缘,也不允许用来测量相对地电压。其

原因是当中性点非直接接地电网发生单相接地故障时，非故障相对地电压升高，造成三相对地电压不平衡，在铁芯柱中产生零序磁通，由于零序磁通通过空气间隙和互感器外壳构成通路，所以磁阻大，零序励磁电流很大，电压互感器铁芯过热甚至被烧坏。

③一台三相五柱式电压互感器的YNynV接线：如图13-3(c)所示。这种接线方式中互感器的一次绕组、基本二次绕组均接成星形，且中性点接地，辅助二次绕组接成开口三角形。它既能测量线电压和相电压，又可以用作绝缘检查装置，广泛应用于小接地电流电网中。当系统发生单相接地故障时，三相五柱式电压互感器内产生的零序磁通可以通过两边的辅助铁芯柱构成回路，由于辅助铁芯柱的磁阻小，因此零序励磁电流也很小，不会烧毁互感器。

④Vv接线：Vv接线又称不完全星形接线，如图13-3(d)所示。它可以用来测量三个线电压，供仪表、继电器接于三相三线制电路的各个线电压，主要应用于20 kV及以下中性点不接地或经消弧线圈接地的电网中。

⑤三个单相三绕组电压互感器的YNynd接线：如图13-3(e)所示，这种接线方式主要应用于3 kV及以上电网中，用于测量线电压、相电压和零序电压。当系统发生单相接地故障时，各相零序磁通以各自的互感器铁芯构成回路，对互感器本身不构成威胁。这种接线方式的辅助二次绕组也接成开口三角形：对于3~60 kV中性点非直接接地电网，其相电压为100/3 V；对中性点直接接地电网，其相电压为100 V。

13.1.5　电压互感器的结构类型

电压互感器主要由一次绕组、二次绕组、铁芯、绝缘等几部分组成，其形式有很多。

1. 浇注式电压互感器

浇注式电压互感器结构紧凑、维护简单。一次绕组和各低压绕组以及一次绕组出线端的两个套管均浇注成一个整体，然后再装配铁芯，这种结构称为半浇注式(铁芯外露式)结构。其优点是浇注体比较简单，容易制造；缺点是结构不够紧凑，铁芯外露会产生锈蚀，需要定期维护。绕组和铁芯均浇注成一体的叫全浇注式，其特点是结构紧凑，几乎不需维修，但是浇注体比较复杂，铁芯缓冲层设置比较麻烦。

JDZ-10型浇注式单相电压互感器外形如图13-4所示。该型电压互感器为半封闭式结构，一、二次绕组同心绕在一起(二次绕组在内侧)，连同一、二次侧引出线，用环氧树脂混合胶浇注成浇注体。铁芯采用优质硅钢片卷成C形或叠装成日字形，露在空气中。浇注体下面涂有半导体漆，并与金属底板及铁芯相连以改善电场的不均匀性。

2. 油浸式电压互感器

油浸式电压互感器，分为普通式和串级式。普通式电压互感器就是二次绕组与一次绕组完全耦合，3~35 kV电压互感器多采用普通式。串级式电压互感器就是一次绕组分成匝数接近相等的几个绕组，然后串联起来。110 kV及以上电压互感器普遍制成串级式结构，其特点是铁芯和绕组采用分级绝缘，可简化绝缘结构，减小重量和体积。

图13-5所示为JDJ-10型单相户内油浸式电压互感器的结构图。电压互感器的器身固定在油箱盖上并浸在油箱内。一、二次绕组的引出线分别从固定在箱盖上的高、低压瓷套管引出。

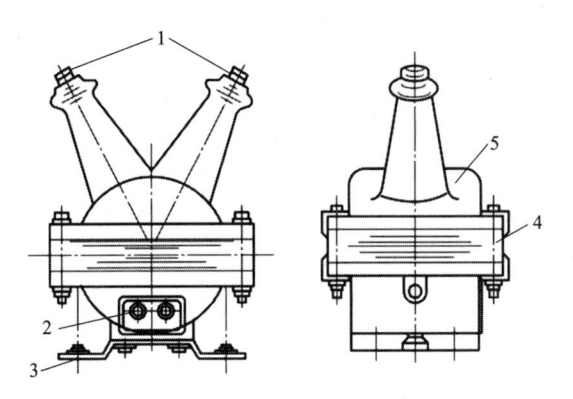

1—一次绕组引出端；2—二次绕组引出端；3—接地螺栓；4—铁芯；5—浇注体。

图 13-4　JDZ-10 型浇注式单相电压互感器外形

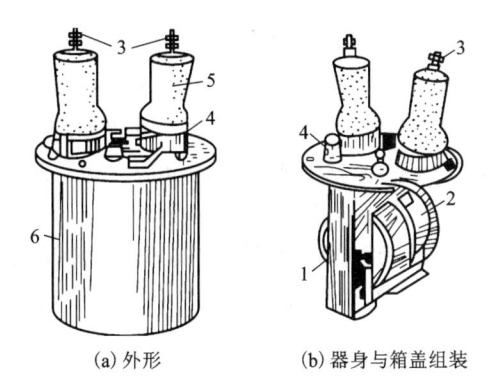

(a) 外形　　(b) 器身与箱盖组装

1—铁芯；2——次绕组；3——次绕组引出端；4—二次绕组引出端及低压套管；5—高压套管；6—油箱。

图 13-5　JDJ-10 型单相户内油浸式电压互感器的结构图

13.1.6　电压互感器的运行与维护

①电压互感器二次侧不得短路。因为电压互感器一次绕组是与被测电路并接于高压电网中，二次绕组匝数少、阻抗小，如发生短路，将产生很大的短路电流，有可能烧坏电压互感器，甚至影响一次电路的安全运行，所以电压互感器的一、二次侧都应装设熔断器。

②电压互感器铁芯及二次绕组一端必须接地。电压互感器铁芯及二次绕组接地是为了防止一、二次绕组绝缘被击穿时，一次侧的高电压窜入二次侧，从而危及工作人员人身和二次设备的安全。

③电压互感器在接线时要注意端子极性的正确。所谓极性就是指一、二次绕组感应电势之间的相位关系。接线时，应保证一、二次绕组的首尾标号及同名端的正确。

④电压互感器的负载容量应不大于准确度等级相对应的额定容量。若负载过大，则将降低电压互感器的准确度。

⑤在停用运行中的电压互感器之前，必须先将该组电压互感器所带的负荷全部切至另一组电压互感器，或者经调度值班员批准，将该组电压互感器所带的保护及自动装置暂时退

出,然后再退出电压互感器。

⑥在切换电压互感器二次负荷的操作中,应注意先将电压互感器一次侧并列运行,再切换二次负荷。

⑦电压互感器在退出运行前,下列保护应退出:距离保护;方向保护;低电压闭锁(复压闭锁)过流保护;低电压保护;过励磁保护;阻抗保护。

⑧停用电压互感器时必须断开二次快分开关,取下二次保险器,以防反充电。

⑨线路停电检修时,必须取下线路电压互感器二次保险器。

⑩主变压器停电检修时,必须取下 500 kV 侧的电压互感器二次保险器。

⑪新投入或大修后的可能变动的电压互感器必须定相。

13.2 电流互感器

由于电力设备上通过的电流大多数为数值很高的大电流,为了便于测量,采用电流互感器进行变换。电力系统中广泛采用的是电磁式电流互感器,它的工作原理和变压器相似,电流互感器的工作原理如图 13-6 所示,一次绕组串联在所测量的一次回路中,并且匝数很少。因此,一次绕组中的电流 $\dot{I}_1$ 完全取决于被测回路的负荷电流,而与二次绕组电流 $\dot{I}_2$ 大小无关。二次绕组中的匝数 N_2 较大,是一次绕组匝数的若干倍。二次绕组的电流完全取决于一次绕组电流。电流互感器的二次回路中所串接的负载,是测量仪表和继电器的电流线圈。它们的阻抗都小,因此电流互感器在正常工作时,二次侧接近于短路状态,这是与普通电力变压器的主要区别。

13.2.1 电流互感器的工作原理

在图 13-6 中,当电流 $\dot{I}_1$ 流过互感器匝数为 N_1 的一次绕组时,将建立一次磁势。一次磁势也称一次安匝。同理。二次电流 $\dot{I}_2$ 与二次绕组匝数 N_2 的乘积将构成二次磁势又称二次安匝。

一次磁势与二次磁势的相量和即为励磁磁势 $\dot{I}_0 N_1$,即

$$\dot{I}_1 N_1 + \dot{I}_2 N_2 = \dot{I}_0 N_1 \quad (13-2)$$

式中:$\dot{I}_0$ 为励磁电流。

式(13-2)称为电流互感器的磁势平衡方程式。由此可见,一次磁势 $\dot{I}_1 N_1$ 包括两部分,其中很小一部分用来励磁 $\dot{I}_0 N_1$ 使铁芯中产生磁通;另外大部分用来平衡二次磁势 $\dot{I}_2 N_2$,这一部分磁势与二次磁势大小相等、方向相反。

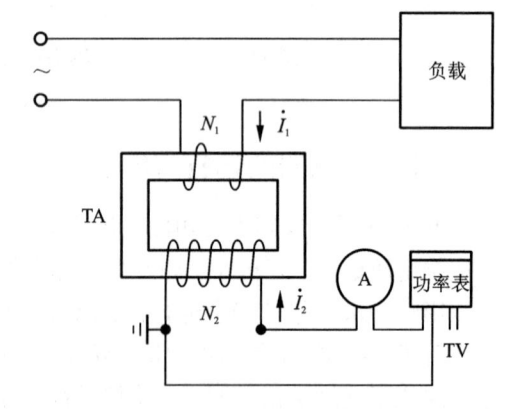

图 13-6 电流互感器工作原理图

当忽略励磁电流时,式(13-2)可简化为

$$\dot{I}_1 N_1 = -\dot{I}_2 N_2 \quad (13-3)$$

若以额定值表示,则可写成 $\dot{I}_{1N} N_1 = -\dot{I}_{2N} N_2$,即

$$K_{Ni} = \frac{\dot{I}_{1N}}{\dot{I}_{2N}} \approx \frac{N_2}{N_1} = K_N \qquad (13\text{-}4)$$

式中：K_{Ni} 为额定电流比；K_N 为匝数比；$\dot{I}_{1N}$ 为一次侧额定电流；$\dot{I}_{2N}$ 为二次侧额定电流。

13.2.2 电流互感器的特点

电流互感器用在各种电压的交流装置中。电流互感器和普通变压器相似，都是按电磁感应原理工作的。与变压器相比电流互感器的特点如下。

①电流互感器的一次绕组匝数少，截面积大，串联于被测量电路内；电流互感器的二次绕组匝数多，截面积小，与二次侧的测量仪表和继电器的电流线圈串联。

②由于电流互感器的一次绕组匝数很少（一匝或几匝）、阻抗很小，因此，串联在被测电路中对一次绕组的电流没有影响。一次绕组的电流完全取决于被测电路的负载电流，即流过一次绕组的电流就是被测电路的负载电流，而不是由二次电流的大小决定的，这点与变压器不同。

③电流互感器二次绕组中所串接的测量仪表和保护装置的电流线圈（即二次负载）阻抗很小，所以在正常运行中，电流互感器是在接近于短路的状态下工作的，这是它与变压器的主要区别。

④电流互感器运行时二次绕组不允许开路。这是因为在正常运行时，二次侧负荷产生的二次侧磁势对一次侧磁势有去磁作用，因此励磁磁势及铁芯中的合成磁通 φ_0 很小，在二次绕组中感应的电势不超过几十伏。当二次侧开路时，二次电流 $\dot{I}_2 = 0$，二次侧的去磁磁势也为零，而一次侧磁势不变，全部用于励磁，励磁磁势 $\dot{I}_0 N_1 = \dot{I}_1 N_1$，合成磁通很大，使铁芯出现高度饱和，此时磁通 φ 的波形接近平顶波，磁通曲线过零时，$\mathrm{d}\varphi/\mathrm{d}t$ 很大，因此二次绕组将感应出几千伏的电势 e_2，如图 13-7 所示，危及人身和设备安全。

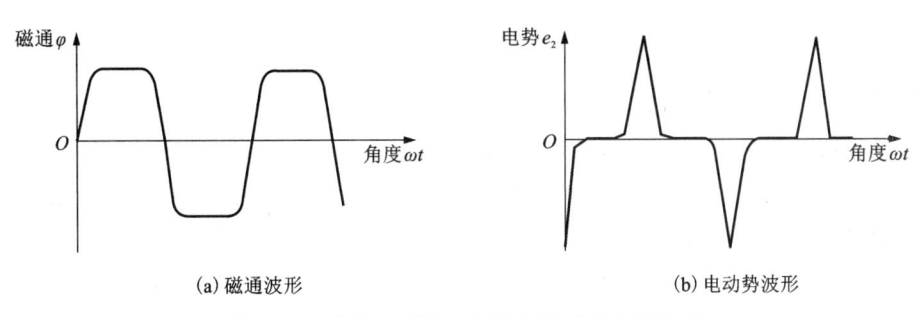

(a) 磁通波形　　(b) 电动势波形

图 13-7　电流互感器二次侧开路时的参量波形

为了防止二次绕组开路，规定在二次回路中不准装熔断器。如果在运行中必须拆除测量仪表或继电器，应在断开处将二次绕组短路，再拆下仪表。

13.2.3 电流互感器的种类和型号

电流互感器的种类如下。

①按照安装地点可以分为户内式和户外式两种，35 kV 电压等级以下一般为户内式，35 kV 及以上电压等级一般制成户外式。

②按照安装方式可以分为穿墙式、支持式和装入式等。穿墙式安装在墙壁或金属结构的孔洞中，可以省去穿墙套管；支持式安装在平面或支柱上；装入式也称套管式，安装在 35 kV 及以上的变压器或断路器的套管上。

③按照绝缘介质可以分为干式、浇注式、油浸式、瓷绝缘、气体绝缘、电容式等几种。干式使用绝缘胶浸渍，多用于户内低压电流互感器；浇注式以环氧树脂作绝缘，一般用于 35 kV 及以下的户内电流互感器；油浸式多用在户外；瓷绝缘，即主绝缘由瓷件构成，这种绝缘结构已被浇注绝缘所取代；气体绝缘的产品内部充有特殊气体，如以 SF_6 气体作为绝缘的互感器，多用于高压产品；电容式多用于 110 kV 及以上的户外。

④按照一次绕组匝数可分为单匝式和多匝式两种。单匝式又分为贯穿型和母线型两种。

⑤按用途可分为测量用和保护用两种。

⑥按电流变换原理可以分为电磁式和光电式。电磁式根据电磁感应原理实现电流变换，光电式则通过光电变换原理实现电流变换，目前还在研制中。

电流互感器的型号由产品类型、设计序号、额定电压(kV)和特殊环境等组成(图 13-8)。产品类型用汉语拼音字母表示。

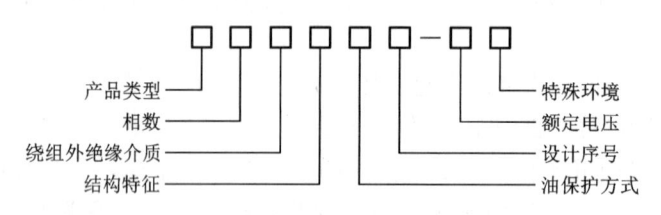

图 13-8 电流互感器的型号

例如，LFZB6-10 表示第 6 次改型设计的多匝贯穿型、浇注绝缘电流互感器，电压等级为 10 kV。

13.2.4 电流互感器的技术参数

正确地选择和配置电流互感器型号、参数，将继电保护、自动装置和测量仪表等接入合适的次级，严格按技术规程与保护原理连接电流互感器二次回路，这对确保继电保护等设备的正常运行及电网安全具有重大意义。

1. 一次参数

电流互感器的一次参数主要有一次额定电压与一次额定电流。一次额定电压的选择主要是满足相应电网电压的要求，其绝缘水平能够承受电网电压的长期运行，并承受可能出现的雷电过电压、操作过电压及异常运行方式下的电压，如小接地电流方式下的单相接地。一次额定电流的考虑较为复杂，一般应满足以下要求。

①应大于所在回路可能出现的最大负荷电流，并考虑适当的负荷增长，当最大负荷无法确定时，可以取与断路器、隔离开关等设备的额定电流一致的值。

②应能满足短时热稳定、动稳定电流的要求。一般情况下，电流互感器的一次额定电流越大，所能承受的短时热稳定和动稳定电流值也越大。

③由于电流互感器的二次额定电流一般为标准的 5 A 与 1 A，电流互感器的变比基本由一次电流额定电流的大小决定，所以在选择一次电流额定电流时，要核算正常运行的测量仪表要运行在误差最小范围，继电保护用次级又要满足 10% 的误差要求。

④考虑到母差保护等使用电流互感器的需要，由同一母线引出的各回路，电流互感器的变比尽量一致。

2. 二次额定电流

二次绕组额定电流有 5 A、1 A。变电所电流互感器的二次额定电流采用 5 A 还是 1 A，主要取决于经济技术比较。在相同一次额定电流、相同额定输出容量的情况下，电流互感器二次电流采用 5 A 时，其体积小、价格便宜，但电缆及接入同样阻抗的二次设备时，二次负载将是 1 A 额定电流时的 25 倍。所以一般在 220 kV 及以下电压等级变电所中，220 kV 回路数不多，而 10~110 kV 回路数较多，电缆长度较短时，电流互感器二次额定电流采用 5 A 的。在 330 kV 及以上电压等级变电所，220 kV 及以上回路数较多，电流回路电缆较长时，电流互感器二次额定电流采用 1 A 的。

3. 额定电流比

电流互感器一、二次侧额定电流之比值称为电流互感器的额定电流比，也称额定互感比，用 K_{Ni} 表示，即 $K_{Ni}=I_{1N}/I_{2N}$。

4. 准确度等级

电流互感器应能准确地将一次电流变换为二次电流，这样才能保证测量精确或保护装置正确动作，因此，电流互感器必须保证一定的准确度。电流互感器的准确度是以标称准确度等级来表征的，对应于不同的准确度等级有不同的误差要求，在规定的使用条件下，误差均应在规定的限值以内。测量用电流互感器的标准准确度等级有 0.1、0.2、0.5、1、3、5 级，对特殊要求的还有 0.2S 和 0.5S 级。保护用电流互感器的标准准确度等级有 5P 和 10P 级。

对于测量用电流互感器的准确度等级是在规定的二次侧负荷变化范围内，一次电流为额定值时的最大电流误差百分数来标称的，而保护用电流互感器的准确度等级是以额定准确限值一次电流下的最大允许复合误差百分数来标称的(字母 P 表示保护用)。所谓额定准确限值一次电流是指保护用电流互感器复合误差不超过限值的最大一次电流。保护用电流互感器主要在系统短路时工作，因此，在额定一次电流范围内的准确度等级不如测量级高，但为保证保护装置正确动作，要求保护用电流互感器在可能出现的短路电流范围内，最大误差限值不超过 10%。

5. 额定容量

电流互感器的额定容量 S_{2N} 是指电流互感器在二次额定电流 I_{2N} 和额定阻抗 Z_{2N} 下运行时二次绕组输出的容量，即 $S_{2N}=I_{2N}^2 Z_{2N}$。由于 I_{2N} 为 5 A 或 1 A，S_{2N} 与 Z_{2N} 仅相差一个系数，因此，二次额定容量 S_{2N} 可以用二次额定阻抗 Z_{2N} 代替，称为二次侧额定负荷，单位为 Ω。

由于电流互感器的误差与二次阻抗有关，因此，同一台电流互感器使用在不同的准确度等级时二次侧就有不同的额定负荷。例如，某一台电流互感器工作在 0.5 级时，其二次侧额定负荷为 0.4 Ω，但当它工作在 1 级时，其二次侧额定负荷为 0.6 Ω。换言之，准确度等级为 0.5 级、二次侧负荷为 0.4 Ω 的电流互感器，当其所接的二次侧负荷大于 0.4 Ω 而小于 0.6 Ω 时，其准确度等级即自 0.5 级下降为 1 级。

13.2.5 电流互感器的接线方式

电流互感器在电力系统中根据要测量的电流不同有不同的接线方式，最常见的有以下 4 种接线方式，如图 13-9 所示。

(a) 单相接线

(b) 两相不完全星形接线

(c) 三相式完全星形接线

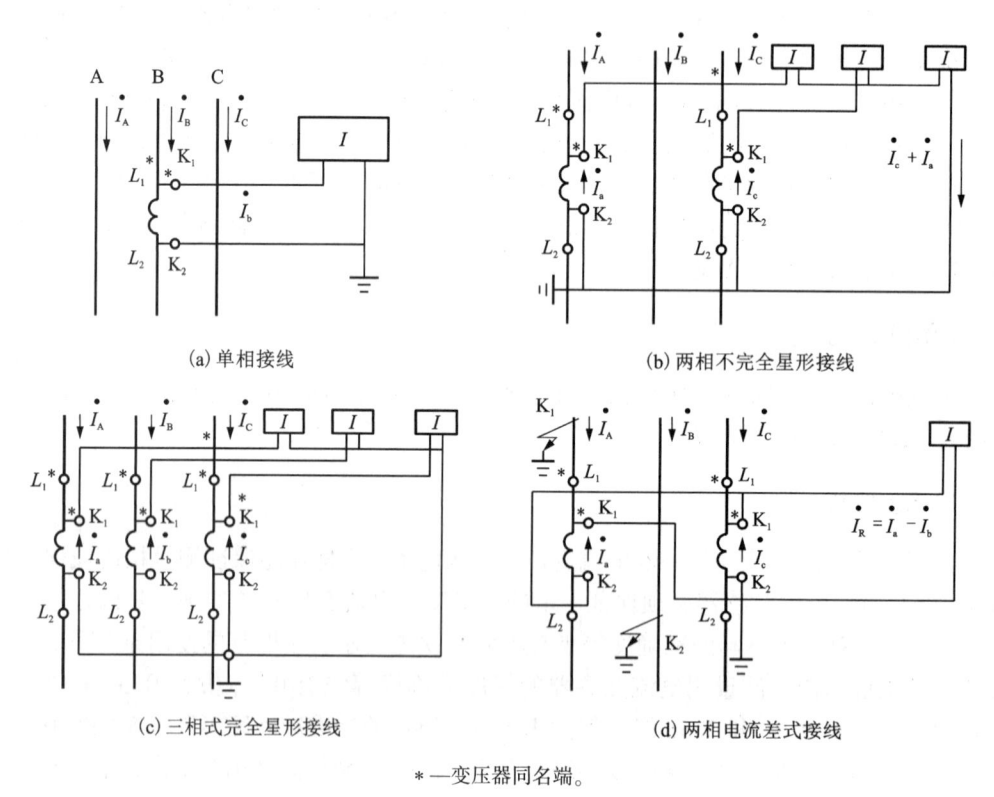

(d) 两相电流差式接线

*—变压器同名端。

图 13-9 电流互感器接线方式

①单相接线：如图 13-9(a) 所示，这种接线主要用来测量单相负载电流或三相系统中平衡负载的某一相电流。

②两相不完全星形接线：两相不完全星形接线如图 13-9(b) 所示，在正常运行及三相短路时，中性线通过电流为 $\dot{I}_0 = \dot{I}_a + \dot{I}_c$ 反映的是未接电流互感器那一相的相电流。如两个电流互感器接于 A 相和 C 相，AC 相短路时，两个电流继电器均动作；当 AB 相或 BC 相短路时，只有一个继电器动作。而在中性点直接接地系统中，当 B 相发生接地故障时，保护装置不动作。所以这种接线保护不了所有单相接地故障和某些两相短路，但刚好满足中性点不直接接地系统允许一相接地继续运行一段时间的要求。因此，这种接线广泛应用在中性点不接地系统。

③三相式完全星形接线：三相式完全星形接线方式如图 13-9(c) 所示，这种方式对各种故障都起作用。当故障电流相同时，对所有故障同样灵敏，对相同短路动作可靠，至少有

两个电流继电器动作,因此主要用于高压大电流接地系统以及大型变压器、电动机的差动保护、相间短路保护和单相接地短路保护和负荷一般不平衡的三相四线制系统,也用在负荷可能不平衡的三相三线制系统中,作三相电流、电能测量。

④两相电流差式接线:两相电流差式接线如图13-9(d)所示,这种接线方式的特点是流过电流继电器的电流是两只电流互感器的二次电流的相量差 $\dot{I}_R = \dot{I}_a - \dot{I}_b$,因此对于不同形式的故障,流过电流继电器的电流不同。

在正常运行及三相短路时,流经电流继电器的电流是电流互感器二次绕组电流的 $\sqrt{3}$ 倍。当装有电流互感器的A、C两相短路时,流经电流继电器的电流为电流互感器二次绕组的2倍。当装有电流互感器的一相(A相和C相)与未装电流互感器的B相短路时,流经电流继电器的电流等于电流互感器二次绕组的电流。

当未装电流互感器的一相发生单相接地短路时,电流继电器不能反映其故障电流,因此不动作。

因两相电流差式接线比较简单,价格便宜,在中性点不接地系统中,能满足可靠和灵敏度动作要求,所以适用于中性点不接地系统中的变压器、电动机及线路的相间保护。

13.2.6 电流互感器的结构类型

电流互感器结构与双绕组变压器相似,由铁芯和一、二次绕组构成,按一次绕组的匝数分为单匝式(包括母线式、芯柱式、套管式)和多匝式(包括线圈式、线环式、串级式)。按一次电压分类,有高压和低压两大类。按用途分类,有测量用和保护用两大类。

高压电流互感器多制成不同准确度等级的两个铁芯和两个二次绕组,分别接测量仪表和继电器,以满足测量和保护的不同要求。

电气测量对电流互感器的准确度要求较高,且要求在短路时仪表受到的冲击小,因此测量用电流互感器的铁芯在一次电路短路时应易于饱和,以限制二次电流的增长倍数。而继电保护用电流互感器的铁芯则在一次电流短路时不应饱和,使二次电流能与一次短路电流成比例地增长,以适应保护灵敏度的要求。

1. 干式互感器和浇注绝缘互感器

干式互感器是适用于户内、低电压的互感器。单匝母线式采用环形铁芯,经浸漆后装在支架上,或装在塑料壳内,也有采用环氧混合胶浇注的。多匝式的一次绕组和二次绕组为矩形筒式,绕在骨架上,绕组间用纸板绝缘,经浸漆处理后套在叠积式铁芯上。

浇注绝缘互感器广泛用于10~20 kV级电流互感器。一次绕组为单匝式或母线式时,铁芯为圆环形,二次绕组均匀绕在铁芯上,一次导杆和二次均浇注成一整体。一次绕组为多匝时,铁芯多为叠积式,先将一、二次绕组浇注成一体,然后再叠装铁芯。图13-10所示为浇注绝缘电流互感器结构(多匝贯穿式)。

2. 油浸式电流互感器

35 kV及以上户外式电流互感器多为油浸式结构,主要由底座(或下油箱)、器身、储油柜(包括膨胀器)和瓷套四大件组成。瓷套是互感器的外绝缘,并兼作油的容器。63 kV及以上的互感器的储油柜上装有串并联接线装置,全密封结构的产品采用外换接结构。全密封互

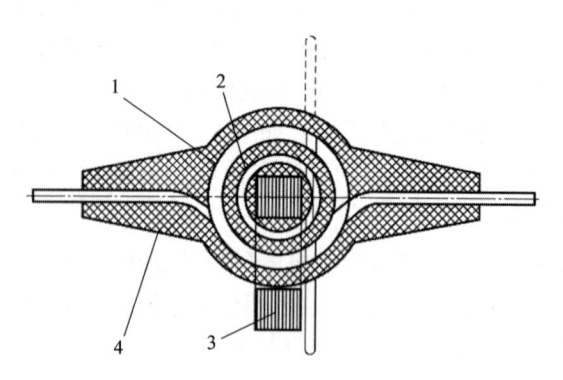

1—一次绕组；2—二次绕组；3—铁芯；4—树脂混合料。

图13-10 浇注绝缘电流互感器结构(多匝贯穿式)

感器采用金属膨胀器后，避免了油与外界空气直接接触，油不易受潮、氧化，减少了用户的维修工作量。为了减少一次绕组出头部分漏磁所造成的结构损耗，储油柜多用铝合金铸成，当额定电流较小时，也可用铸铁储油柜或薄钢板制成。

油浸式电流互感器的绝缘结构可分为链型绝缘和电容型绝缘两种。链型绝缘用于63 kV及以下互感器，电容型绝缘多用于220 kV及以上互感器。110 kV的互感器有采用链型绝缘的，也有采用电容型绝缘的。链型绝缘结构如图13-11所示，U形电容型绝缘的原理结构如图13-12所示。

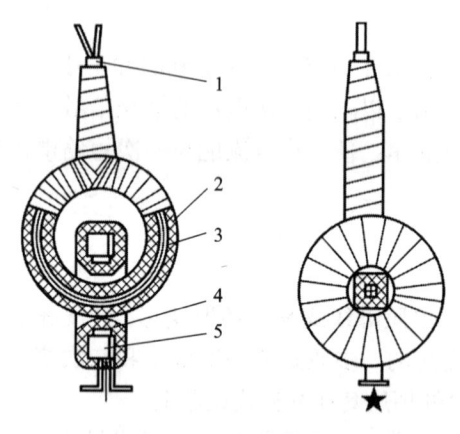

1—一次引线支架；2—主绝缘Ⅰ；3—一次绕组；
4—主绝缘Ⅱ；5—二次绕组。

图13-11 链型绝缘结构

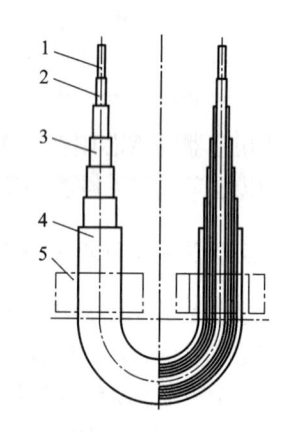

1—一次导体；2—高压电屏；3—中间电屏；
4—地电屏；5—二次绕组。

图13-12 U形电容型绝缘原理结构

3. SF_6气体绝缘电流互感器

SF_6气体绝缘电流互感器有两种结构形式，一种是与SF_6组合电器配套用的，一种是可单独使用的，通常称为独立式SF_6互感器，这种互感器多做成倒立式结构，如图13-13所示。它由躯壳、器身(一、二次绕组)、瓷套和底座组成。器身固定在躯壳内，置于顶部；二次绕组用绝缘件固定在躯壳上，一、二次绕组间用 SF$_6$ 气体绝缘；躯壳上方有压力释放装置，底座有压力表、密度继电器和充气阀、二次接线盒等。SF$_6$ 气体绝缘电流互感器主要用在 110 kV 及以上电力系统中。

4. 新型电流互感器简介

新型电流互感器的耦合方式可分为无线电电磁波耦合、电容耦合和光电耦合。其中光电式电流互感器性能最好，其基本原理是利用材料的磁光效应或光电效应，将电流的变化转换成激光或光波，通过光通道传送，接收装置将收到的光波转变成电信号，并经过放大后供仪表和继电器使用。非电磁式电流互感器的共同缺点是输出容量较小，需要较大功率的放大器或采用小功率的半导体继电保护装置来减小互感器负载。

图 13-13 SF$_6$ 气体绝缘电流互感器

13.2.7 电流互感器的运行与维护

电流互感器的运行。

①电流互感器在工作中二次侧不得开路。为防止电流互感器二次侧在运行和试验中开路，规定电流互感器二次侧不允许装设熔断器，如需拆除二次设备时，必须先用导线或短路压板将二次回路短接。

②电流互感器二次侧有一点必须接地。电流互感器二次侧一点接地，是为了防止一、二次绕组间绝缘击穿时，一次侧的高电压窜入二次侧，危及工作人员人身和二次设备的安全。

③电流互感器在接线时要注意其端子的极性。在安装和使用电流互感器时，一定要注意端子的极性，否则其二次仪表、继电器中流过的电流就不是预期的电流，可能引起保护的误动作、测量不准确或烧坏仪表。

④电流互感器必须保证一定的准确度，才能保证测量精确和保护装置正确动作。电流互感器的负载阻抗不得大于与准确度等级相对应的额定阻抗。因为若负载阻抗过大，则电流互感器的准确度不能满足要求。电流互感器一次侧的额定电流应小于或等于一次回路的负载电流，且不宜小得太多，否则，电流互感器的准确度也不能满足要求。

⑤运行中电流互感器应满足各连接良好，无过热现象，瓷质套管无闪络，端子箱内的二次连接片连接良好，严禁随意拆动，二次连接片操作顺序是先短接，后断开。

⑥SF$_6$ 气体绝缘电流互感器释压动作时应立即断开电源，进行检修。

⑦ 6 kV 及以上电流互感器一次侧用 1000～2500 V 摇表测量，其绝缘电阻值不低于 500 MΩ；二次侧用 1 kV 摇表测量，其绝缘电阻值不低于 1 MΩ；0.4 kV 电压等级，电流互感器用 500 V 摇表测量，其值不低于 0.5 MΩ。

电流互感器的维护。

①所有瓷瓶、套管应清洁无裂纹。

②互感器的母线、二次线路及接地线应联络牢固、完好不松动。

③测定绝缘电阻：一次侧每一千伏不低于兆欧级，二次侧应接地良好。

④电流互感器二次回路无断线,放电间隙完好。

习　题

1. 电流互感器和电压互感器的作用是什么?它们在一次电路中如何连接?
2. 电流互感器的特点是什么?运行中的电流互感器二次侧为什么不允许开路?
3. 电压互感器的特点是什么?运行中的电压互感器二次侧为什么不允许短路?
4. 试画出电流互感器常用的接线图。
5. 电压互感器常见的接线方式有几种?各有何用途?
6. 电流互感器和电压互感器有哪些结构类型?
7. 什么是电流互感器的额定二次阻抗?什么是电压互感器的额定容量和最大容量?运行中需注意什么?
8. 互感器的二次绕组在使用时为什么必须接地?

参考文献

[1] 洪慧慧,叶勇,封明亮.传感器技术及应用[M].重庆:重庆大学出版社,2021.
[2] 李东晶.传感器技术及应用[M].北京:北京理工大学出版社,2020.
[3] 马修水.传感器与检测技术[M].杭州:浙江大学出版社,2009.
[4] 吴建平.传感器原理及应用[M].北京:机械工业出版社,2009.
[5] 董春利.传感器与检测技术[M].北京:机械工业出版社,2008.
[6] 周杏鹏.传感器与检测技术[M].北京:清华大学出版社,2010.
[7] 陈艳红.传感器技术及应用[M].3版.西安:西安电子科技大学出版社,2023.
[8] 胡向东.传感器与检测技术[M].4版.北京:机械工业出版社,2021.
[9] 程德福.传感器原理及应用[M].北京:机械工业出版社,2010.
[10] 吴旗.传感器及应用[M].2版.北京:高等教育出版社,2010.
[11] 王熠东.传感器及应用[M].2版.北京:机械工业出版社,2008.
[12] 余成波,陶红艳.传感器与现代检测技术[M].北京:清华大学出版社,2013.
[13] 黄运兴,韦扬志,钟万才.基于电阻应变式称重传感器的电力电缆拉力测量仪设计[J].工业仪表与自动化装置,2016,249(3):64-67,73.
[14] 刘健,肖文生,陈科,等.油田在用大型电机转矩在线检测技术研究[J].机床与液压,2012,40(11):29-31,79.
[15] 杨靖,冯新颖,程良超,等.基于电容传感器的插针微位移检测方法[J].自动化技术与应用,2017,36(11):74-77.
[16] 张思建,林志赟,颜钢锋.基于电容传感器的架空输电线覆冰厚度检测方法[J].电力系统自动化,2011,35(17):99-102.
[17] 杨静,何钦象,张华容.自感式磁浮轴承位置传感器[J].振动、测试与诊断,2003,23(2):38-39,69.
[18] 刘汝斌,程武山.扭矩传感器在步进电机控制系统中的应用[J].仪表技术与传感器,2012(7):3-5.
[19] 吴瑞文,王珍英,吴瑞春,等.变电所开关柜在线测温装置的研制[J].自动化与传动,2014(11):39-40.
[20] 柴彬,刘飞,江平开,等.面向电力设备检测与诊断的压电材料及器件[J].中国电力,2021,54(10):105-116.

[21] 张东升,胥永晓.一种压电式海浪能量收集器的研究[J].南方农机,2021(14):154-156.
[22] 方晓晖.光纤传感器电机故障监测中的应用研究[J].光器件,2013(6):19-21.
[23] 张志远,赵明富,周鹏.基于光纤传感器的电池容量检测新方法[J].电源技术,2013,37(6):969-972.
[24] 孙伟,李邵良.一种烟雾报警器电路的设计与测试[J].内蒙古煤炭经济,2018(24):128-129.
[25] 吴迪.基于金属氧化物异质结气敏传感器的火电厂烟气组分监测系统研究[D].青岛:中国石油大学,2019.
[26] 黄义,吴静,胡奕挺.分体式避雷器底座泄漏电流在线监测装置设计[J].东北电力技术,2020,41(4):47-50.
[27] 温刚,王志远,孟瑞龙,等.变压器油中水含量检测在设备维护中的应用[J].电力设备管理,2019(10):46-48.
[28] 林淳.变电站开关柜局放在线监测系统的设计[J].电气技术与经济,2023(2):87-92.
[29] 刘浩梁.电压互感器运维技术及典型案例[M].重庆:重庆大学出版社,2021.
[30] 刘建英,李蓉娟,赵双双.发电厂变电站电气设备[M].北京:北京理工大学出版社,2020.
[31] 肖艳萍.发电厂变电站电气设备[M].北京:中国电力出版社,2009.
[32] 余建华,谭绍琼.发电厂变电站电气设备[M].4版.北京:中国电力出版社,2014.
[33] 郭琳,胡斌,黄兴泉.发电厂电气设备[M].3版.北京:中国电力出版社,2016.
[34] 彭杰纲.传感器原理及应用[M].北京:电子工业出版社,2017.

图书在版编目(CIP)数据

传感器原理及其应用 / 黎燕主编. —长沙：中南大学出版社，2024.6
ISBN 978-7-5487-5832-7

Ⅰ.①传… Ⅱ.①黎… Ⅲ.①传感器 Ⅳ.①TP212

中国国家版本馆 CIP 数据核字(2024)第 090320 号

传感器原理及其应用
CHUANGANQI YUANLI JIQI YINGYONG

黎燕　主编

□出 版 人	林绵优		
□责任编辑	刘颖维		
□封面设计	李芳丽		
□责任印制	唐　曦		
□出版发行	中南大学出版社		
	社址：长沙市麓山南路	邮编：410083	
	发行科电话：0731-88876770	传真：0731-88710482	
□印　　装	长沙印通印刷有限公司		
□开　　本	787 mm×1092 mm 1/16	□印张 11.5	□字数 288 千字
□版　　次	2024 年 6 月第 1 版	□印次 2024 年 6 月第 1 次印刷	
□书　　号	ISBN 978-7-5487-5832-7		
□定　　价	48.00 元		

图书出现印装问题，请与经销商调换